STARK IN...

Mathematik 3

Schroedel

Stark in Mathematik 3

Bearbeitet von
Ludwig Augustin, Prof. Dr. Eugen Bauhoff, Rolf Breiter, Kathrin Dieterich,
Heinz Fehrmann, Andrea Gotsche-Drötboom, Walter Kaub, Sybille Stefener

in Zusammenarbeit mit der Verlagsredaktion

Zum Schülerband erscheinen

Arbeitsheft 3 Teil 1	ISBN 978-3-507-43339-7
Arbeitsheft 3 Teil 2	ISBN 978-3-507-43340-3
Förderheft 3	ISBN 978-3-507-43343-4
Materialien für Lehrerinnen und Lehrer	ISBN 978-3-507-43333-5
Lösungen	ISBN 978-3-507-83330-2

Druck A[12] / Jahr 2021
Alle Drucke der Serie A sind im Unterricht parallel verwendbar.

Umschlaggestaltung: boje 5 Grafik & Werbung, Eckard Schönke, Braunschweig
Innenlayout: init. Büro für Gestaltung, Bielefeld
Illustrationen: Dietmar Griese, Peter Langner; Zeichnungen: Günter Schlierf, Peter Langner
Herstellung: Dr. Ute Lindemann
Satz: DTP Heimservice Gundolf Porr, 76726 Germersheim
Druck und Bindung: Westermann Druck GmbH, Braunschweig

ISBN 978-3-507-**43327**-4

Inhaltsverzeichnis

Rechnen bis 1 000 000

Verkehrsflughäfen in Deutschland

1 Im Säulendiagramm ist für einige Flughäfen die Anzahl der Starts und Landungen im Jahr 2009 dargestellt. Lies die Zahlen im Säulendiagramm ab und trage sie in eine Liste ein.

Flughafen	Starts/Landungen
1. Köln/Bonn	130000
2. Düsseldorf	
3. Leipzig/Halle	
4. Hamburg	
5. Hannover	

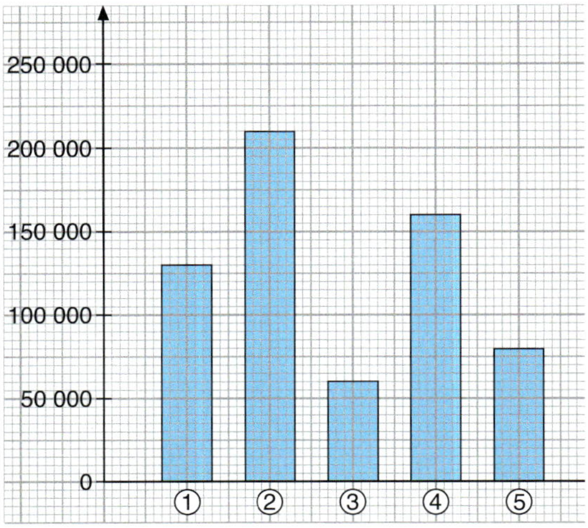

2 In der Tabelle steht, wie viele Starts und Landungen es 2009 auf anderen Flughäfen gab.

a) Übertrage die Tabelle in dein Heft. Runde die Zahlen auf Zehntausender.

b) Zeichne zu den gerundeten Zahlen ein Säulendiagramm in dein Heft.

Flughafen	Starts/ Landungen	gerundet
Berlin-Tegel	156262	160000
Bremen	43650	
Dortmund	31926	
Nürnberg	71219	
Stuttgart	141572	

3 In der Tabelle steht, wie viele Starts und Landungen es durchschnittlich pro Monat gab.

a) Berechne für jeden der beiden Flughäfen die Anzahl der Starts und Landungen in jedem Jahr.

b) Wie viele Starts und Landungen gab es in jedem Jahr auf dem Flughafen Düsseldorf mehr als auf dem Flughafen Köln/Bonn?

	Starts und Landungen pro Monat	
	Düsseldorf	Köln/Bonn
2005	15770	11710
2006	17360	11570
2007	18630	11550
2008	19044	11806
2009	17836	11014

1 Im Säulendiagramm ist für einige Flughäfen dargestellt, wie viel Tonnen Luftfracht im Jahr 2009 abgefertigt wurden. Die dargestellten Zahlen sind auf Zehntausender gerundet.

a) Übertrage die Tabelle in dein Heft. Trage die gerundeten Zahlen ein.

b) Ordne die Säulen zu.

Flughafen	Luftfracht (t)	gerundet
Düsseldorf	65 594	70 000 ③
Hahn	174 665	
Köln/Bonn	562 036	
Leipzig/Halle	524 084	
München	242 149	

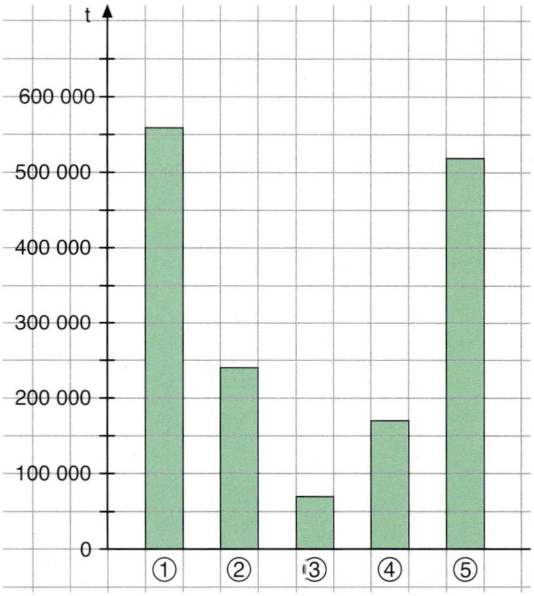

2 In der Tabelle steht, wie viel Tonnen Luftfracht auf anderen Flughäfen abgefertigt wurden.
Runde die Zahlen auf Zehntausender und zeichne ein Säulendiagramm dazu in dein Heft.

Flughafen	Luftfracht (t)	gerundet
Berlin-Tegel	18 842	
Hamburg	31 595	
Hannover	11 492	
Nürnberg	10 611	
Stuttgart	25 011	

3 Vergleiche für die zehn Flughäfen in Aufgabe 1 und Aufgabe 2 das Gewicht der Luftfracht.

a) Auf welchem Flughafen wurde am meisten Luftfracht abgefertigt, auf welchem am wenigsten?

b) Wie groß ist für diese beiden Flughäfen der Unterschied in Tonnen?

4 Ordne die Flughäfen in Aufgabe 1 und 2 nach dem Gewicht der Luftfracht.

Zahlen ordnen und vergleichen

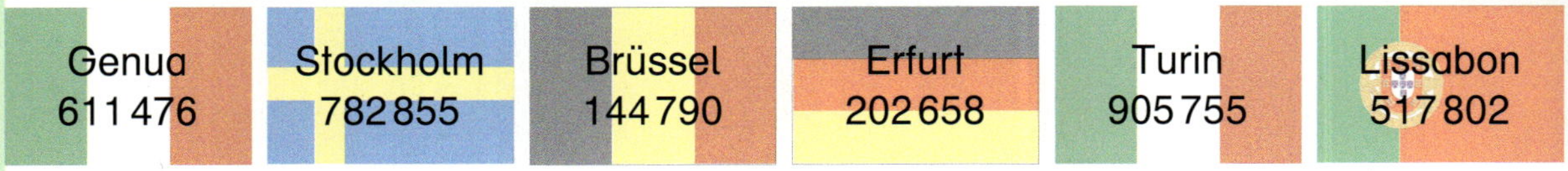

1 a) Ordne die Einwohnerzahlen der Städte nach der Größe. Beginne mit der kleinsten Zahl.

b) Runde die Einwohnerzahlen auf Hunderttausender.

2 Wie heißen die Zahlen bei den Fahnen?
Schreibe zu jeder Zahl die Nachbarhunderttausender auf.

A: 100 000 | 170 000 | 200 000

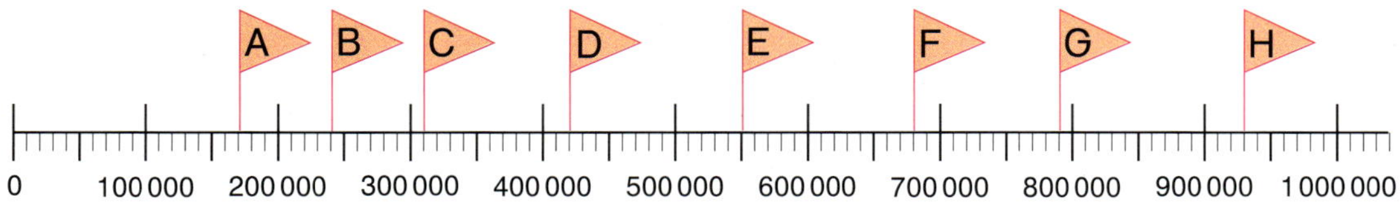

3 Wie heißt die Zahl in der Mitte?

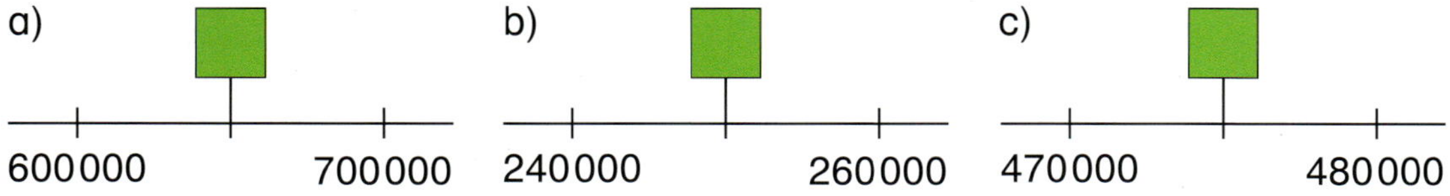

4 Wie heißt die Zahl in der Mitte?

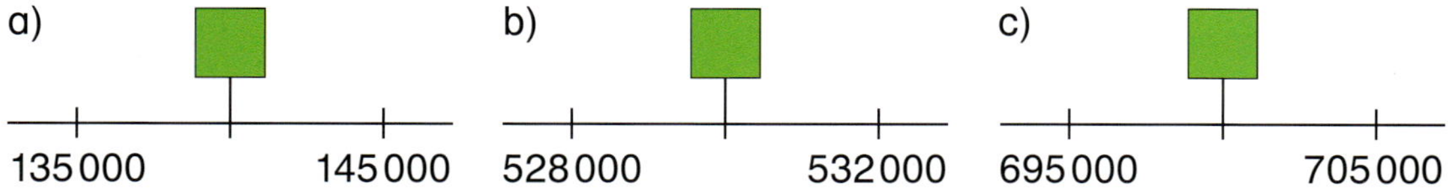

5 Vervollständige die Zahlenreihe.

a)

100 000	200 000								1 000 000

b)

460 000	470 000								550 000

c)

	540 000	550 000							620 000

d)

							640 000	650 000	

6 Erfindet selbst Zahlenreihen. Schreibt sie für eure Partner als Aufgabe auf.

1 Welche Aufgabe passt zum Bild? Schreibe auf und rechne aus.

24000 + 16000

16000 + ______ = 24000

2 Was fällt dir auf? Setze um zwei weitere Aufgaben fort.

a)	b)	c)	d)
31100 + 100	27000 + 8000	520000 + 130000	350000 + 50000
31200 + 100	37000 + 8000	620000 + 130000	360000 + 40000
31300 + 100	47000 + 8000	720000 + 130000	370000 + 30000

3 Setze um zwei weitere Aufgaben fort.

a)	b)	c)
240000 − 600	790000 − 110000	630000 − 120000
240000 − 500	790000 − 120000	640000 − 130000
240000 − 400	790000 − 130000	650000 − 140000

4 Addiere mindestens zwei Zahlen. Das Ergebnis soll kleiner als 600000 sein.

a) 460000, 90000, 110000, 340000

b) 530000, 370000, 250000, 80000

c) 330000, 260000, 430000, 160000

d) 70000, 170000, 280000, 470000

5 Hier wird immer addiert oder subtrahiert.
Übertrage in dein Heft und trage ein.

a) 20000 —(+ 10000)→ 30000 —(− 5000)→ 25000 —(■)→ 15000

b) 100000 —(■)→ 85000 —(■)→ 50000 —(■)→ 100000

c) 120000 —(■)→ 145000 —(■)→ 140000 —(■)→ 200000

Rechenpyramiden

1 Die Summe von zwei unteren Zahlen ist die Zahl im Stein darüber.

a) Wie heißen die fehlenden Zahlen?

b) Erfinde eigene Rechenpyramiden.

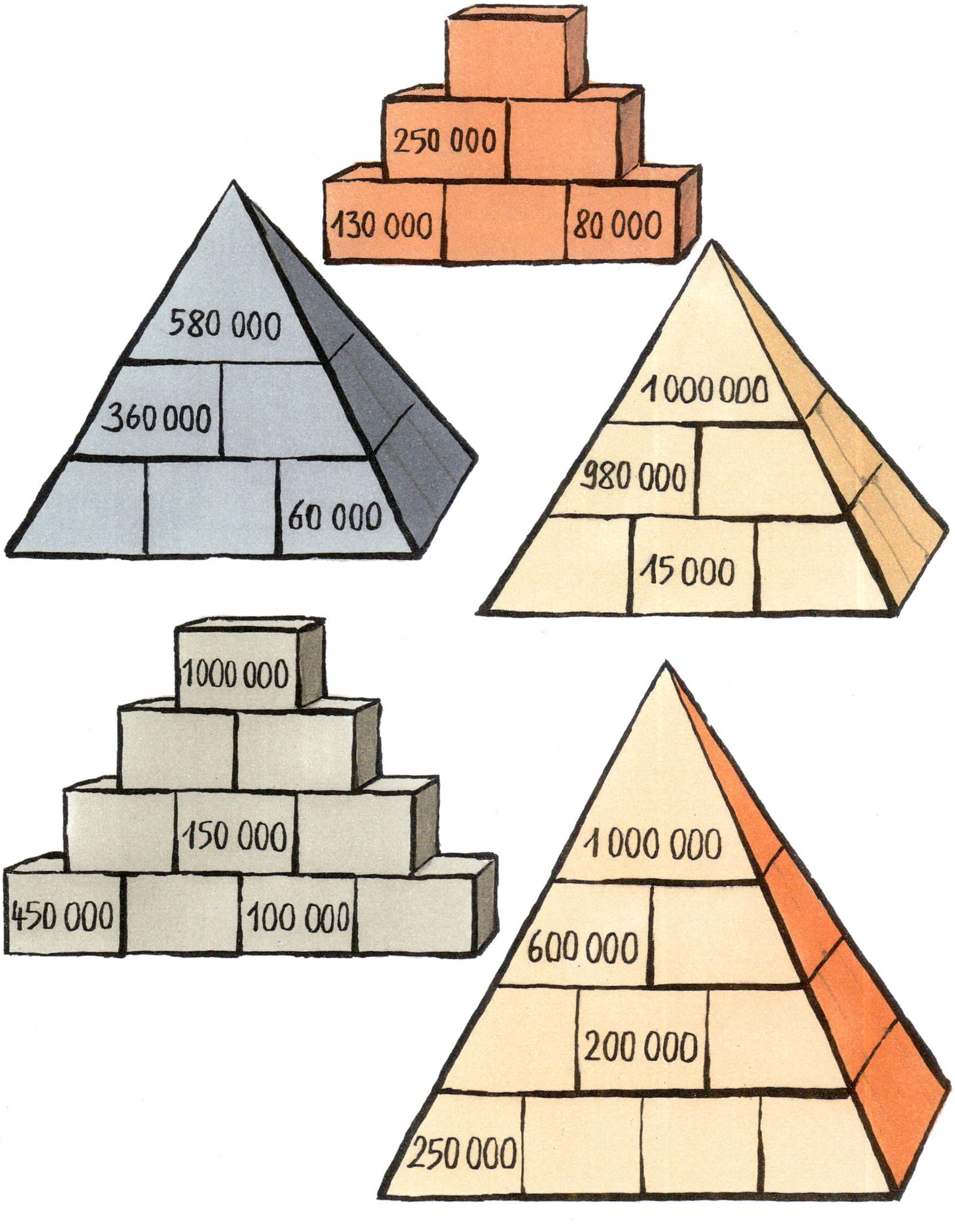

2 Hier sind Zahlen aus der untersten Schicht. Finde die Zahlen darüber.

a) 

b) 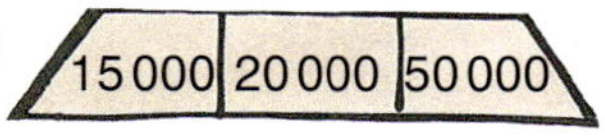

c) 

1 Von Istanbul nach Athen beträgt eine Flugstrecke rund 600 km.

a) Wie viel Kilometer fliegt ein Flugzeug beim Hin- und Rückflug?

b) Es gibt vier Hin- und Rückflüge in einer Woche. Wie viele Kilometer sind das insgesamt?

2 Hier wird immer multipliziert oder dividiert.
Übertrage in dein Heft und trage ein.

a) 25 000 —(: 5)→ 5 000 —(■)→ 10 000 —(■)→ 100 000

b) 3 000 —(■)→ 24 000 —(■)→ 8 000 —(■)→ 64 000

c) 10 000 —(■)→ 40 000 —(■)→ 5 000 —(■)→ 50 000

d) 360 000 —(■)→ 60 000 —(■)→ 6 000 —(■)→ 12 000

3

a)	b)	c)	d)
3 · 2 000	5 · 300 000	7 · 40 000	500 000 · 6
3 · 20 000	5 · 3 000	400 000 · 7	6 · 5 000
3 · 200 000	5 · 30 000	7 · 4 000	50 000 · 6

4

a) · 3: 200, 7 000, 40, 5 000, 600, 8 000

b) · 6: 800, 6 000, 70, 400, 3 000, 2 000

c) : 2: 600, 80 000, 12 000, 4 000, 1 600, 10 000

d) : 5: 2 000, 4 500, 10 000, 2 500, 40 000, 350

5 Welche Fehler wurden gemacht? Berichtige.

a)	b)	c)
4 865 · 100 = 486 500	2 350 : 10 = 23 500	17 603 · 1 000 = 1 760 300
7 690 · 1 000 = 769 000	102 900 : 100 = 1 029	27 800 : 100 = 2 780
12 003 · 10 = 120 030	350 000 : 1 000 = 3 500	45 070 · 10 = 4 507 000

6 Welche Aufgabe gehört zum Text?

4 500 · 5

4 500 : 5

Eine Spedition hat 5 Fahrzeuge. Am Ende der Woche haben die Fahrzeuge 4 500 km zurückgelegt.

Große Zahlen multiplizieren und dividieren

1 Herr Blank muss für seine Firma regelmäßig von Frankfurt nach London fliegen. Eine Flugstrecke beträgt rund 600 km.
In diesem Monat hat Herr Blank insgesamt 4 800 km zurückgelegt.

a) Wie viele Flugstrecken waren das?

b) Wie oft ist Herr Blank in diesem Monat nach London hin und wieder zurück geflogen?

2

a) 540 000 : 9	b) 240 000 : 3	c) 25 000 : 50	d) 2 800 : 400
54 000 : 9	240 000 : 30	250 000 : 500	28 000 : 40
540 000 : 90	2 400 : 30	2 500 : 50	280 000 : 400
54 000 : 900	24 000 : 300	25 000 : 5	2 800 : 4

3 Hier wird immer multipliziert oder dividiert.
Übertrage in dein Heft und trage ein.

a) 120 000 —■→ 30 000 —: 6→ ____ —■→ 50 000

b) 60 000 —: 3→ ____ —■→ 4 000 —■→ 160 000

c) ____ —· 2→ 200 000 —■→ 4 000 —■→ 32 000

d) 30 000 —■→ 270 000 —: 30→ ____ —■→ 1 000

4 Welcher Text passt zur Aufgabe?

Ein Taxiunternehmen hat 6 Wagen. Jedes Taxi fährt pro Jahr durchschnittlich 80 000 km.

6 · 80 000

Ein Taxi fährt im Jahr ungefähr 80 000 km. Es fährt 6 Tage pro Woche.

5 Immer zwei Aufgaben haben das gleiche Ergebnis.

a) 30 000 · 6	b) 6 000 · 30	c) 320 000 : 4	d) 12 000 : 30
9 000 · 20	80 000 · 3	720 000 : 9	640 000 : 800
60 000 · 4	90 000 · 2	40 000 : 50	400 000 : 500
3 000 · 80	4 000 · 60	4 800 : 6	24 000 : 60

6 Ein Reiseunternehmen nimmt für eine 3-Länder-Reise insgesamt 36 000 € ein.
Es fahren 40 Personen mit.
Wie viel Euro kostet die Reise für eine Person?

	London	Athen	Oslo	Istanbul	Moskau	Madrid	Rom
Frankfurt	637	1 807	1 106	1 864	2 034	1 423	962
Rom	1 435	1 024	1 996	1 371	2 371	1 376	
Madrid	1 278	2 379	2 384	2 736	3 455		
Moskau	2 432	2 240	1 645	1 758			
Istanbul	2 507	576	2 451				
Oslo	1 146	2 590					
Athen	2 392						

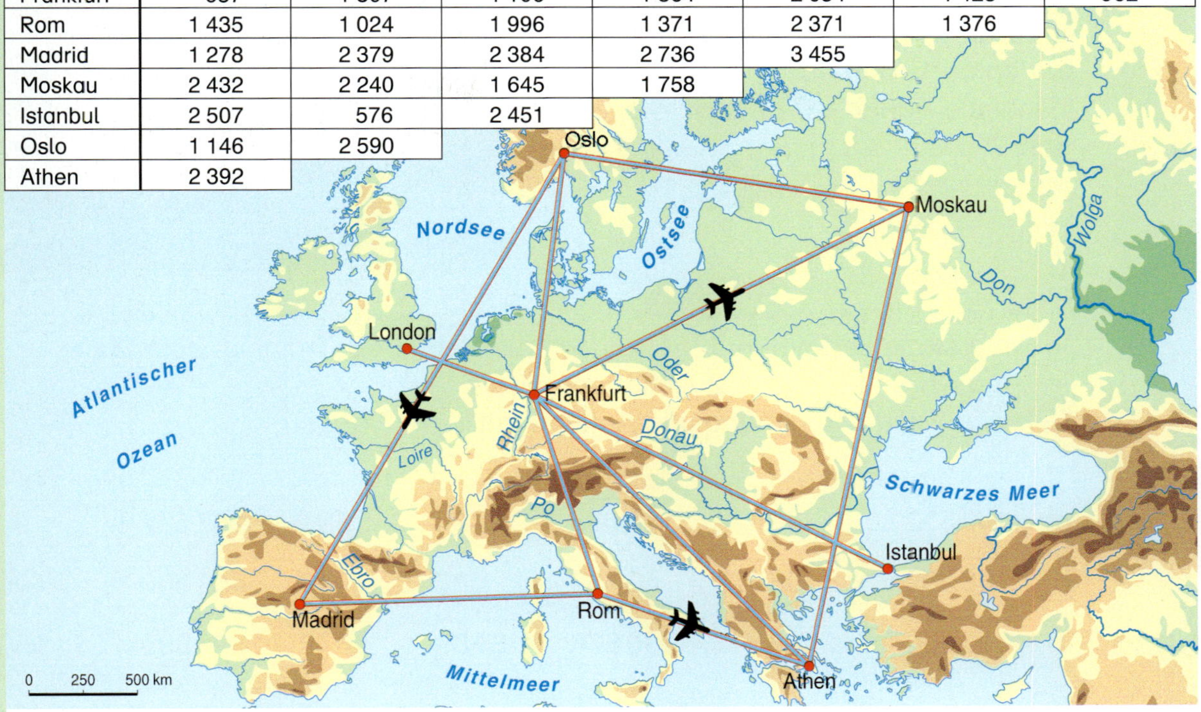

1 Runde die Entfernungen auf Tausender.

a) Frankfurt – Oslo
Frankfurt – Moskau

b) Rom – Athen
Rom – Oslo

c) Moskau – Istanbul
Moskau – Athen

2 Runde die Entfernungen auf Hunderter.

a) Madrid – London
Madrid – Moskau

b) Istanbul – London
Istanbul – Athen

c) Frankfurt – Rom
Frankfurt – Madrid

3 Berechne die Entfernungen. Runde auf Hunderter.

a) London – Frankfurt – Istanbul
Rom – Frankfurt – Oslo

b) Madrid – Rom – Athen
Madrid – Oslo – Moskau – Athen

4 Frau Storm hat auf einer Geschäftsreise in dieser Woche ungefähr 2000 km zurückgelegt. In der Woche davor waren es ungefähr 3000 km. Welche Reisen könnten es gewesen sein?

5 Überschlage die Entfernungen zwischen den Städten.

Frankfurt – Rom – Athen	Rom – Madrid – Oslo
Istanbul – Frankfurt – London	Moskau – Athen – Frankfurt

Schriftliches Addieren

1 Für den Großen Preis von Europa wurden im letzten Jahr 128 700 Eintrittskarten verkauft. In diesem Jahr waren es 12 800 Karten mehr.
Wie viele Karten waren es in diesem Jahr?

2 In Silverstone verfolgten 52 560 Zuschauer das erste Training. Beim Zeittraining waren es 26 280 Zuschauer mehr.
Schreibe Frage, Rechnung und Antwort auf.

3

a)	145 632	+	58 074	132 085	5 790	699	207 532	96
b)	308 967	+	103 477	65 433	22 087	98	457 800	7 406
c)	628 050	+	3 543	190 876	53 688	4 876	299 895	371 950

4 Schreibe die vollständige Rechnung in dein Heft.

a)
```
  ■ 5 4 ■
+ 3 5 ■ 1
---------
  5 ■ 6 9
```
b)
```
  2 ■ 2 ■
+ 5 3 ■ 0
---------
  ■ 5 1 4
```
c)
```
    3 0 ■ 7
+   8 ■ 4 8
-----------
  ■ ■ 1 7 ■
```
d)
```
    9 6 ■ 4
+ ■ ■ 3 ■
-----------
  1 1 8 3 1
```
e)
```
    8 0 ■ 9
+   ■ 2 7 ■
-----------
  1 0 ■ 1 5
```

5 Bilde mit allen Ziffern die größte Zahl, dann bilde mit allen Ziffern die kleinste Zahl. Addiere die beiden Zahlen.

a) 7, 5, 3, 2, 1

b) 1, 4, 3, 5, 6

c) 2, 4, 5, 1, 3, 2

d) 3, 8, 7, 4, 2, 1

6 Im Kopf oder schriftlich?

a) 21 800 + 1 200
75 698 + 4 987
66 350 + 150
92 410 + 380

b) 138 000 + 12 000
285 000 + 2 500
508 000 + 14 350
712 000 + 13 777

c) 660 000 + 140 000
295 000 + 105 000
763 098 + 135 008
324 104 + 103 201

7 Bei der DTM (Deutsche Tourenwagen Masters) wurden 2010 auf dem Nürburgring 177 821 km zurückgelegt und auf dem Hockenheimring 178 386 km.
Wie viel Kilometer legte ein Rennwagen zurück, der an beiden Rennen teilgenommen hat?

1 Für ein Rennen auf dem Hockenheimring wurden in diesem Jahr 134 521 Karten verkauft. Im letzten Jahr waren es 16 269 Karten weniger. Wie viele Karten waren es im letzten Jahr?

2

a)	231 623	–	45 731	108 457	3 570	975	210 457	87
b)	570 321	–	249 605	43 786	97 065	79	532 900	8 467
c)	802 476	–	11 308	478 042	62 277	9 402	764 023	549

3 Bilde mindestens drei Minusaufgaben. Das Ergebnis soll größer als 20 000 sein. Überschlage zuerst.

a) 35 780, 10 346, 4 807, 60 857, 2 376

b) 50 000, 23 417, 14 658, 7 649, 39 652

c) 2 146, 43 180, 10 732, 35 990, 5 880

c) 12 897, 65 432, 35 709, 45 327, 4 213

4 Bilde mit allen Ziffern die größte Zahl, dann bilde mit allen Ziffern die kleinste Zahl. Subtrahiere.

a) 4, 6, 3, 1, 2

b) 1, 4, 7, 5, 2, 3

c) 2, 6, 5, 1, 3, 8

d) 2, 9, 6, 4, 3, 5

5 Im Kopf oder schriftlich?

a) 25 000 – 4 500
68 500 – 3 780
32 000 – 2 000
75 291 – 3 291

b) 147 000 – 15 645
536 000 – 16 000
309 650 – 34 560
416 720 – 15 620

c) 579 000 – 55 000
326 700 – 14 360
718 000 – 15 000
384 700 – 84 300

6 Bei der DTM werden der Eurospeedway Lausitz und der Circuit Park Zandvoort befahren. Beide Rennstrecken haben zusammen eine Renndistanz von 361 750 km. Der Eurospeedway Lausitz hat die Distanz 180 856 km. Wie viel Kilometer hat der Circuit Park Zandvoort?

Schriftliches Multiplizieren

1 Männer und Frauen verbrauchen von verschiedenen Nahrungsmitteln unterschiedlich viel. Laut einer Umfrage ergeben sich folgende Durchschnittswerte für den Verbrauch pro Woche.

Frauen: 931 g
Männer: 1 246 g

Frauen: 903 g
Männer: 791 g

Frauen: 336 g
Männer: 385 g

a) Berechne zu jeder Produktgruppe den Jahresverbrauch für Frauen.

b) Berechne zu jeder Produktgruppe den Jahresverbrauch für Männer.

2 Im Jahr 2009 verbrauchte jede Person in Deutschland durchschnittlich 750 g Tiefkühlkost pro Woche.
Wie viel Gramm Tiefkühlkost verbrauchte eine Person durchschnittlich im Jahr 2009?
Wie viel Kilogramm sind das?

3 Einige Ergebnisse sind falsch. Du findest sie durch Überschlagen. Berichtige.

a)	b)	c)
$1112 \cdot 3 = 3336$	$2879 \cdot 5 = 15395$	$4021 \cdot 4 = 1584$
$3172 \cdot 2 = 5044$	$1106 \cdot 8 = 10348$	$5878 \cdot 5 = 29390$
$6113 \cdot 4 = 24452$	$4890 \cdot 3 = 25270$	$7134 \cdot 3 = 14392$

4 Was fällt dir auf?
Ergänze eine weitere Aufgabe mit Ergebnis.

a)	b)	c)	d)
$8800 \cdot 1$	$230 \cdot 5$	$1221 \cdot 3$	$1234 \cdot 4$
$4400 \cdot 2$	$231 \cdot 5$	$1222 \cdot 3$	$1235 \cdot 5$
$2200 \cdot 4$	$232 \cdot 5$	$1223 \cdot 3$	$1236 \cdot 6$

5 Welche Aufgabe passt zum Text?

a) Laut Statistik verbraucht eine Person am Tag durchschnittlich 175 g Milch.
Wie viel Gramm sind das in einem Jahr?

$175 \cdot 12$ $175 \cdot 365$

b) Laut Statistik essen Frauen durchschnittlich 278 g Obst am Tag.
Wie viel Gramm sind das in einem Monat?

$278 \cdot 7$ $278 \cdot 30$

1 Hier sind für weitere Nahrungsmittel Durchschnittswerte für den Verbrauch pro Woche angegeben.

Frauen: 1946 g
Männer: 1610 g

Frauen: 371 g
Männer: 721 g

Frauen: 2226 g
Männer: 1043 g

a) Berechne zu jeder Produktgruppe den Tagesverbrauch für Frauen.

b) Berechne zu jeder Produktgruppe den Tagesverbrauch für Männer.

2 Einige Ergebnisse sind falsch. Du findest sie durch Überschlagen. Berichtige.

a)	b)	c)
1244 : 4 = 311	1899 : 9 = 211	28910 : 7 = 4130
25500 : 5 = 510	36484 : 4 = 912	15741 : 3 = 6314
9210 : 3 = 3700	40855 : 5 = 6171	20550 : 5 = 411
62466 : 6 = 9411	32896 : 8 = 5112	30660 : 6 = 4610

3 Was fällt dir auf?
Ergänze eine weitere Aufgabe mit Ergebnis.

a)	b)	c)	d)
488 : 2	93240 : 2	336488 : 4	177120 : 3
4488 : 2	93240 : 3	336484 : 4	177120 : 4
44488 : 2	93240 : 4	336480 : 4	177120 : 5

4 Welche Aufgabe passt zum Text?

a) Laut Statistik verbraucht eine Person in einem Jahr durchschnittlich 56700 g Brot. Wie viel Gramm sind das in einem Monat?

56700 : 12 | 56700 : 4

b) Laut Statistik verbrauchen Männer durchschnittlich 1246 g Brot in einer Woche. Wie viel Gramm sind das an einem Tag?

1246 : 4 | 1246 : 7

5 Im Jahr 2009 verbrauchte jede Person im Monat 8168 g Frischmilcherzeugnisse.

a) Wie viel Gramm sind es pro Woche?

b) Wie viel Gramm sind es am Tag?

1 Herr und Frau Schmitz aus Düsseldorf möchten Campingurlaub an der Nordsee machen. Sie haben zwei Kinder, einen Hund und benötigen einen Stellplatz für ein Auto und einen Wohnwagen.

Preise pro Tag an der Nordsee:	
Erwachsene	4,50 €
Kinder	3,50 €
Wohnwagen mit PKW	9,00 €
Zelt	3,50 €
Hund	2,00 €
Kurtaxe für Erwachsene	2,30 €
Kurtaxe für Kinder	1,00 €

a) Berechne die Kosten für einen Urlaub von 2 Wochen.

b) Die beiden Kinder möchten lieber gemeinsam in einem Zelt schlafen. Welche Kosten kommen noch hinzu?

2 Von Düsseldorf nach Husum sind es 538 km. Familie Schmitz fährt durchschnittlich 80 km in einer Stunde.

a) Berechne die Fahrzeit. Runde auf volle Stunden.

b) Die Familie startet morgens um 8.00 Uhr in Düsseldorf. Wann kommt sie in Husum an, wenn sie dreimal eine halbe Stunde Pause macht?

3 Auf dem Campingplatz an der Nordsee ist auch Familie Hertz mit drei Kindern.

a) Wie teuer ist der Urlaub für Familie Hertz für eine Woche im Wohnwagen?

b) Wie teuer ist der Urlaub, wenn Familie Hertz mit zwei Zelten Urlaub macht?

4 Familie Neufeld überlegt, ob sie im Urlaub an die Nordsee oder an die Ostsee fahren soll.

Preise pro Tag an der Ostsee:	
Erwachsene	4,50 €
Kinder	2,50 €
Wohnwagen mit PKW	9,50 €
Zelt	7,50 €
Hund	3,00 €
Kurtaxe für Erwachsene	2,30 €
Kurtaxe für Kinder	1,00 €

a) Berechne die Kosten für einen zweiwöchigen Urlaub für zwei Erwachsene, ein Kind, einen Hund und einen PKW mit Wohnwagen an der Ostsee.

b) Wie viel Euro beträgt der Preisunterschied zum Nordseeurlaub?

Bahnfahrt Lauterbach-Kassel		**Übernachtung Jugendherberge**		
			Übern./F	Übern./HP
Preis pro Person		Melsungen	18,20 €	20,50 €
mit Fahrrad	23,60 €	Rotenburg	17,90 €	21,90 €
		Bad Hersfeld	23,20 €	22,20 €
		Lauterbach	24,90 €	28,00 €

1 Leon und seine drei Freunde wollen eine Fahrradtour von Kassel nach Lauterbach machen. Dabei übernachten sie in Jugendherbergen. Auf dem Rückweg fahren sie mit dem Zug.

a) Berechne die Kosten für die Tour für eine Person mit einer Übern./F in jeder Jugendherberge.

b) Die Jungen rechnen mit 12,00 € Verpflegungskosten pro Tag. Wie teuer wird die Tour pro Person insgesamt, wenn sie 5 Tage unterwegs sind?

c) Wie teuer wird die gesamte Tour für alle vier Freunde zusammen?

2 Seyit und Jan machen noch andere Vorschläge.

a) Berechne die Kosten für Jans Vorschlag mit Bahnfahrt, aber ohne zusätzliche Verpflegungskosten pro Person.

b) Berechne die Kosten für Seyits Vorschlag mit Bahnfahrt ohne Verpflegungskosten.

c) Wie viel Euro beträgt der Preisunterschied zwischen diesen beiden Vorschlägen?

Jans Vorschlag:

1 x Übern./F	Melsungen
2 x Übern./HP	Rotenburg
2 x Übern./HP	Bad Hersfeld
1 x Übern./F	Lauterbach

Seyits Vorschlag:

1 x Übern./HP	Melsungen
3 x Übern./HP	Rotenburg
1 x Übern./F	Bad Hersfeld
1 x Übern./F	Lauterbach

3 Henrik ist für den Vorschlag von Leon (Aufgabe 1). Er schlägt vor, den Rückweg auch mit dem Fahrrad zu machen. Dabei will er noch eine Übernachtung zusätzlich machen. Diese kostet 17,50 €.
Wie teuer wird die Fahrradtour jetzt pro Person?

Wiederholen und Üben

1 Vervollständige die Zahlenreihe.

a)			380 000	390 000					440 000		
b)					810 000	800 000			770 000		
c)			225 000					250 000	255 000		

2 Welche Rechenschritte wurden gemacht? Übertrage in dein Heft und trage ein.

a) 420 000 —: ■→ 70 000 —: ■→ 10 000 —· ■→ 100 000

b) 890 000 —− ■→ 810 000 —+ ■→ 910 000 —+ ■→ 1 000 000

3 Finde eine Rechengeschichte zu jeder Aufgabe.

a) 27 483 + 17 284 b) 483 240 − 17 257 c) 5 423 · 32 d) 1 896 : 6

4 Immer zwei Aufgaben haben das gleiche Ergebnis.

a)	b)	c)	d)
45 000 : 90	32 000 : 40	81 000 : 9	64 000 : 8
3 000 : 6	3 500 : 7	20 000 : 50	450 000 : 5
20 000 : 20	40 000 : 80	27 000 : 3	720 000 : 90
6 000 : 6	1 600 : 2	2 800 : 7	270 000 : 3

5

a)	687 201	+	98 760	102 365	458	2 507	205 421	6 290
b)	786 904	−	78 546	9 053	120 467	239	314 500	66 899

6 Einige Ergebnisse sind falsch. Du findest sie durch Überschlagen. Berichtige.

a)	b)	c)
235 689 + 360 231 = 595 920	4 600 · 20 = 9 200	32 000 : 8 = 4 000
129 980 + 75 121 = 195 101	12 500 · 4 = 6 000	18 060 : 6 = 4 000
550 328 + 150 235 = 800 563	23 510 · 2 = 47 020	20 500 : 5 = 5 000

7 Im Kopf oder schriftlich?

a)	b)	c)	d)
2 300 · 30	42 300 · 2	124 000 : 2	523 640 : 20
4 120 · 25	50 200 · 3	540 000 : 60	360 400 : 4
3 250 · 20	64 320 · 4	297 000 : 3	245 500 : 5

8 Schreibe die vollständige Rechnung in dein Heft.

a)
```
  ■ 1 ■ 0 3
+ 3 2 6 ■ 7
-----------
  5 ■ 9 2 ■
```

b)
```
  7 ■ ■ 9 8
+   3 0 4 ■
-----------
  ■ 1 5 ■ 4
```

c)
```
  6 1 0 ■ 2
−   8 ■ 2 2
-----------
  ■ ■ 6 5 ■
```

d)
```
  ■ ■ 7 8 ■ 5
−   2 ■ 9 0 ■
-------------
  2 1 2 ■ 9 9
```

Dezimalzahlen

Vancouver 2010	500-m-Eisschnelllauf-Finale	
Rang	**Name**	**Zeit**
1 Gold	Charles Hamelin, Kanada	40,770 s
2 Silber	Si-Bak Sung, Korea	40,821 s
3 Bronze	Francois-Louis Tremblay, Kanada	41,326 s

Kommaschreibweise bei Größen

1 a) Wer ist am weitesten gefahren?

b) Übertrage die Tabelle in dein Heft und vervollständige sie.

Tim	Sarah	Daniel	Lina
2,5 km	3,250 km		
		2 km 750 m	
			3100 m

!

$100\ m = \frac{1}{10}\ km = 0{,}1\ km$ — **Die erste Stelle nach dem Komma heißt Zehntel.**

$10\ m = \frac{1}{100}\ km = 0{,}01\ km$ — **Die zweite Stelle heißt Hundertstel.**

$1\ m = \frac{1}{1000}\ km = 0{,}001\ km$ — **Die dritte Stelle heißt Tausendstel.**

2 Übertrage die Stellenwerttafel in dein Heft.

a) Ergänze die Kommaschreibweise.

E	z	h	t	Dezimalzahl
2	2	0	4	
7	1	0	5	
0	4	5	5	
3	0	8		
6	9	5		

b) Trage in die Stellenwerttafel ein.

E	z	h	t	Dezimalzahl
				5,7
				0,025
				9,608
				2,899
				0,6

3 Schreibe mit Komma in der angegebenen Einheit.

a) km	b) km	c) km	d) kg	e) kg
5800 m	3 km 275 m	4362 m	3 kg 935 g	4852 g
5080 m	1 km 53 m	2109 m	5 kg 89 g	2075 g
5008 m	4 km 100 m	575 m	1 kg 100 g	563 g
8500 m	6 km 4 m	80 m	2 kg 25 g	55 g

4 Kleiner, größer oder gleich? Setze ein: <, > oder =

a) 372 cm ■ 3,85 m
105 cm ■ 1,50 m
89 cm ■ 0,89 m

b) 2 m 81 cm ■ 2,81 m
5 m 9 cm ■ 5,59 m
3 m 70 cm ■ 3,72 m

c) 3,4 cm ■ 30 mm
1,9 cm ■ 18 mm
0,7 cm ■ 7 mm

5 Runde die Preise auf Euro.

Trikot	Fußball	Hallenschuhe	T-Shirt	Inliner
44,75 €	12,40 €	69,95 €	27,65 €	55,20 €

1 a) Wie viel Euro muss Jan bezahlen?
b) Wie viel Euro behält Tina übrig?
c) Marco hat mit einem 50-€-Schein bezahlt und 28,70 € zurück bekommen.
Was hat er gekauft?

2

a)	b)	c)	d)
2,5 + 3,2	0,6 + 16,2	5,8 − 2,3	45,9 − 5,9
7,8 + 6,1	21,1 + 3,6	16,5 − 5,1	12,8 − 0,5
25,2 + 10,3	54,2 + 5	25 − 3,2	9,7 − 3
40 + 6,3	12,4 + 0,4	30,8 − 0,6	22,2 − 1,1

3 Rechne schriftlich. Schreibe Komma unter Komma.

a)	b)	c)
73,85 + 21,73	223,82 − 146,35	124,73 + 81,9
246,08 + 45,861	547,6 − 83,59	90,408 + 12,77
605,39 + 202,1	302,548 − 75,08	345,09 + 41,7
43,09 + 83,405	193,77 − 24,004	176,3 + 94,905

4 Im Einkaufszentrum kostet eine Jeans 69,95 €. Beim Internetversand kostet dasselbe Modell 54,99 € zuzüglich 3,90 € Versandkosten.
Wie viel kann beim Internetversand gespart werden?

5 Im Kopf oder schriftlich?

a)	b)	c)
24,1 + 10,4	80,3 + 17,4	90,1 − 70,0
65,0 + 10,55	105,9 + 80,72	20,01 − 15,01
5,05 + 72,91	4,068 + 9,1	71,213 − 65,13
25,4 + 25,2	300,4 + 100,5	10,23 − 9,23

6 a) Anja hat 94 € gespart. Sie kauft die Jacke. Wie viel Euro bleiben übrig?
b) Svedlana kauft die Stiefel und die Hose.
c) Karin bezahlt die Hose mit einem 100-€-Schein.

7 Erfinde eine Rechengeschichte zu jeder Aufgabe. Rechne.

125,86 € − 89,90 €

100 € − 79,50 €

Multiplizieren mit 10, 100 und 1 000

1 Berechne die Preise.

Wird eine Dezimalzahl mit 10, 100, 1 000 multipliziert, verschiebt sich das Komma nach rechts.

4,25 · 10 = 42,5 **6,527 · 100 = 652,7** **8,346 · 1 000 = 8 346**

Füge Nullen hinzu, damit du das Komma verschieben kannst.

2,5 · 1 000 = 2,5000 · 1 000 = 2 500

2

a)	b)	c)
27,453 · 10	134,082 · 10	10 · 83,47
14,387 · 100	517,375 · 100	100 · 205,863
35,162 · 1 000	86,049 · 1 000	1 000 · 517,032

3

a)	b)	c)
4,8 · 100	3,75 · 1 000	1 000 · 14,8
12,9 · 100	18,32 · 1 000	100 · 0,5
70,2 · 100	27,5 · 1 000	1 000 · 27,04

4

a)	b)	c)
138,207 · 10	54,37 · 1 000	100 · 68,27
75,5 · 100	708,2 · 100	1 000 · 138,4
214,38 · 10	142,702 · 100	1 000 · 3,089

5 Für einen Zaun werden 100 Bretter benötigt.
Wie viel m Holz werden verarbeitet?

6

a)	b)	c)
25,05 · ■ = 250,5	1,23 · ■ = 1 230,0	0,078 · ■ = 7,8
0,451 · ■ = 45,1	34,05 · ■ = 340,5	3,303 · ■ = 330,3

1 Berechne jeweils den Preis für 1 Stück. Runde auf 2 Stellen nach dem Komma.

Wird eine Dezimalzahl durch 10, 100, 1 000 dividiert, verschiebt sich das Komma nach links.

34,8 : 10 = 3,48　　**251,6 : 100 = 2,516**　　**4 265,1 : 1 000 = 4,2651**

Füge Nullen hinzu, damit du das Komma verschieben kannst.

5,2 : 100 = 005,2 : 100 = 0,052

2

a) 28,623 : 10
475,76 : 100
2 434,08 : 1 000

b) 48,04 : 10
506,3 : 100
3 209,4 : 1 000

c) 57,5 : 10
283,84 : 100
1 025,6 : 1 000

3

a) 2,5 : 10
17,3 : 100
0,7 : 10

b) 35,72 : 1 000
8,3 : 1 000
0,2 : 100

c) 0,2 : 10
105,4 : 100
3,5 : 100

4

a) 45,3 : 10
162,5 : 1 000
17,4 : 100

b) 58,2 : 1 000
167,4 : 10
0,8 : 100

c) 4,26 : 100
17,8 : 10
263,5 : 1 000

5

a) Wie teuer ist eine Dose Katzenfutter?

b) Ein Tierheim kauft 100 Dosen zum Extra-Sonderpreis von insgesamt 62,00 €.
Wie viel Euro zahlt das Tierheim für eine Dose?

6

a) 405,2 : ■ = 40,52
10,2 : ■ = 1,02

b) 233,7 : ■ = 23,37
4,5 : ■ = 0,045

c) 1 635,3 : ■ = 16,353
88,1 : ■ = 0,881

1 Wie viel Euro muss Frau Ünlic bezahlen?
Runde die Ergebnisse auf zwei Stellen nach dem Komma.

Setze erst im Ergebnis das Komma. Das Ergebnis hat genauso viele Kommastellen, wie beide Dezimalzahlen zusammen.

1,59 · 3
4,77

1,87 · 0,5
000
935
0,935

2

a) 34,65 · 3	b) 24,68 · 20	c) 4,31 · 3,9	d) 245,04 · 3,1
7,159 · 6	9,53 · 43	6,18 · 8,6	95,8 · 6,4
141,03 · 5	78,9 · 35	3,53 · 5,7	131,72 · 8,3
78,7 · 4	6,05 · 65	3,69 · 2,3	166,4 · 5,2

3 Runde die Ergebnisse auf zwei Stellen nach dem Komma.

4 Im Kopf oder schriftlich?

a) 1,5 · 3	b) 6,78 · 7	c) 11,2 · 4	d) 10,05 · 4
2,4 · 5	7,10 · 3	27,9 · 6	20 · 3,05
0,8 · 2	5,08 · 4	15,3 · 2	0,032 · 3

5 Wo wurden Fehler gemacht? Berichtige.

a)
324,7 · 2,2
6494
6494
71,434

b)
42,63 · 3,5
12789
21315
149,205

c)
8,046 · 0,5
0000
40730
4,0730

1

a) Wie viel Kilometer legen Marc und Pia an 5 Tagen zurück?

b) Wie viel Kilometer legt jeder von beiden an 15 Tagen zurück?

2 Berechne für jede Ware die Einnahmen. Runde auf Cent.

22,750 kg

4,5 kg

39,5 kg

9,350 kg

3

a)	b)	c)	d)
32,3 · 21	50,6 · 32	4,023 · 15	4,082 · 26
14,62 · 18	54 · 8,24	44,7 · 38	45 · 19,57
9,04 · 35	0,156 · 23	29,04 · 42	68,9 · 14
20,5 · 43	34,04 · 18	93 · 0,6	0,631 · 37

4 Übertrage in dein Heft. Setze das Komma im Ergebnis.

a)	b)	c)
23,5 · 1,05 = 24675	562,2 · 0,9 = 50598	31,15 · 0,7 = 21805
0,9 · 2,2 = 198	4,333 · 8 = 34664	22 · 1,125 = 24750
10,10 · 1,1 = 11110	175,5 · 5,5 = 96525	3,65 · 1,25 = 45625
4,8 · 2,0 = 960	19,7 · 1,99 = 39203	0,8 · 120,8 = 9664

5 Paul betankt seinen Motorroller.

a) Ein Liter Benzin kostet 1,34 €. Der Tank des Rollers fasst 6,5 Liter. Wie teuer ist eine Tankfüllung?

b) Paul benötigt 3,5 Liter, um 100 km weit zu fahren. Wie viel Euro kostet das Benzin?

c) In einer Woche fährt Paul etwa 300 km. Wie viel Liter Benzin verbraucht er? Wie viel Euro muss er dafür bezahlen?

6 Die Ergebnisse sollen nicht mehr als zwei Stellen nach dem Komma haben. Runde, falls nötig.

a)

12,42	8,06	21,3	·	2,3
9,04	16,8	12,75	·	4,5

b)

7,23	0,81	16,35	·	3,7
2,46	1,04	12,63	·	2,9

Dividieren

1 a) Wie viel Euro kostet ein Tag in der Pension Sonnenschein?
b) Wie viel Euro kostet ein Tag im Hotel zur Post?

Beim Überschreiten des Kommas muss im Ergebnis ein Komma gesetzt werden.

1	7	6,	2	5	:	5	=	3	5,	2	5
1	5										
	2	6									
	2	5									
		1	2								
		1	0								
			2	5							
			2	5							
				0							

2

a)	b)	c)	d)
47,65 : 5	128,4 : 6	8,771 : 7	348,6 : 20
55,26 : 3	180,8 : 4	8,215 : 5	717,5 : 50
79,12 : 2	228,9 : 3	7,602 : 3	641,4 : 30

3 Im Kopf oder schriftlich?

a)	b)	c)	d)
24,8 : 2	47,7 : 6	16,8 : 3	0,24 : 4
19,2 : 4	10,5 : 5	4,04 : 4	9,699 : 3
18,9 : 3	2,44 : 2	18,8 : 2	12,6 : 6

4 Vier Freunde gehen ins Kino. Der Eintritt für alle zusammen beträgt 30 €.
Wie viel Euro kostet eine Eintrittskarte?

5 Erfinde eine Rechengeschichte zu jeder Aufgabe. Rechne.

50 : 8

375,50 : 5

6 Rechne höchstens bis drei Stellen nach dem Komma.

a)	b)	c)	d)	e)
10 : 8	2 : 5	46 : 9	8 : 9	127 : 8
15 : 4	4 : 8	57 : 8	62 : 6	217 : 8
20 : 6	7 : 4	124 : 6	304 : 7	100 : 3
3 : 4	21 : 6	253 : 7	199 : 4	200 : 6

1 Margit soll den Messbecher mit $\frac{1}{4}$ Liter Milch füllen. Erkläre ihre Rechnung.

1	:	4	=	0,	2	5	
0							
1	0						
	8						
	2	0					
	2	0					
		0					

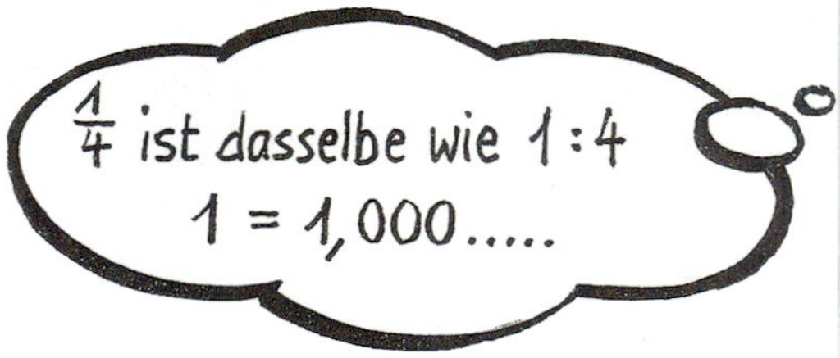

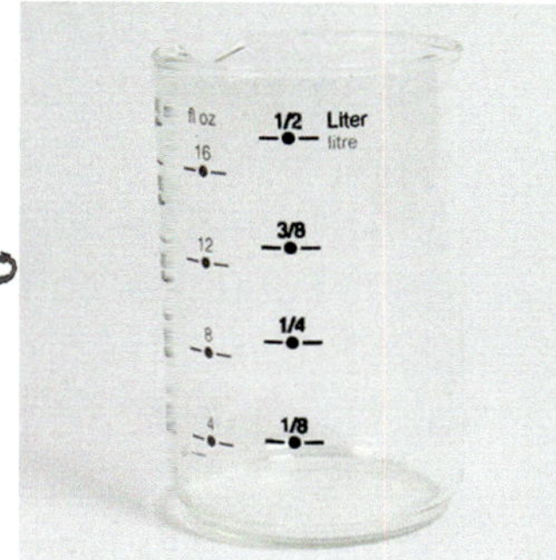

Durch Division können Brüche in Dezimalzahlen umgewandelt werden. Der Bruchstrich steht für das Divisionszeichen:

$$\frac{2}{5} = 2 : 5 \qquad 2 : 5 = 0{,}4$$

2 Schreibe als Dezimalzahl.

a) $\frac{1}{5}$ $\frac{3}{4}$ $\frac{1}{8}$ $\frac{3}{5}$

b) $\frac{1}{10}$ $\frac{2}{5}$ $\frac{4}{5}$ $\frac{3}{8}$

3 Sabrina behauptet:
„0,5 · 4,8 kann ich im Kopf rechnen.
Ich weiß: $0{,}5 = \frac{1}{2}$.
Also ist 0,5 · 4,8 = 2,4.
Es ist die Hälfte von 4,8.“
Hat sie Recht?

4 Welche Rechenvorteile kannst du hier nutzen? Ordne zu und berechne.

a) 5,6 · 0,1
b) 40 · 0,25
c) 65 · 0,2
d) 30 · 1,5

- $0{,}25 = \frac{1}{4}$, durch 4 teilen
- $0{,}2 = \frac{1}{5}$, durch 5 teilen
- $1{,}5 = 1\frac{1}{2}$, einmal die Hälfte dazu rechnen
- $0{,}1 = \frac{1}{10}$, durch 10 teilen (Komma nach links schieben)

5 Berechne mit Hilfe der Rechenvorteile.

a)	26,8	8,04	110,4	844,2	2,650	·	0,5
b)	12,5	85,3	6,41	550	325,1	·	0,1
c)	16	24,4	48	20,04	120,4	·	0,25
d)	25	30,5	0,5	55,05	40,0	·	0,2
e)	40	28	130	4,2	8,6	·	1,5

Taschenrechner

1 Sabrina und ihre sechs Freundinnen bekommen für die Putzaktion im Clubheim 15 €. Sie wollen das Geld gerecht aufteilen. Sabrina rechnet mit dem Taschenrechner.
Die Freundinnen runden das Ergebnis ab. Wie viel Euro und Cent bekommt jede?
Wie viel Cent bleiben übrig und können nicht verteilt werden?

2 Wandle mit dem Taschenrechner in Dezimalzahlen um. Runde auf Tausendstel.

$\frac{5}{7} = 5 : 7 = 0{,}714$

$\frac{5}{7}$ $\frac{3}{16}$ $\frac{8}{9}$ $\frac{14}{15}$ $\frac{3}{13}$ $\frac{17}{45}$ $\frac{9}{11}$

3 Richtig oder falsch? Überschlage zuerst, dann überprüfe mit dem Taschenrechner.

a) 1 361,6 + 78,5 = 1 440,1
455,2 · 3,77 = 1 716,104
3 522 – 13,307 = 35 086,93
246,2 + 505,33 = 750,53

b) 648,2 : 3,5 = 85,2
12,45 · 23,8 = 296,31
966,3 – 895,45 = 70,65
531,483 : 123 = 40,321

4 Bilde Aufgaben (+, –, ·, :). Das Ergebnis soll größer als 50 sein. Rechne mit dem Taschenrechner.

a) 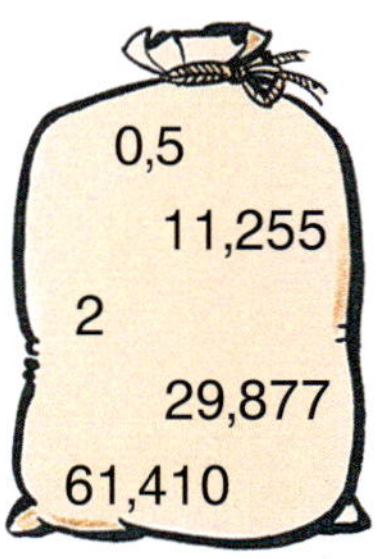

b) 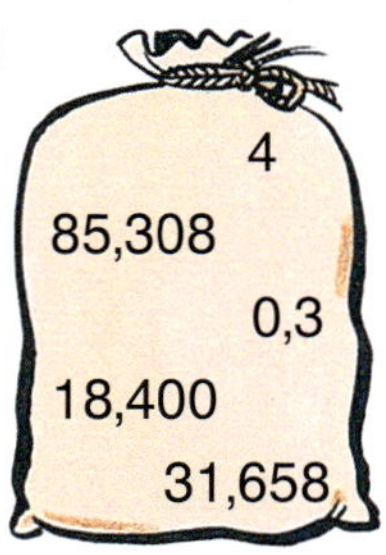

c) 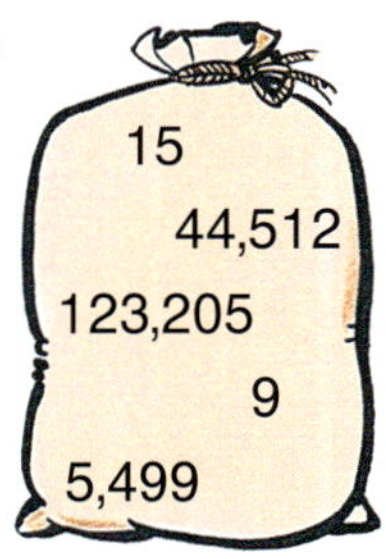

d) 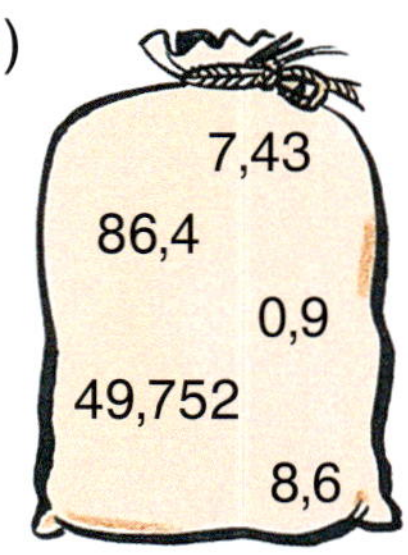

5 Martin soll die Kosten für einen Wohnungsanstrich berechnen. Sein Chef nennt ihm die benötigte Menge Farbe und die Preise für jeweils einen Liter Farbe.

a) Berechne die Kosten für jede Farbe.

b) Berechne die Gesamtkosten für den Wohnungsanstrich.

1 Familie Gruber hat im letzten Jahr für Wasser und Abwasser, Heizung, Strom und Müllabfuhr folgende Beträge bezahlt:

Wasser 225,84 €
Abwasser 334,64 €

Heizung 862,50 €
Strom 679,20 €

Restmüll 126,00 €
Biomüll 21,00 €

a) Wie hoch waren die Kosten im letzten Jahr insgesamt?

b) Wie viel Euro pro Monat hat Familie Gruber für diese Kosten und Gebühren ausgegeben?

2 Die Fernseh- und Rundfunkgebühren betragen im Vierteljahr 51,09 €.
Für den Kabelanschluss sind jeden Monat 16,90 € zu bezahlen.
Wie hoch sind die Gesamtkosten für Rundfunk und Fernsehen über Kabel

a) in einem Monat; b) im Jahr?

3 Familie Gruber rechnet für Lebensmittel 450 € pro Monat. Im letzten Monat hat die Familie für Grundnahrungsmittel ausgegeben:

Fleisch- und Wurstwaren 145,75 €

Obst und Gemüse 87,30 €

Brot und Getreideprodukte 108,65 €

a) Wie viel Euro hat Familie Gruber insgesamt im letzten Monat für Grundnahrungsmittel ausgegeben?

b) Wie viel Euro blieben für andere Lebensmittel übrig?

4 Frau Meißner lebt allein. Sie hat in zwei Monaten für Fleisch und Wurst 74,20 €, für Obst und Gemüse 47,80 €, für Brot 58,30 € ausgegeben.
Wie viel Euro hat sie durchschnittlich pro Monat dafür ausgegeben?

5 Informiere dich über Haushaltskosten in deiner Familie.
Welche anderen Kosten fallen außerdem noch an?

Dividieren durch Dezimalzahlen

1 Im Sonderangebot kosten 1,5 kg Müsli 4,05 €.
Benni sagt: „Den Preis für 1 kg Müsli erhalte ich, wenn ich die Aufgabe 4,05 € : 1,5 rechne."
Laura meint: „Einfacher geht es, wenn ich den Preis für die zehnfache Menge durch 15 teile."
Erkläre. Prüfe Lauras Rechnung.
Rechne die Probe.

Aufgabe: 4,05 : 1,5

```
40,5 : 15 = 2,7
30
 105
 105     Probe: 2,7 · 1,5
   0
```

Verschiebe das Komma in beiden Zahlen so weit nach rechts, bis die zweite Zahl kein Komma mehr hat.

4,05 : 1,5	**3,5 : 0,25**	**25 : 0,125**
40,5 : 15	**350 : 25**	**25 000 : 125**

2 Bio-Müsli kostet in der 2,5-kg-Packung 7,75 €.
Berechne den Preis für 1 kg.
Mache die Probe.

7,75 : 2,5
77,5 : 25

3 Berechne den Preis für 1 kg.

a) Äpfel: 2,5 kg für 4,50 €
b) Mandarinen 1,2 kg für 3,00 €
c) Bananen 1,5 kg für 2,10 €
d) Käse 0,6 kg für 5,04 €

4 Verschiebe zuerst das Komma, dann rechne im Kopf.

a) 2,5 : 0,5
1,8 : 0,3

b) 4,5 : 0,9
7,2 : 0,8

c) 3,2 : 0,2
6,5 : 0,5

d) 4,8 : 1,2
2,6 : 1,3

e) 7,5 : 2,5
4,8 : 2,4

5 Die Klasse 9a möchte auf dem Schulfest selbst gekochte Marmelade verkaufen. Wie viele Gläser werden für die verschiedenen Sorten benötigt?

6 Im Kopf oder schriftlich?

a) 6 : 0,5
9 : 4,5
8 : 0,4
1 : 0,25

b) 6,5 : 0,5
1,2 : 0,3
6,3 : 2,1
10,2 : 0,6

c) 10,4 : 5,2
33,6 : 1,6
150 : 1,0
264 : 2,2

d) 0,48 : 0,06
1,32 : 0,11
4,5 : 0,75
3,15 : 1,05

7 Wo wurden Fehler gemacht? Berichtige.

a) 40 : 0,8 = 5
b) 10 : 0,5 = 20
c) 10,8 : 0,2 = 540
d) 7,2 : 1,2 = 6
e) 8 : 0,25 = 32
f) 6,6 : 0,3 = 12
g) 8,4 : 4,2 = 20
h) 9,6 : 1,2 = 0,8

In der Schulküche

In der Tannwaldschule können sich die Schülerinnen und Schüler zum Mittagessen anmelden. Beim Einkauf der Zutaten richtet sich die Schulküche nach den Angaben links (Menge pro Person).

Suppe/Eintopf	0,350 *l*	Soße	0,100 *l*
Fleisch (roh)	0,200 kg	Gemüse	0,200 kg
Fisch (roh)	0,150 kg	Salat	40 g
Spagetti	0,125 kg	Kartoffeln	0,200 kg
		Reis/Nudeln	50 g
Obstsalat	0,150 kg	Pudding	0,125 kg
Kompott	0,100 kg		

1 Berechne die benötigte Menge für 10 Personen.

a) Gulaschsuppe b) Schnitzel c) Bandnudeln d) Salat
e) Spagetti f) Tomatensoße g) Fischfilet h) Obstsalat

2 Für Montag haben sich 28 Schüler angemeldet. Es gibt Eintopf und Vanillepudding. Berechne die benötigten Mengen.

3 a) Am Dienstag gibt es Fisch mit Reis und Salat. Es haben sich 31 Schüler angemeldet. Berechne die benötigten Mengen.

b) Der Einkauf für das Mittagessen für die 31 Schüler kostet 75,02 €. Wie viel Euro kostet ein Essen?

4 Für das Essen am Donnerstag liegen 33 Anmeldungen vor. Es gibt Putenschnitzel mit Brokkoli und Salat. Diese Mengen müssen eingekauft werden:

6,6 kg Putenschnitzel 1 kg kostet 4,70 €	6,6 kg Brokkoli 1 kg kostet 1,75 €	1,65 kg Reis 1 kg kostet 0,60 €

a) Wie viel Euro müssen insgesamt für Putenschnitzel bezahlt werden?

b) Wie viel Euro kostet die Gesamtmenge Brokkoli, wie viel Euro der Reis?

c) Berechne die Gesamtkosten für alle 33 Schülerinnen und Schüler.

d) Kostet das Essen weniger als 1,50 € pro Person? Prüfe nach.

5 Für Freitag haben sich 22 Schülerinnen und Schüler zum Essen angemeldet. Es gibt Seelachs mit Möhren und Reis.

Seelachs 1 kg kostet 8,40 €	Möhren 1 kg kostet 1,30 €	Reis 1 kg kostet 0,60 €

a) Berechne die benötigten Mengen der Nahrungsmittel.

b) Wie viel Euro betragen die Kosten für jede Zutat und die Gesamtkosten?

c) Berechne die Kosten pro Person.

Wiederholen und Üben

1 Runde

2,37 cm ≈ 2,4 cm

a) auf Zehntel: 2,37 cm 25,92 cm 0,07 cm 56,98 cm 4,52 cm

b) auf Hundertstel: 4,412 m 12,929 m 72,440 m 0,033 m 39,226 m

2

a) 21,99 € + 7,00 €
13,32 € + 18,57 €
45,80 € + 31,10 €

b) 67,81 € – 34,15 €
25,78 € – 11,00 €
19,99 € – 9,99 €

c) 120,50 € + 60,00 €
256,13 € + 42,20 €
189,70 € – 49,70 €

3

a)	2,9	5,68	14,07	112,4	40,02	7,702	·	10	100	1 000
b)	8,1	35,5	60,05	708,2	18,14	10,127	:	10	100	1 000

4 Im Supermarkt. Berechne den Preis für 1 kg.

a) 

b) 

c) 

d) 

5 Frau Schneider kauft Obst.

a) Berechne den Preis für jede Obstsorte.

b) Berechne die Gesamtkosten des Einkaufs.

6 Im Kopf oder schriftlich?

a) 11,2 · 3,0
39,2 · 0,7
10,0 – 2,5

b) 20,0 · 0,25
18,3 – 0,3
50,5 – 0,2

c) 34,6 : 2
8,75 : 2,5
0,8 : 0,2

d) 120 : 1,2
0,18 : 9
24,8 : 4

7 Auf dem Großmarkt. Berechne den Preis für 1 kg.

a) Karotten
15 kg
12,75 €

b) Kartoffeln
25 kg
13,50 €

c) Zwiebeln
20 kg
28,80 €

d) Tomaten
15 kg
47,70 €

8 Wandle um in eine Dezimalzahl: $\frac{3}{4}$ $\frac{6}{10}$ $\frac{4}{5}$ $\frac{5}{8}$ $\frac{10}{20}$ $\frac{15}{100}$

Flächen – Kreis

Umfang und Flächeninhalt von Rechteck und Quadrat

1 Bestimme den Umfang und den Flächeninhalt der Figuren.

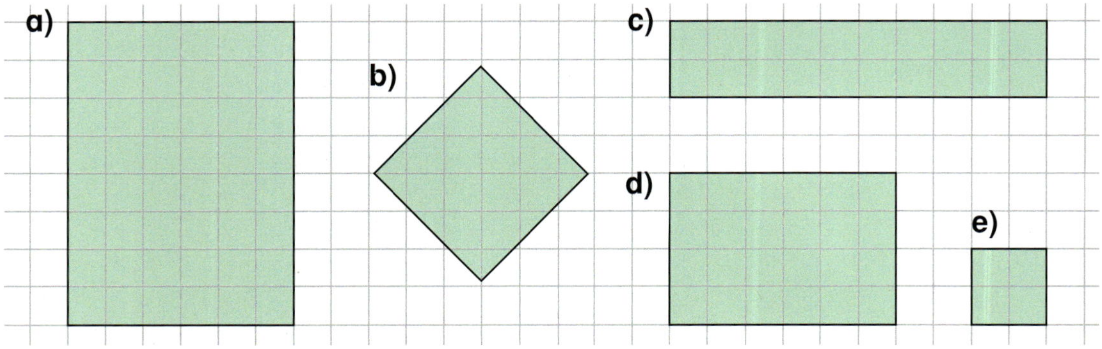

So berechnest du den Umfang und den Flächeninhalt bei Rechtecken.

Rechteck:

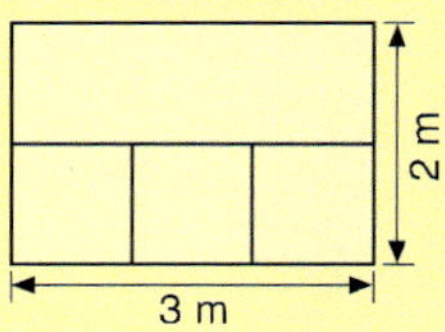

$u = 2 \cdot a + 2 \cdot b$
$u = 10$ m
$A = a \cdot b$
$A = 6\ m^2$

Quadrat:

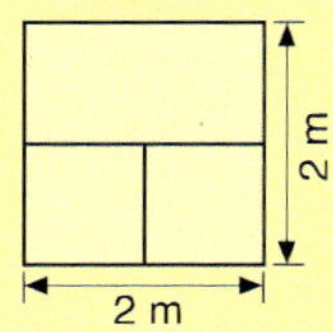

$u = 4 \cdot a$
$u = 8$ m
$A = a \cdot a$
$A = 4\ m^2$

2 Ein Bauplatz hat die Form eines Rechtecks. Der Platz ist 36 m lang und 28 m breit.

a) Berechne den Flächeninhalt des Bauplatzes.

b) Aus Sicherheitsgründen wird der Bauplatz eingezäunt.
Wie viel Meter Zaun werden benötigt?

3 Lea möchte ein quadratisches Bild mit einer Seitenlänge von 60 cm einrahmen. Wie viel Meter Leiste braucht sie?

4 Berechne den Flächeninhalt und den Umfang des Rechtecks.

a) a = 9 cm, b = 7 cm
b) a = 12 cm, b = 6 cm
c) a = 13 cm, b = 7 cm
d) a = 26 cm
e) a = 8,5 cm
f) a = 17 cm

5 Der Flächeninhalt eines rechteckigen Teppichs beträgt 13,5 m^2.
Der Teppich ist 3 m breit.
Wie lang ist der Teppich?

6 Übertrage die Tabelle in dein Heft und ergänze die fehlenden Werte.

	a)	b)	c)	d)	e)
Seite a	12 cm	23 cm	19,5 cm		9 cm
Seite b	9 cm	23 cm	16 cm	8 cm	
Umfang u					40 cm
Flächeninhalt A				120 cm^2	

1

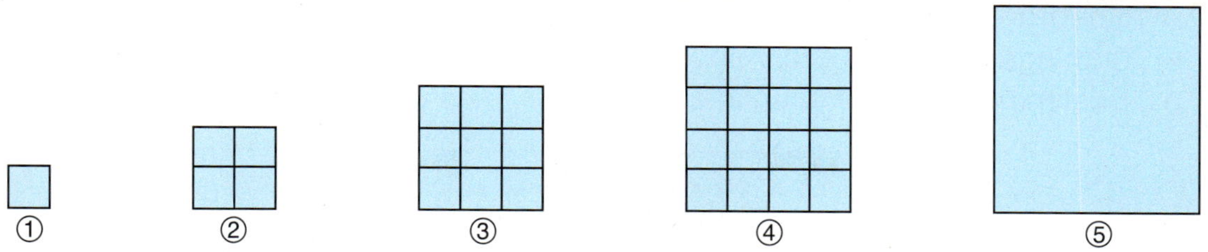

a) Wie viele kleine Quadrate enthält die 5. Figur, wie viele enthält die 7. Figur?
b) Welche Nummer hat die Figur, die 100 kleine Quadrate enthält?

! **Wenn man eine Zahl mit sich selbst multipliziert, erhält man das Quadrat der Zahl. Eine andere Schreibweise für 9 · 9 ist 9^2.**

$9 \cdot 9 = 81$
$9^2 = 81$

2 Übertrage die Tabelle in dein Heft und ergänze die fehlenden Werte.

Zahl	1	2	3	4	5	6	7	8	9	10	11
Quadrat der Zahl	1	4									

3 Berechne für jede Zahl ihr Quadrat.

a) 3^2, 5^2, 7^2, 9^2
b) 12^2, 15^2, 16^2, 20^2
c) $8{,}5^2$, $17{,}2^2$, $28{,}6^2$, $135{,}8^2$

3^2
Eingabe
3 [x^2]

4 Ein quadratischer Teppich hat den Flächeninhalt 9 m². Wie lang sind die Seiten des Teppichs?

! **Die Quadratwurzel aus einer Zahl ergibt mit sich selbst multipliziert diese Zahl.**
$\sqrt{16} = 4$, denn $4 \cdot 4 = 16$

5
$\sqrt{9}$ = ■, denn ■^{2} = 9 $\quad$ $\sqrt{■}$ = 8, denn 8^2 = ■ $\quad$ $\sqrt{1}$ = ■, denn ■^{2} = 1
$\sqrt{36}$ = ■, denn ■^{2} = 36 $\quad$ $\sqrt{■}$ = 12, denn 12^2 = ■ $\quad$ $\sqrt{169}$ = ■, denn ■^{2} = 169

6 Der Flächeninhalt des Quadrates ist gegeben. Berechne die Seitenlänge.
a) 25 cm² b) 49 cm² c) 81 cm² d) 100 cm² e) 225 cm² f) 1 024 m²

7 Bestimme die Quadratwurzeln. Prüfe.

a) $\sqrt{36}$, $\sqrt{225}$, $\sqrt{22\,500}$
b) $\sqrt{0{,}25}$, $\sqrt{25}$, $\sqrt{2\,500}$
c) $\sqrt{0{,}09}$, $\sqrt{900}$, $\sqrt{90\,000}$
d) $\sqrt{1}$, $\sqrt{10}$, $\sqrt{100}$

$\sqrt{36}$
Eingabe
36 [$\sqrt{\ }$]
6 [x^2]

8 Ein quadratischer Garten ist 324 m² groß. Wie lang ist der Zaun um den Garten?

Flächeninhalt des Parallelogramms

1 Übertrage das Parallelogramm auf Karopapier. Schneide es aus. Zerlege es und lege aus den Teilen ein Rechteck.
Bestimme den Flächeninhalt.

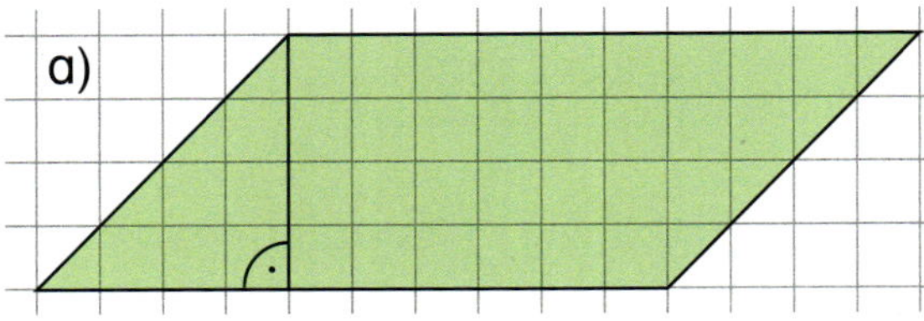

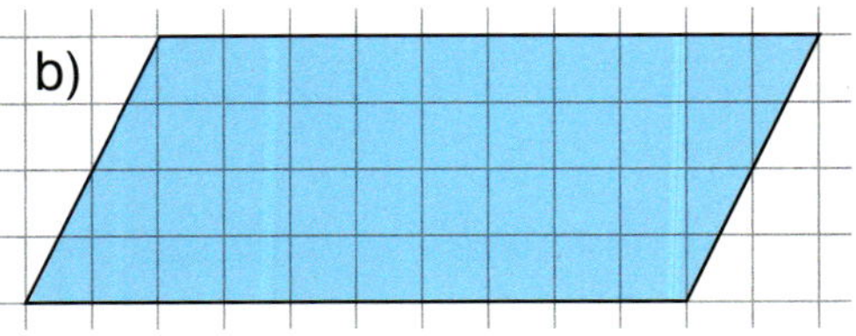

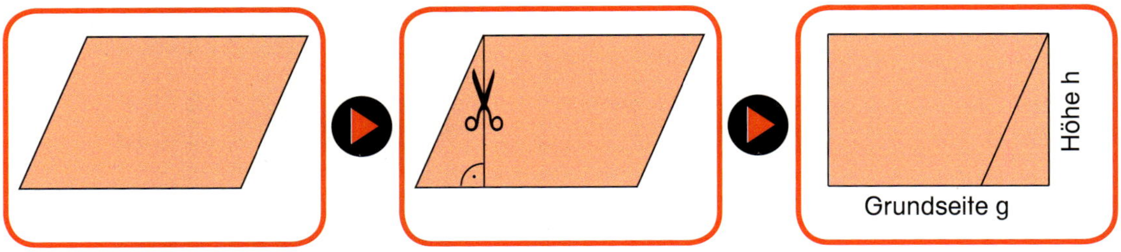

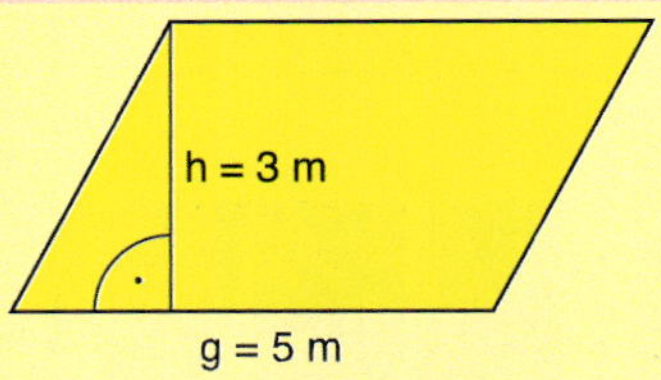

Flächeninhalt des Parallelogramms:
A = Grundseite · Höhe
$A = g \cdot h$
$A = 5 \cdot 3$
$A = 15\ m^2$

2 Berechne den Flächeninhalt.

a)
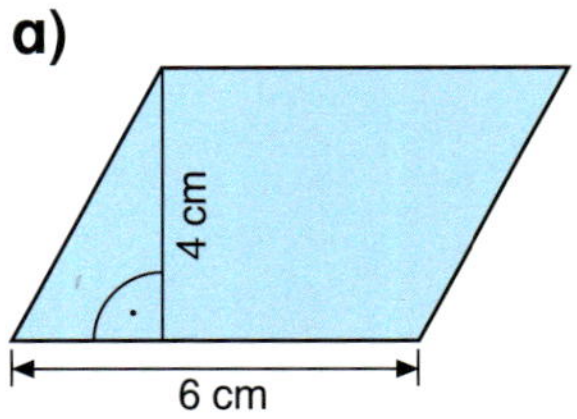

b)
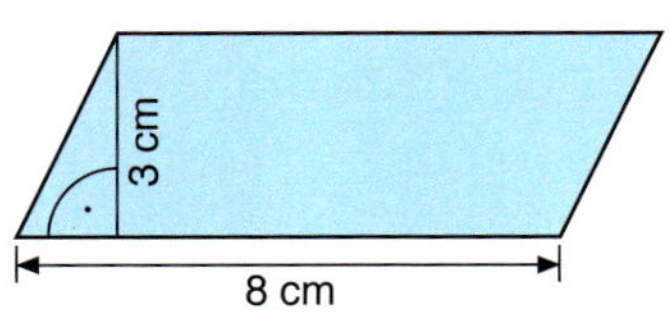

c)
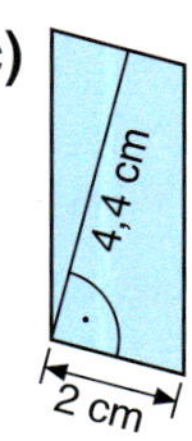

d)
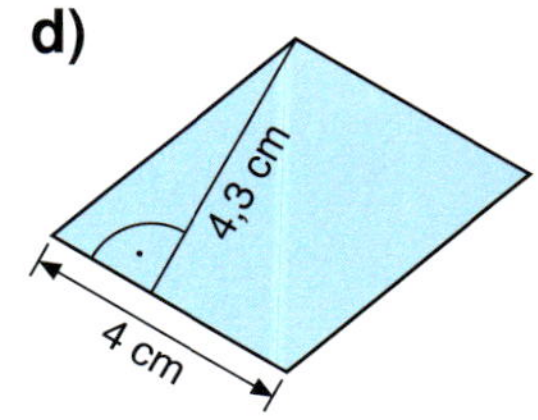

3 Übertrage in dein Heft. Miss Grundseite und Höhe. Berechne den Flächeninhalt.

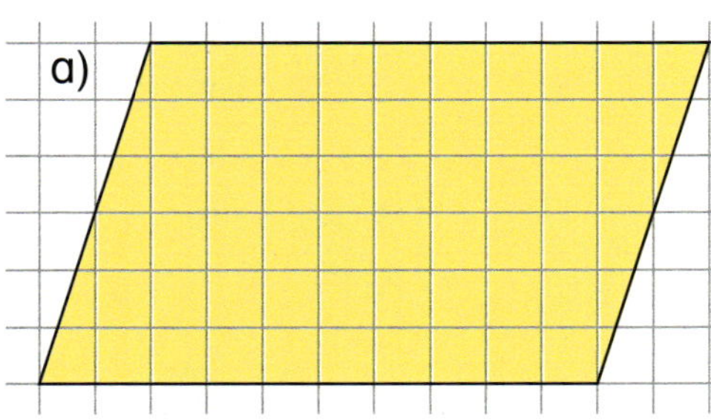

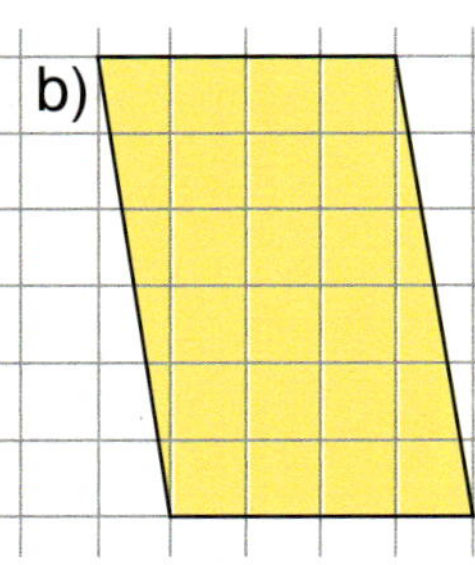

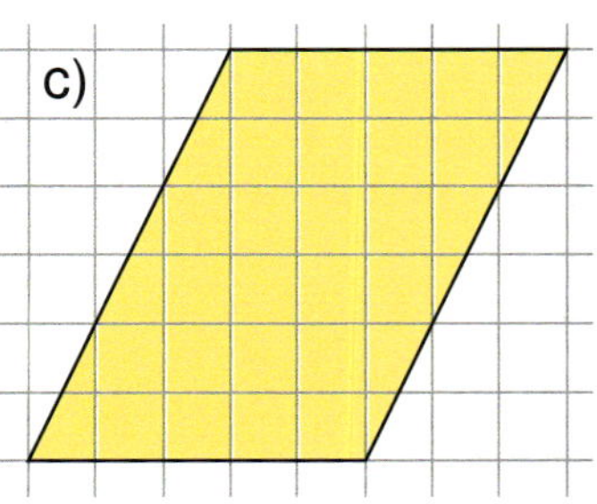

4 Übertrage die Tabelle in dein Heft und berechne die fehlenden Werte.

	a)	b)	c)	d)	e)
Grundseite g	9 cm	18 cm	12 cm		30 cm
Höhe h	5 cm	9,5 cm		80 cm	
Flächeninhalt A			60 cm²	11 200 cm²	390 cm²

Flächeninhalt des Dreiecks

1 Übertrage das Dreieck zweimal auf Karopapier. Schneide die Dreiecke aus. Lege daraus ein Parallelogramm. Berechne den Flächeninhalt des Dreiecks.

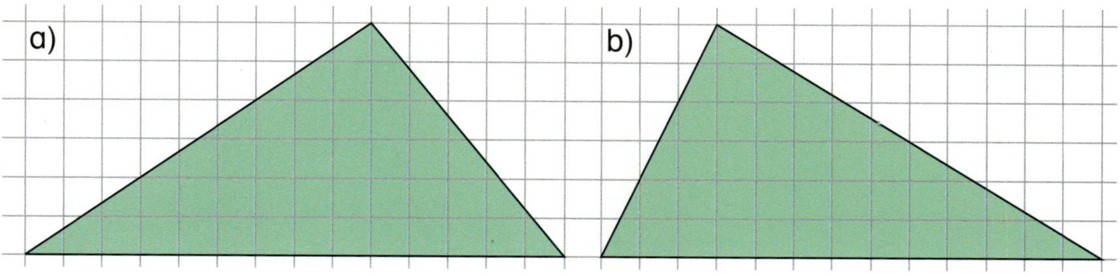

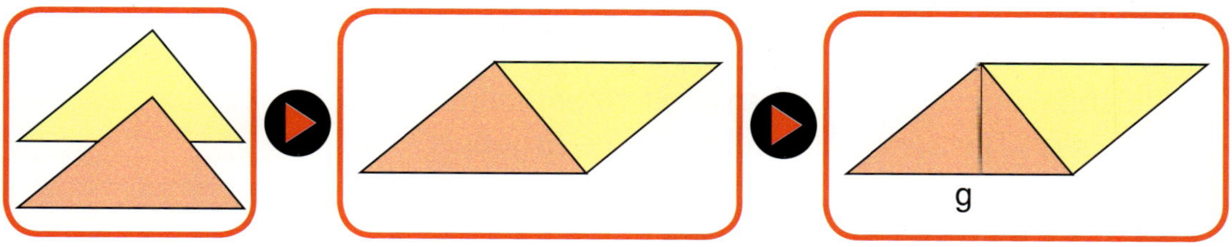

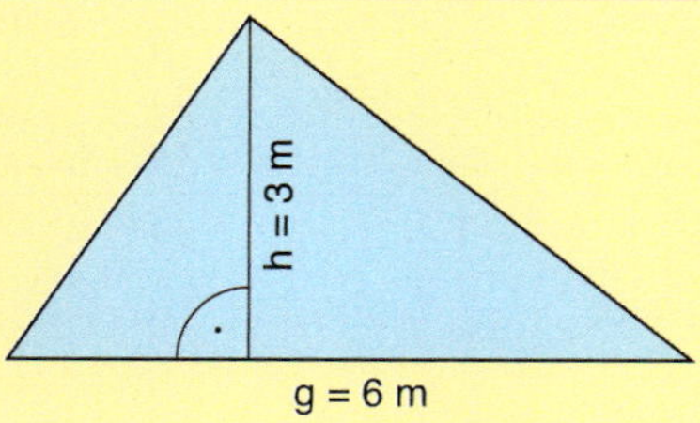

Flächeninhalt des Dreiecks:

A = Grundseite · Höhe geteilt durch 2

$$A = \frac{g \cdot h}{2}$$

$$A = \frac{6 \cdot 3}{2}$$

$$A = 9\ m^2$$

2 Berechne den Flächeninhalt des Dreiecks.

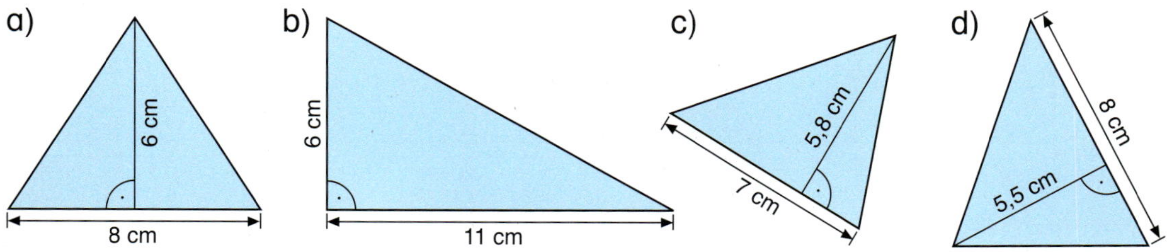

3 Übertrage in dein Heft. Miss Grundseite und Höhe. Berechne den Flächeninhalt.

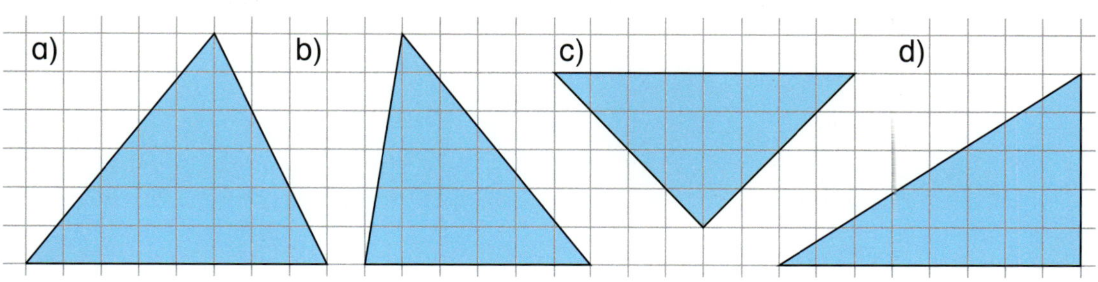

4 Berechne den Flächeninhalt des Dreiecks.

a) g = 12 cm, h = 8 cm
b) g = 36 cm, h = 17 cm
c) g = 19,5 cm, h = 12 cm
d) g = 18 cm, h = 14 cm
e) g = 26 cm, h = 13 cm

Flächeninhalt des Trapezes

1 Überprüfe die Aussagen.

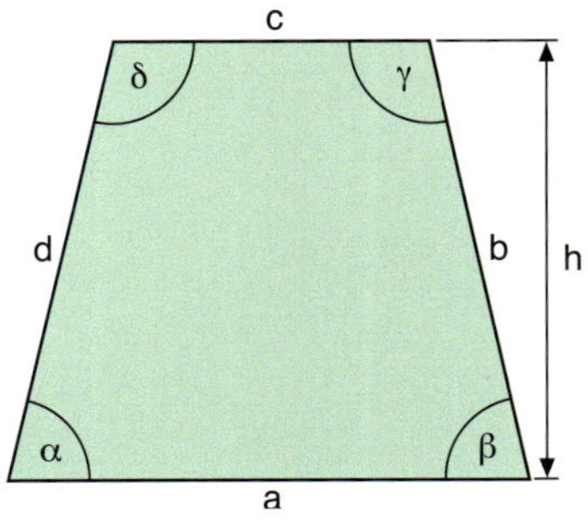

- Das Trapez hat zwei parallele Seiten.
- Das Trapez ist ein Viereck.
- Das Trapez hat vier rechte Winkel.
- Die Höhe h ist der Abstand zwischen den zwei parallelen Seiten.

2 Timo und Mithat zerlegen das gleiche Trapez auf verschiedene Art in Teilflächen, um seinen Flächeninhalt zu berechnen. Erkläre.
Erhalten Timo und Mithat das gleiche Ergebnis?

Timo

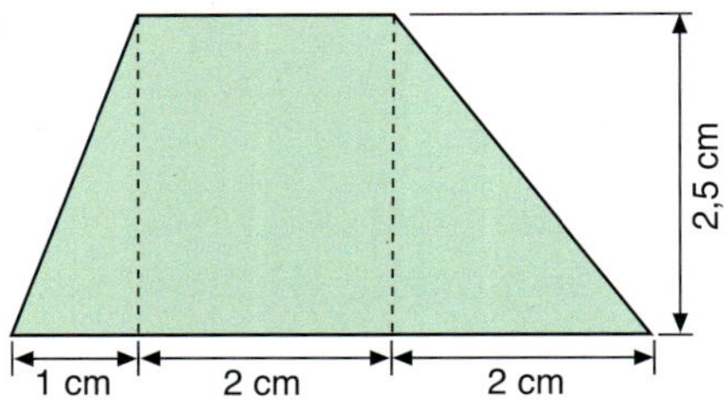

Mithat

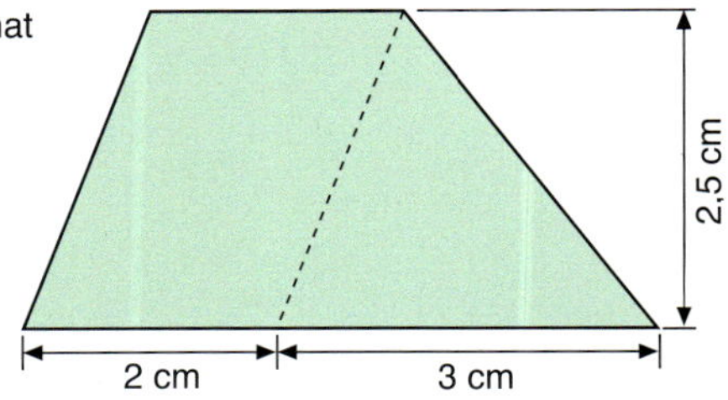

3 Berechne den Flächeninhalt des Trapezes.

a)

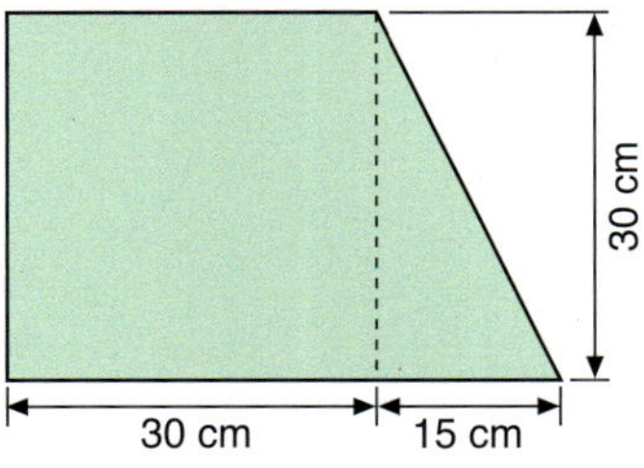

b)

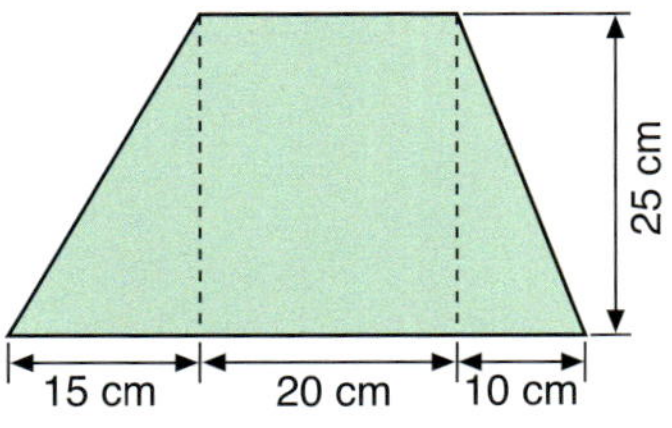

c)

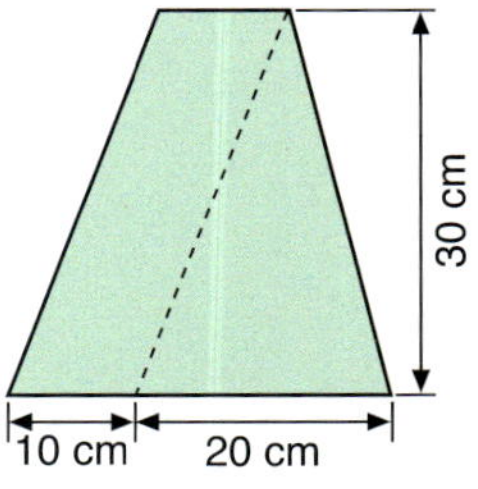

4 Übertrage in dein Heft. Zerlege in Teilflächen. Berechne den Flächeninhalt.

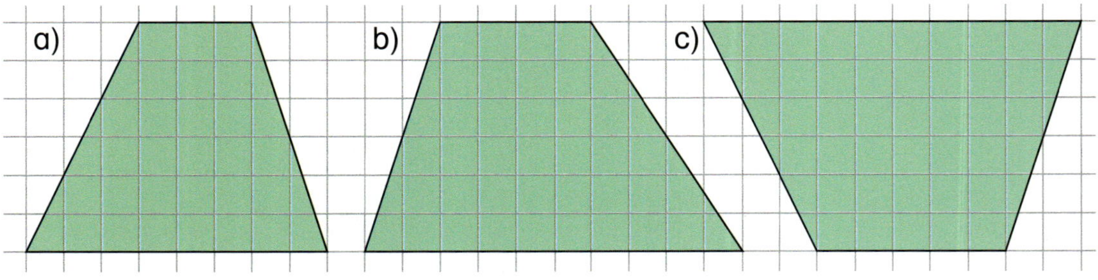

5 Der Schulgarten der Bernhard-Schule wird neu angelegt.

a) Berechne die vier Teilflächen.

b) Berechne die Gesamtfläche.

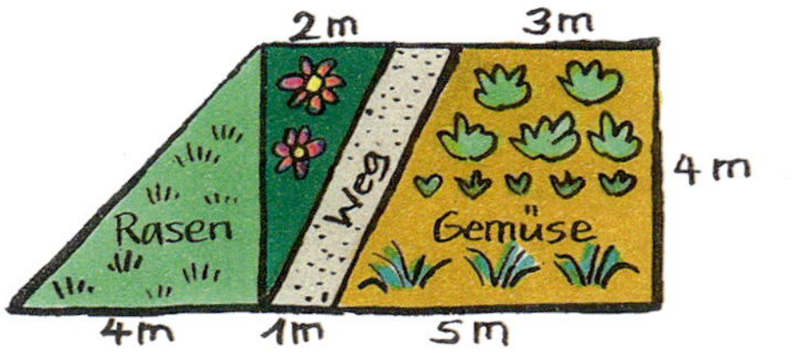

1 Übertrage die Figur in dein Heft und berechne den Flächeninhalt.

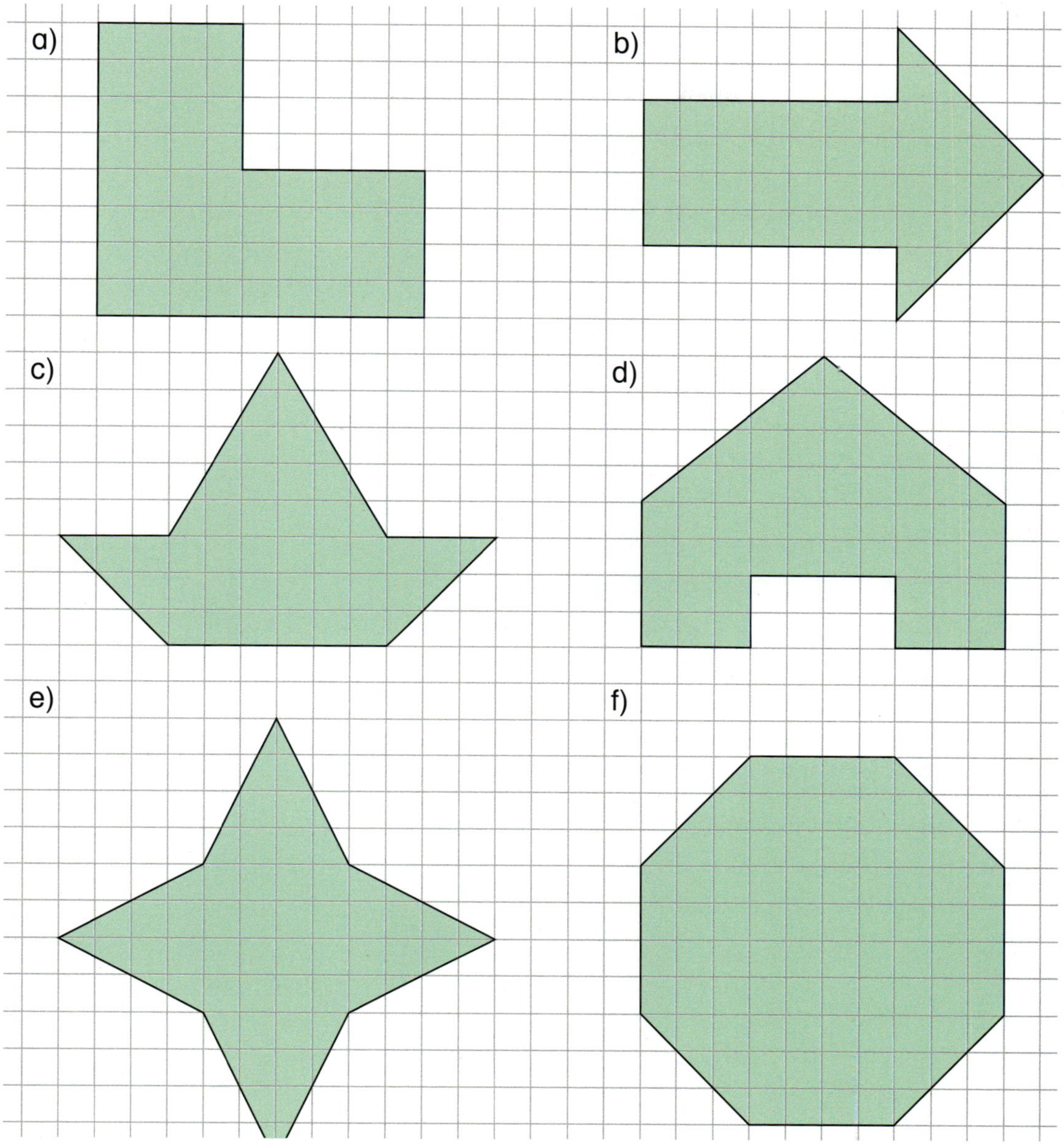

2 Berechne den Flächeninhalt der farbigen Figur. Wie gehst du vor?

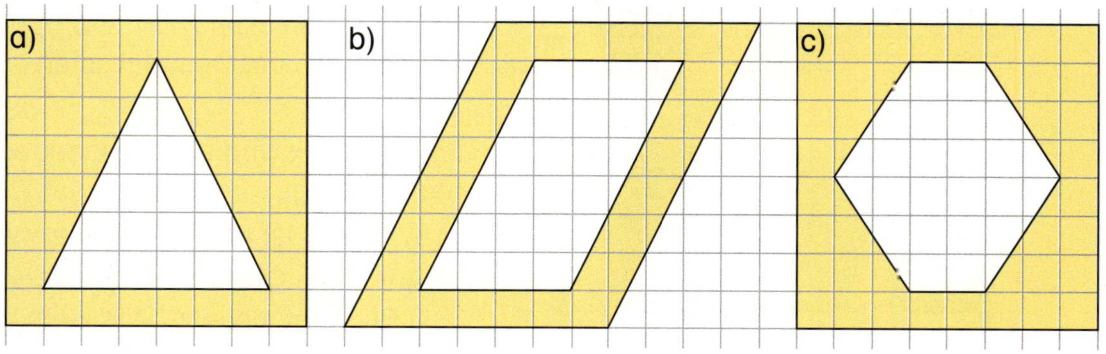

1 Eine Weidefläche mit den angegebenen Maßen erhält einen Zaun.

a) Berechne die Länge des Zaunes.

b) Der Preis für 1 m Zaun beträgt 12,40 €.
Wie hoch ist der Gesamtpreis?

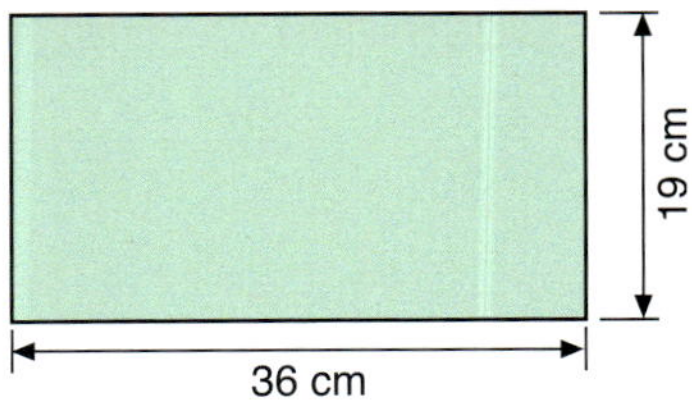

2 Im Neubaugebiet werden Grundstücke zu 95 € pro Quadratmeter verkauft.

a) Familie Schneider möchte ein rechteckiges Grundstück kaufen. Es ist 29 m lang und 21 m breit. Berechne den Preis.

b) Familie Sahib kauft ein Grundstück, das 22 m lang und 28 m breit ist.
Berechne den Preis.

3 Monikas Zimmer erhält einen neuen Teppichboden.
Ein Quadratmeter kostet 8,75 €.

a) Wie teuer wird der Teppichboden?

b) Reichen 20 m Sockelleiste?

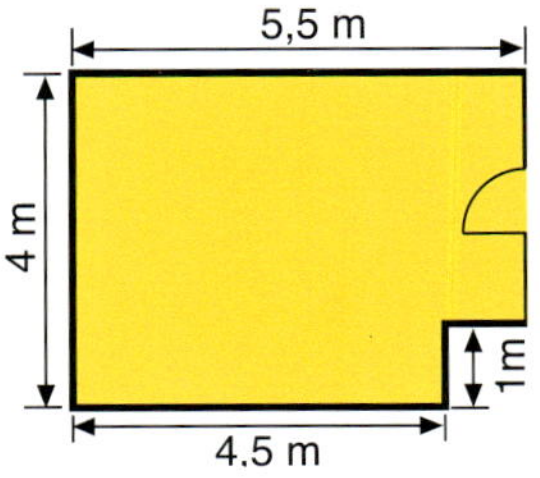

4 Der rechteckige Pausenhof der Astrid-Lindgren-Schule wird neu gepflastert. Er ist 83 m lang und 54 m breit. Ein Quadratmeter Pflastersteine kostet 37,80 €.

a) Berechne die Gesamtkosten.

b) Bei einem anderen Anbieter kostet der Quadratmeter Pflastersteine 28,35 €.
Berechne den Preisunterschied.

5

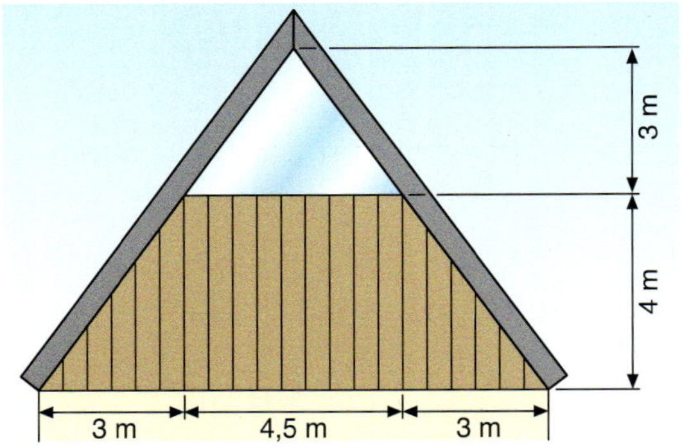

a) Die Giebelseite eines Hauses wird mit Brettern verschalt.
Wie groß ist die Fläche, die verschalt wird?

b) Wie viel m^2 Glas werden für das dreieckförmige Fenster benötigt?

c) Die Bretter kosten 23,40 € pro m^2.
Das Glas kostet 37,60 € pro m^2.
Berechne die Gesamtkosten.

6

Im Stadtpark wird ein Staudenbeet neu angelegt.

a) Wie groß ist die Beetfläche etwa?

b) Auf einen Quadratmeter werden 3 Pflanzen gesetzt. Wie viele Pflanzen werden gebraucht?

Kreis – Durchmesser und Radius

1 Wie kannst du Kreise zeichnen?

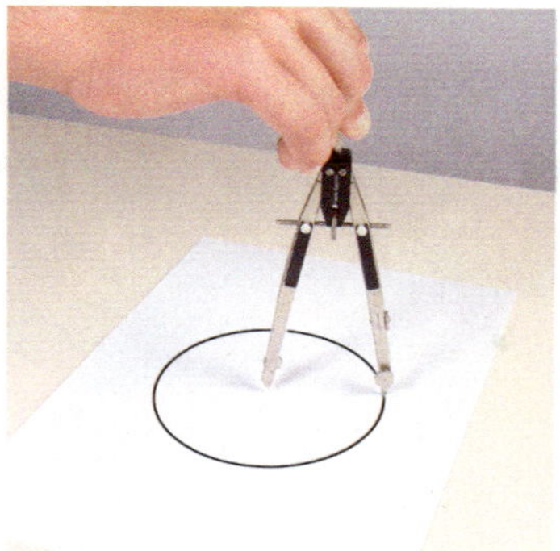

2

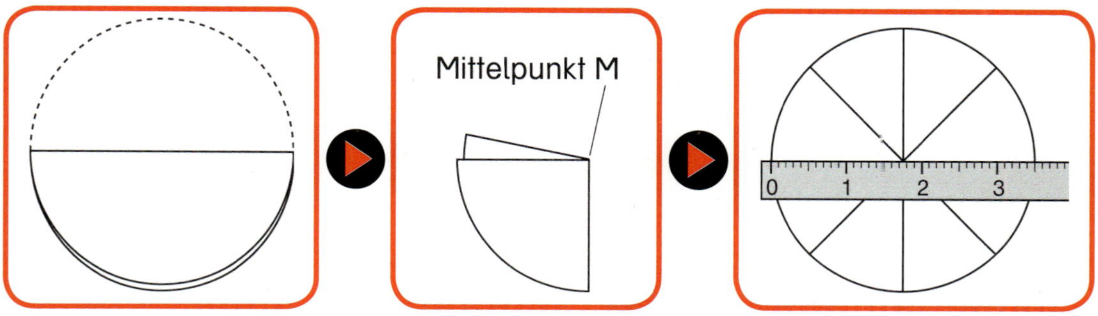

a) Zeichne einen Kreis und schneide ihn aus.
Halbiere den Kreis mehrmals durch Falten.

b) Zeichne die Faltlinien farbig nach und miss ihre Länge.
Was stellst du fest?

c) Miss den Abstand vom Mittelpunkt bis zur Kreislinie.
Vergleiche mit der Größe des Durchmessers.

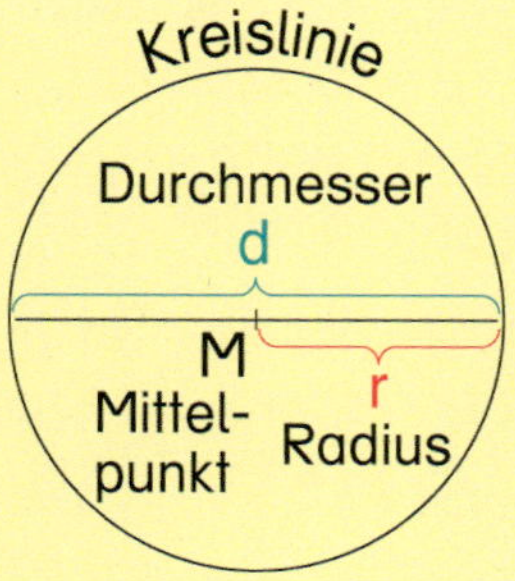

Der Radius ist halb so groß wie der Durchmesser.
$d = 2 \cdot r$
$r = d : 2$

3 Übertrage die Tabelle in dein Heft und berechne die fehlenden Werte.

	a)	b)	c)	d)	e)	f)	g)	h)
Radius r	3 cm	7 cm	12 cm				82 cm	
Durchmesser d				36 cm	68 cm	54 cm		156 cm

4 Zeichnet große Kreise auf dem Schulhof.

PROJEKT

Mandalas zeichnen

1 Zeichne ein Mandala mit Geodreieck und Zirkel.

2 Zeichne das Mandala und male es aus.

a)

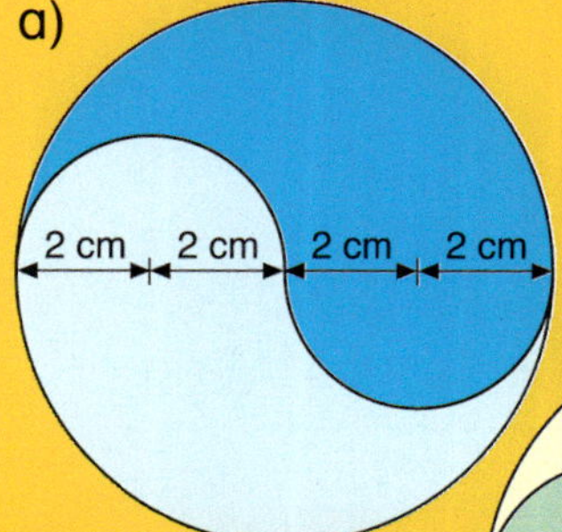

b)

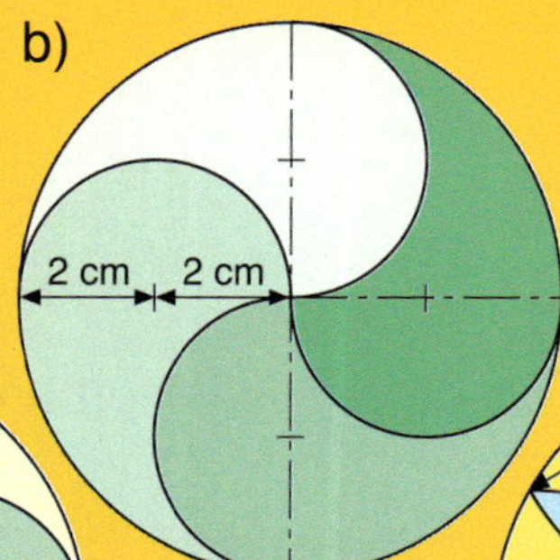

c)

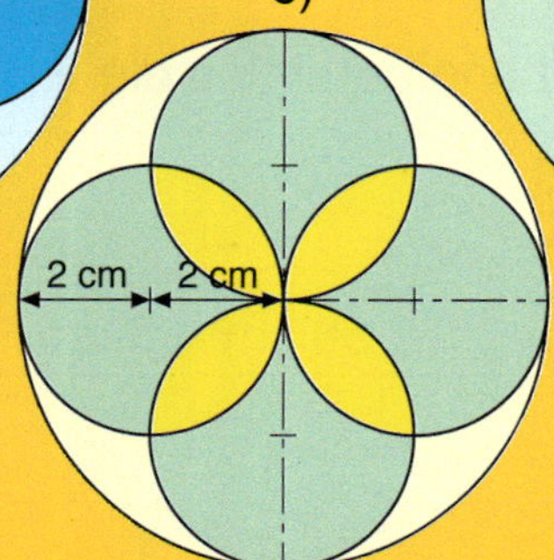

d)

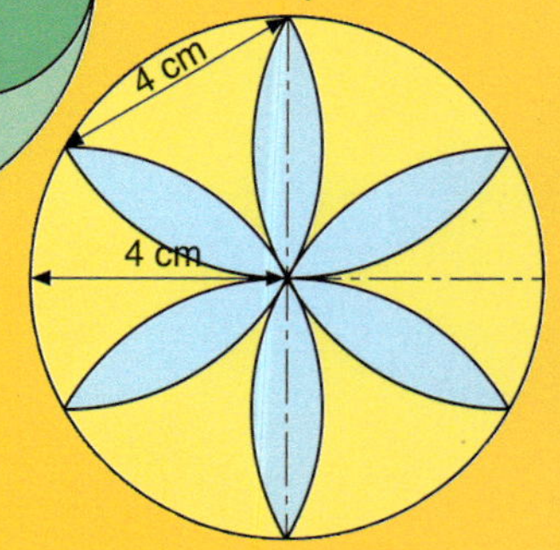

PROJEKT

1 Zeichne das Mandala in dein Heft und gestalte es farbig.

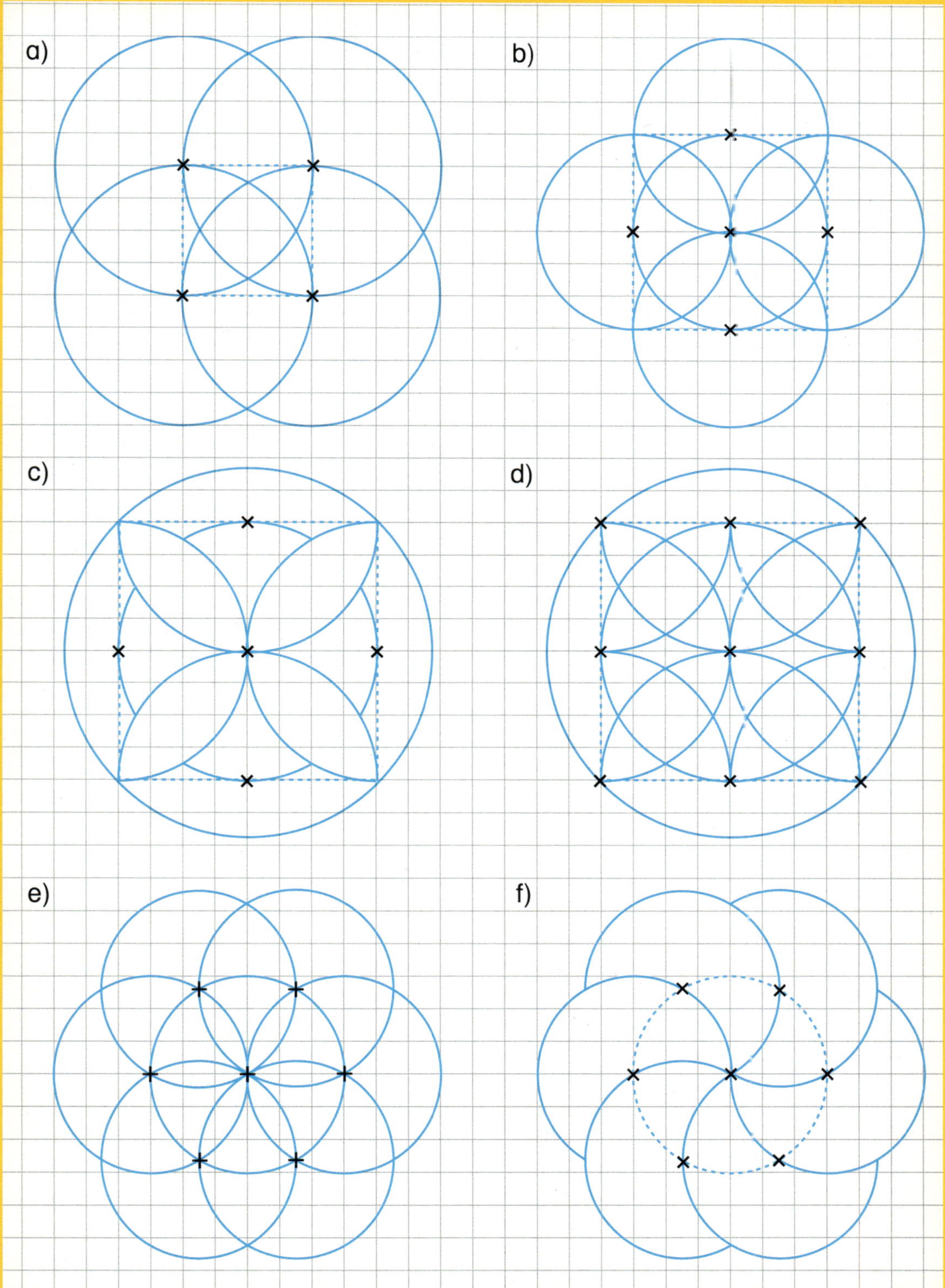

2 Erfinde eigene Mandalas.

Umfang des Kreises

1 Roland bestimmt den Umfang eines Rades. Erkläre sein Vorgehen.

2 Vanessa und Mirko ermitteln den Umfang und den Durchmesser einer Dose. Erkläre.

3 a) Nehmt runde Gegenstände und ermittelt jeweils den Umfang und den Durchmesser.
Tragt eure Ergebnisse in eine Tabelle ein.

b) Prüft mit den Werten nach, ob Jannik Recht hat.
Rechnet mit dem Taschenrechner.

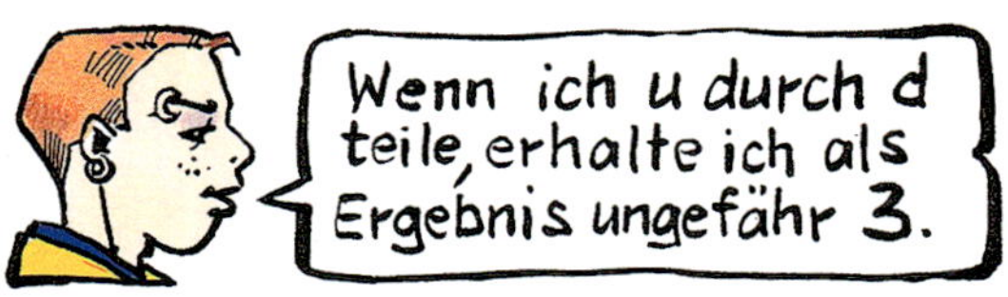

	Umfang (u)	Durchmesser (d)	u : d
Milchdose			
Käseschachtel			
Glas			

Das genaue Ergebnis von u : d wird π (sprich pi) genannt.
Wir rechnen mit π = 3,14. Für den Umfang des Kreises gilt:

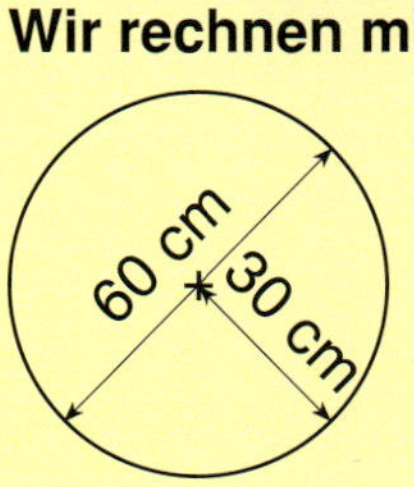

$u = \pi \cdot d$
$3{,}14 \cdot 60$
$u = 188{,}40\ \text{cm}$

$u = 2 \cdot \pi \cdot r$
$2 \cdot 3{,}14 \cdot 30$
$u = 188{,}40\ \text{cm}$

4 Der Durchmesser einer CD beträgt 12 cm. Berechne den Umfang der CD.

1 Miss den Durchmesser des Kreises und berechne seinen Umfang.
Runde das Ergebnis auf eine Stelle nach dem Komma.

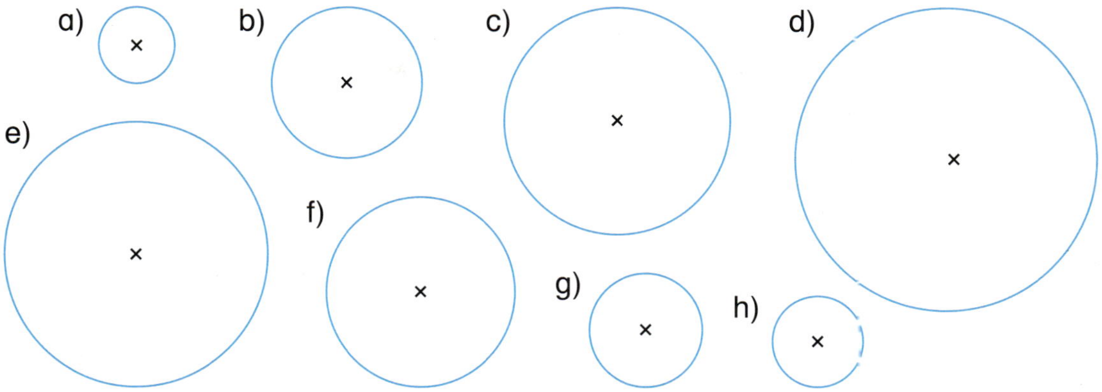

2 Übertrage die Tabelle ins Heft. Berechne die fehlenden Werte und den Umfang.

	a)	b)	c)	d)	e)	f)	g)	h)
Radius r	6 cm	7 cm	9 cm				21 cm	34 cm
Durchmesser d				36 cm	50 cm	75 cm		

3 Der Superwirbel *Orion* hat einen Durchmesser von 12 m.

a) Welchen Umfang hat das Karussell?

b) Welchen Weg legt ein Fahrgast bei 25 Umdrehungen des Karussells zurück?

4 Ein Riesenrad hat einen Radius von 17 m.

a) Berechne den Umfang.

b) Während einer Fahrt dreht sich das Riesenrad vier Mal. Welchen Weg legt ein Fahrgast dabei zurück?

5 a) Welchen Weg legt die Spitze des kleinen Zeigers an einem Tag zurück?

b) Welchen Weg legt die Spitze des großen Zeigers in einer Stunde zurück? Wie lang ist der Weg an einem Tag?

6 Der Sekundenzeiger einer Armbanduhr ist 12 mm lang.
Welchen Weg legt die Zeigerspitze in einer Stunde zurück?

Flächeninhalt des Kreises

1 a) Zeichne einen Kreis mit dem Radius r = 5 cm und schneide ihn aus.

b) Teile den Kreis durch Falten in 8 gleiche Teile und schneide auch diese aus.

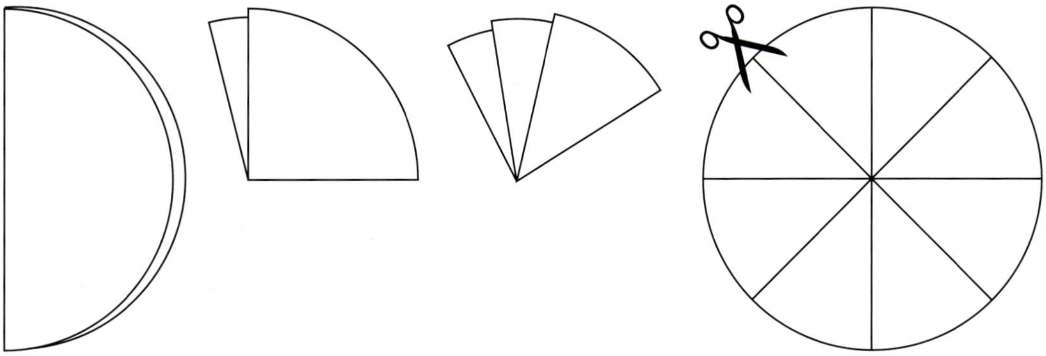

c) Ordne die Teile so an, dass annähernd ein Rechteck entsteht.
Dazu musst du ein Teilstück halbieren.

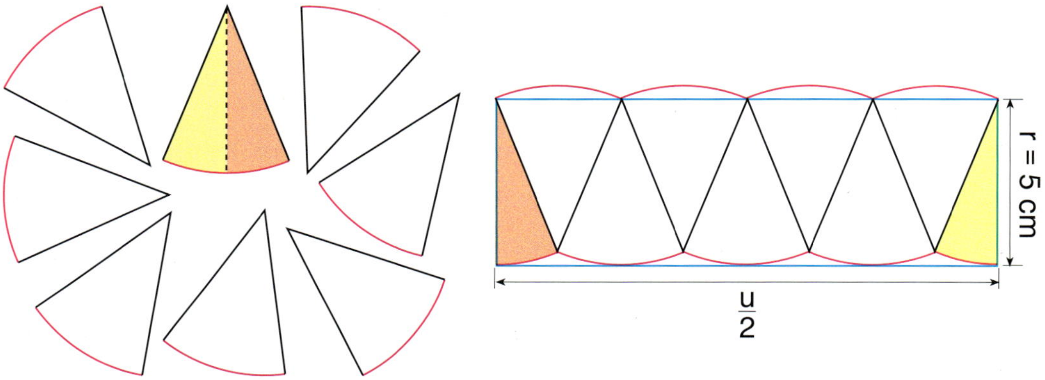

2 Der Flächeninhalt des blauen Rechtecks in Aufgabe 1c) hilft bei der Berechnung der Kreisfläche. Erkläre.

$A_{\square} = a \cdot b$

$A_{\bigcirc} = \frac{u}{2} \cdot r$

3 Die Formel für den Flächeninhalt des Kreises kannst du vereinfachen. Erkläre die Vorgehensweise.

$A = \frac{u}{2} \cdot r$

$A = \frac{2 \cdot \pi \cdot r}{2} \cdot r$

$A = \pi \cdot r \cdot r$

$A = \pi \cdot r^2$

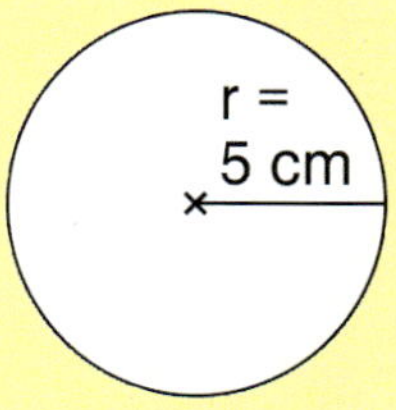

Flächeninhalt des Kreises

$\mathbf{A = \pi \cdot r^2}$

$\mathbf{A = 3{,}14 \cdot 5^2}$

$\mathbf{A = 3{,}14 \cdot 5 \cdot 5}$

$\mathbf{A = 78{,}50\ cm^2}$

4 Ein kreisrunder Teich im Park hat einen Durchmesser von 18 m.
Wie groß ist die Wasseroberfläche?

1 Miss den Radius der Figur und berechne den Flächeninhalt.
Runde das Ergebnis auf eine Stelle nach dem Komma.

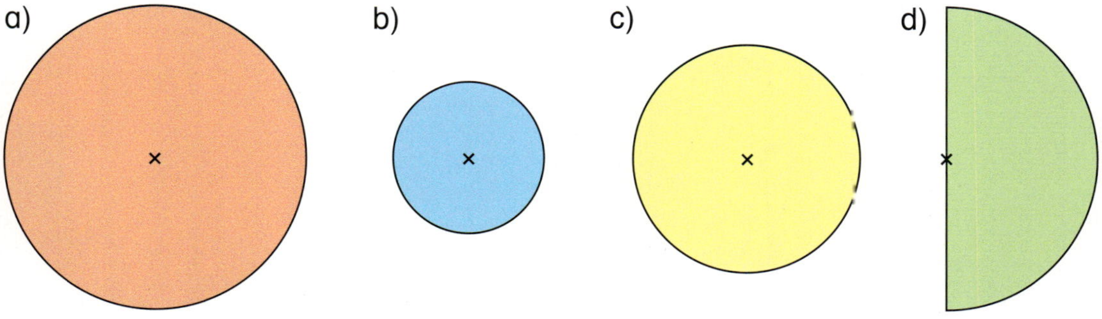

2 Berechne den Flächeninhalt des Kreises.

a) r = 5 cm
r = 6 cm

b) d = 8 cm
d = 7,8 cm

c) r = 8 cm
r = 12 cm

d) d = 12,6 cm
d = 18,4 cm

3 Eine kreisrunde Tischplatte hat einen Durchmesser von 1,20 m.
Berechne den Flächeninhalt.

4 Zeichne die Figur in dein Heft und berechne den Flächeninhalt.

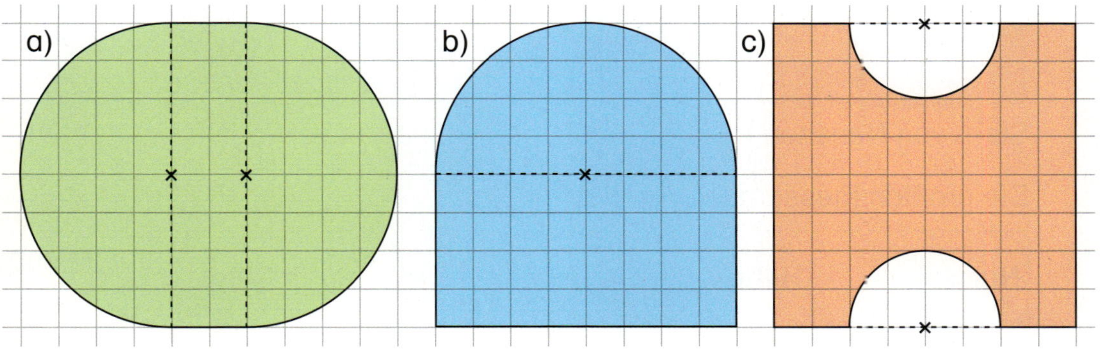

5 In ein kreisrundes Beet mit dem Durchmesser d = 6 m werden Blumenzwiebeln gelegt. Für 1 m^2 werden 40 Blumenzwiebeln gebraucht.
Wie viele Blumenzwiebeln werden für das Beet benötigt?

6 Drei Freunde überlegen, ob sie drei kleine Pizzen oder eine große Pizza nehmen sollen.
Bei welcher Größe bekommen sie mehr Pizza für ihr Geld?

d = 22 cm
5 €

d = 44 cm
15 €

PROJEKT Riesenräder

Great Berlin Wheel

Singapore Flyer

Stern von Nanchang

London Eye

Die größten Riesenräder der Welt

Name	Höhe	Baujahr	Land	Stadt	Durch-messer
Great Berlin Wheel	185 m	2011	Deutschland	Berlin	175 m
Singapore Flyer	165 m	2008	Singapore	Singapore	150 m
Der Stern von Nanchang	160 m	2006	China	Nanchang	153 m
London Eye	135 m	1999	England	London	122 m

1
a) Berechne für jedes Riesenrad den Umfang.
b) Der Umfang des Riesenrades in Berlin ist rund 70 m größer als der Umfang des Riesenrades in Nanchang. Prüfe nach.
c) Schreibe selbst ähnliche Vergleiche zum Umfang der Riesenräder auf.

1 Das *Ferris Wheel* war das erste moderne Riesenrad der Welt und wurde anlässlich der Weltausstellung in Chicago 1893 erbaut. Der Durchmesser betrug 76,20 m. In den 36 Gondeln fanden jeweils 60 Personen Platz.

a) Wie viele Jahre sind seit der Erbauung des Riesenrades bis heute vergangen?

b) Wie groß war der Umfang des Riesenrades?

c) Wie viele Personen konnten gleichzeitig fahren?

Original Ferris Wheel

2 Das Wiener Riesenrad hat 15 Gondeln und einen Durchmesser von 60,96 m. Die Gondeln legen 2,7 km in der Stunde zurück.

a) Berechne den Umfang des Riesenrades.

b) Welchen Abstand haben die Gondeln?

c) Das Riesenrad ist täglich 8 Stunden in Betrieb. Welche Strecke legen die Gondeln in einem Jahr zurück?

Steiger-60-Meter-Riesenrad

3 Das größte transportable Riesenrad der Welt hat einen Durchmesser von 60 Meter und wiegt 440 Tonnen. Für den Transport mit der Bahn wird es auf 22 Transportplatten verladen.
Welches Gewicht trägt jede Transportplatte?

4 Das London Eye wird von etwa 9500 Menschen täglich besucht.
Wie viele Besucher sind es in einem Monat, wie viele in einem Jahr?

5 Die Riesenräder in London und Singapore benötigen für eine Umdrehung 30 Minuten.

a) Wie oft drehen sich die Räder in 8 Stunden?

b) Welche Wegstrecken haben die Gondeln der beiden Riesenräder jeweils nach 10 Stunden zurückgelegt?

6 Das Riesenrad in London hat 32 Fahrgastkabinen für jeweils 25 Personen.
In die 28 Kabinen des Riesenrades in Singapore passen jeweils 30 Personen.
In welchem Riesenrad können mehr Personen gleichzeitig fahren?

7 Sammelt Informationen und Bilder von Riesenrädern und macht eine Ausstellung.

Wiederholen und Üben

1 Berechne die Quadratwurzeln.

a) $\sqrt{49}$; $\sqrt{81}$; $\sqrt{100}$ b) $\sqrt{121}$; $\sqrt{225}$; $\sqrt{400}$ c) $\sqrt{0{,}25}$; $\sqrt{0{,}64}$; $\sqrt{0{,}36}$

2 Zeichne in dein Heft. Berechne den Flächeninhalt der gefärbten Figur.

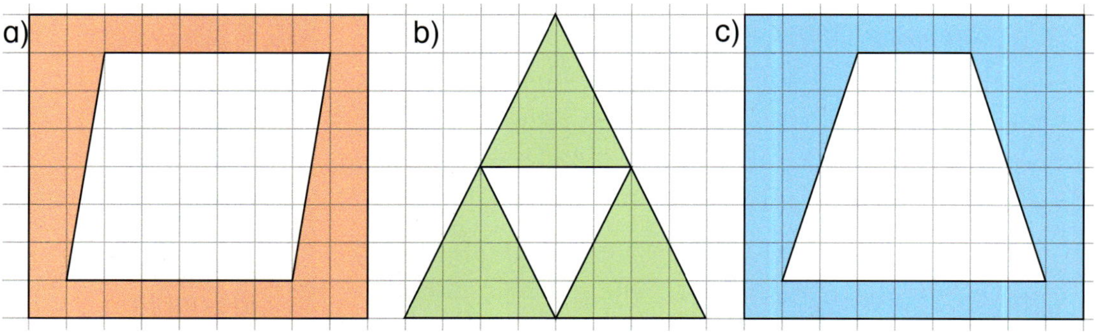

3 Berechne den Flächeninhalt.

a) Quadrat
a = 3,5 cm

b) Rechteck
a = 8,5 cm
b = 6 cm

c) Parallelogramm
g = 7,5 cm
h = 4 cm

d) Dreieck
g = 6,5 cm
h = 4 cm

4 Berechne den Flächeninhalt und den Umfang des Kreises.

a) r = 4 cm
r = 6 cm

b) d = 7 cm
d = 9 cm

c) r = 8,2 cm
r = 11,4 cm

d) d = 6,8 cm
d = 11,6 cm

5 Ein rundes Verkehrsschild hat den Durchmesser 60 cm.
Berechne den Flächeninhalt.

6 Miss den Durchmesser, dann berechne Umfang und Flächeninhalt der Münze.

7 Berechne den Flächeninhalt der Figur.

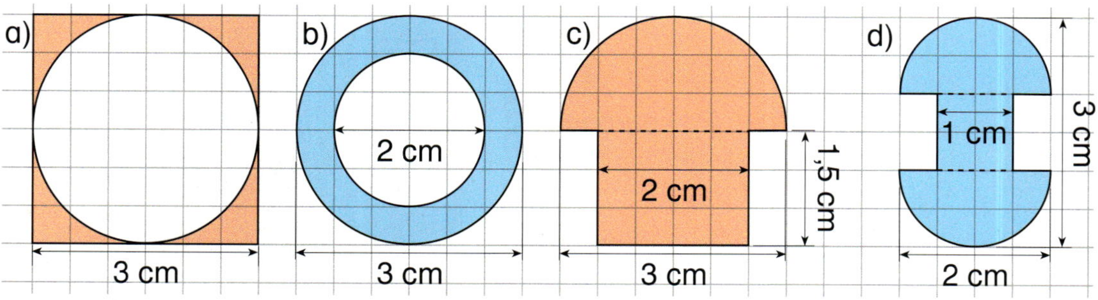

Positive und negative Zahlen

Temperaturen

1

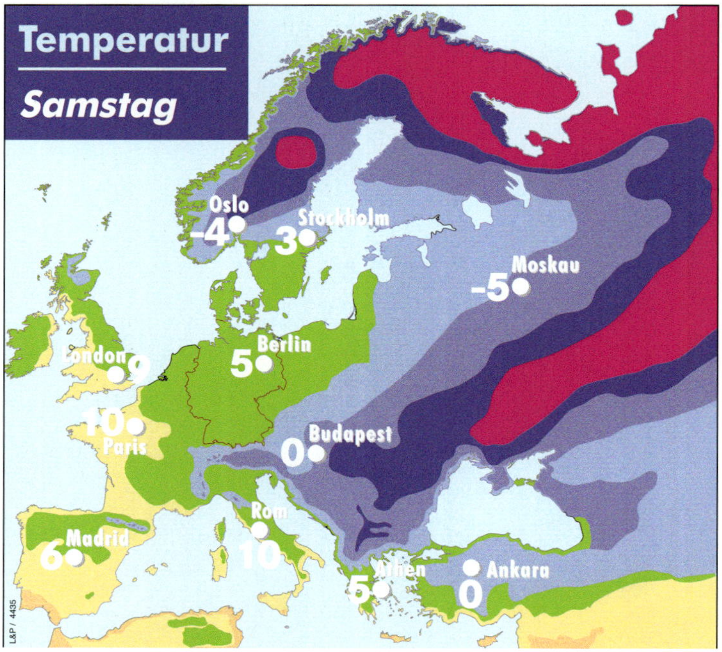

A

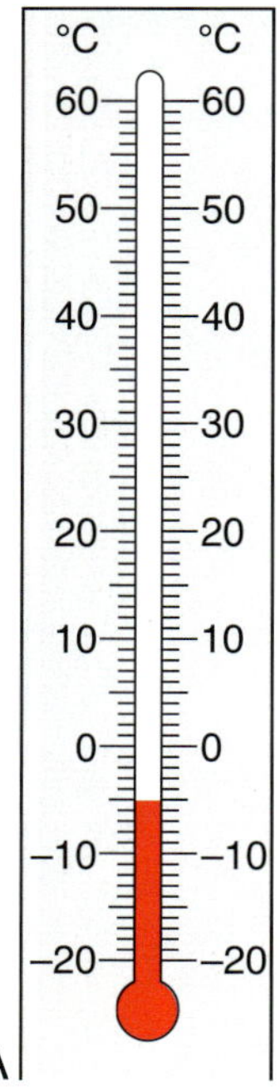

B

a) Welche Temperatur ist in der Wetterkarte für Berlin angegeben?

b) In welcher Stadt ist es am kältesten? Wo ist es am wärmsten?

c) In welchen Städten ist es kälter als 0 Grad Celsius?

d) Zu welchen Städten gehören die abgebildeten Thermometer?

Temperaturen unter Null Grad werden durch ein Minuszeichen gekennzeichnet.

5°C
bedeutet 5 Grad Celsius
(über Null)

–5°C
bedeutet minus 5 Grad Celsius
(unter Null)

2 Die Thermometer zeigen Temperaturen an einem Tag im Januar.

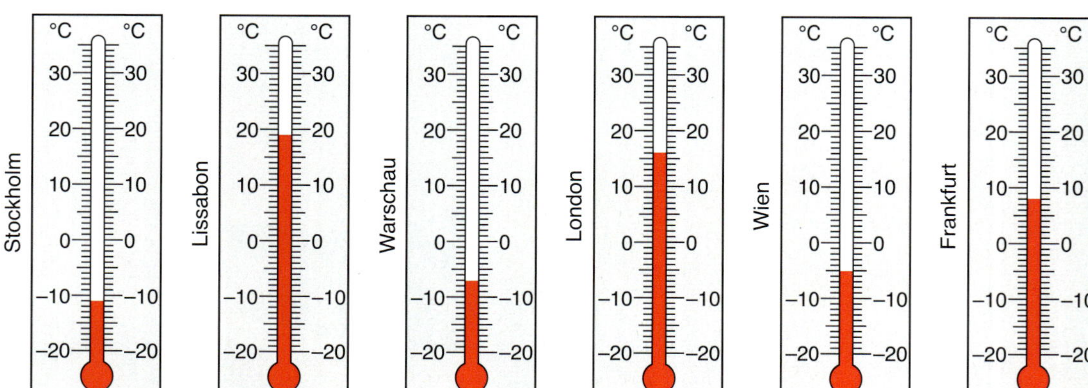

a) Lies für jede Stadt die Temperatur ab und schreibe sie in dein Heft.

Stockholm –11 °C

b) In welcher Stadt war es am wärmsten, in welcher war es am kältesten?

c) Ordne die Temperaturangaben. Beginne mit der niedrigsten Temperatur.

1 Die Schaubilder zeigen Durchschnittstemperaturen für die Monate von 2009.

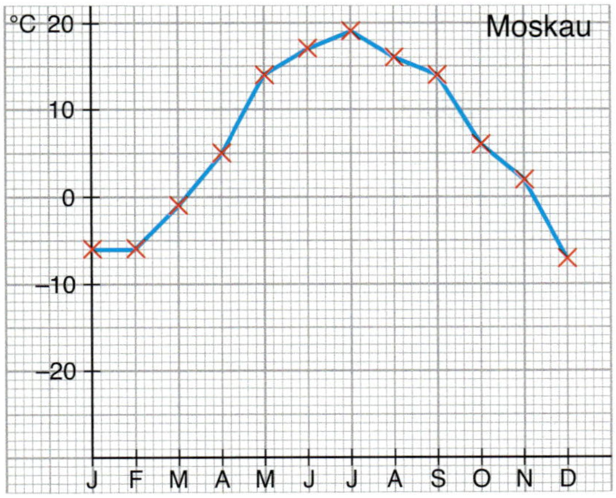

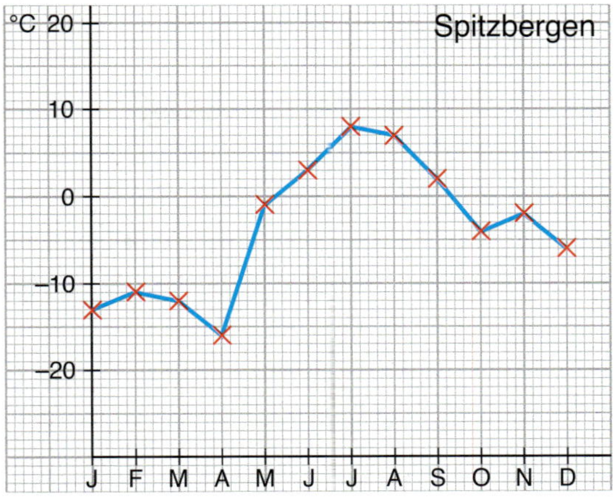

a) In Moskau betrug die Temperatur im Januar –6°C. Zeige, wo du das abliest.
b) Trage für jeden Monat die Temperaturen in Moskau in eine Tabelle ein.
c) Erstelle ebenso eine Tabelle zu den Temperaturen in Spitzbergen.
d) Notiere für jeden Ort den Monat mit der höchsten Temperatur und den Monat mit der niedrigsten Temperatur.

2 Ordne die Temperaturangaben. Beginne mit der höchsten Temperatur.

Kairo 17°C	Salzburg –3°C	Budapest –2°C	Reykjavik 3°C
Köln –1°C	Istanbul 7°C	Oslo –11°C	Kiew –9°C

3 In den Städten wurden die Temperaturen an einem Tag im Februar 2010 zu verschiedenen Uhrzeiten gemessen. Lies für jede Stadt beide Temperaturen ab und bestimme den Unterschied.

Palma 6 Uhr: 7°C
12 Uhr: _____ °C
Unterschied: _____ °C

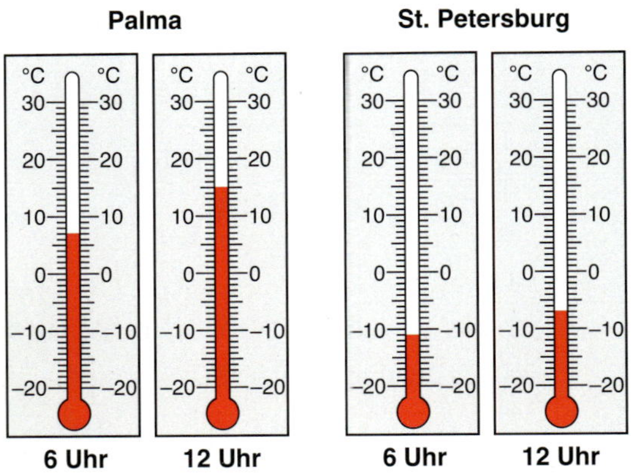

4 Übertrage die Tabelle in dein Heft und vervollständige sie.

	a)	b)	c)	d)	e)	f)
Höchste Temperatur	10°C	0°C	–3°C	1°C	4°C	
Niedrigste Temperatur	7°C	–4°C	–8°C	–8°C		–3°C
Unterschied					4°C	5°C

Guthaben und Schulden

1 Kevin hat ein Konto bei der Sparkasse. Immer, wenn er Geld einzahlt oder abhebt, notiert er den neuen Kontostand.

a) Was bedeutet ein Kontostand von −20 €?

b) Woran erkennst du, ob Kevin am 6. Juli ein Guthaben oder Schulden hatte?

c) An welchem Tag hatte Kevin das meiste Geld auf dem Konto?

d) Am 31. 7. zahlt Kevin 50 € ein. Wie hoch ist danach der Kontostand?

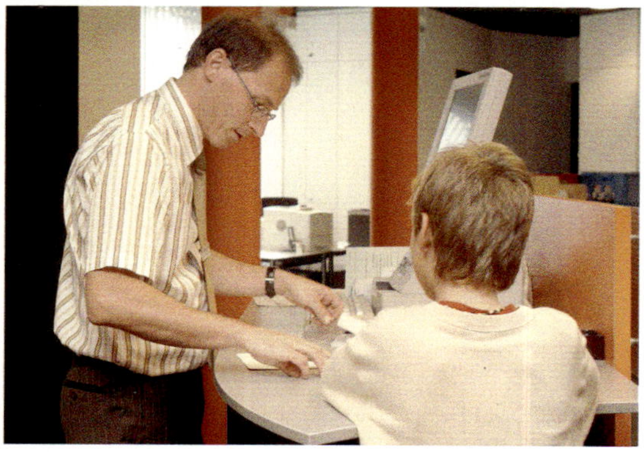

Datum	6. 7.	12. 7.	15. 7.	30. 7.
Kontostand	40 €	-20 €	-45 €	0 €

50 € bedeutet: 50 € Guthaben **−50 € bedeutet: 50 € Schulden**

2 Wie viel Euro kann Kevin abheben, ohne dass er Schulden macht?

a)

Datum	Kontostand
12. 8.	20 €

b)

Datum	Kontostand
15. 8.	40 €

c)

Datum	Kontostand
17. 8.	160 €

d)

Datum	Kontostand
19. 8.	380 €

e)

Datum	Kontostand
22. 8.	247 €

f)

Datum	Kontostand
29. 8.	13,50 €

3 Wie viel Euro müsste Kevin einzahlen, damit er keine Schulden mehr hat?

a)

Datum	Kontostand
3. 9.	−20 €

b)

Datum	Kontostand
5. 9.	−30 €

c)

Datum	Kontostand
10. 9.	−70 €

d)

Datum	Kontostand
16. 9.	−84 €

e)

Datum	Kontostand
20. 9.	−176 €

f)

Datum	Kontostand
28. 9.	−17,50 €

4 Überlege, ob eingezahlt oder ausgezahlt wurde. Schreibe wie im Beispiel.

a) Einzahlung: 40 €

a)

Datum	Kontostand
12. 10.	20 €
14. 10.	60 €

b)

Datum	Kontostand
16. 10.	80 €
17. 10.	30 €

c)

Datum	Kontostand
19. 10.	10 €
22. 10.	60 €

d)

Datum	Kontostand
24. 10.	−30 €
25. 10.	−10 €

e)

Datum	Kontostand
27. 10.	0 €
28. 10.	−40 €

f)

Datum	Kontostand
29. 10.	−20 €
30. 10.	−60 €

Mit Geldbeträgen rechnen

1 Nadine braucht 50 € für die Reparatur ihres Rollers. Sie hat aber nur noch 30 € auf ihrem Konto. Weil sie ein regelmäßiges Einkommen hat, erlaubt die Bank, dass sie ihr Konto überzieht.

a) Erkläre, wie Nadine mit einem Pfeilbild den neuen Kontostand berechnet.

b) Wie hoch ist der neue Kontostand?

Kontostand: 30 €
Auszahlung: 50 €
30 € – 50 € = ■

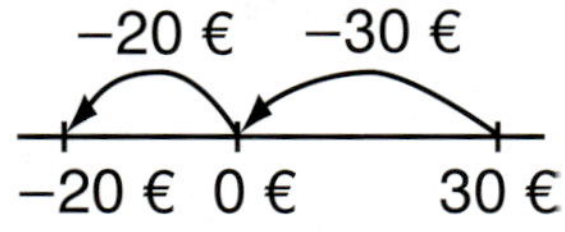

Neuer Kontostand: ____ €

2 Berechne den neuen Kontostand. Zeichne ein Pfeilbild.

Kontostand	a) 40 €	b) 50 €	c) 10 €	d) 18 €	e) 23 €
Auszahlung	70 €	90 €	50 €	25 €	32 €

3 Fatih hat auf seinem Konto 10 € Schulden. Am Samstag verdient er als Aushilfe in der Getränkehandlung 30 €. Er zahlt das Geld auf sein Konto ein.

a) Erkläre, wie Fatih mit einem Pfeilbild den neuen Kontostand berechnet.

b) Wie hoch ist der neue Kontostand?

Kontostand: –10 €
Einzahlung: 30 €
–10 € + 30 € = ■

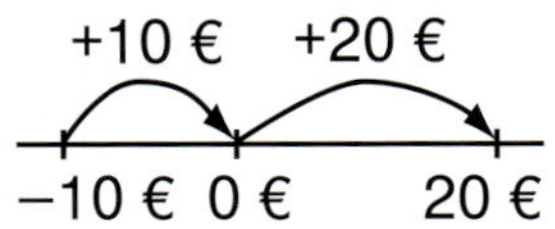

Neuer Kontostand: ____ €

4 Berechne den neuen Kontostand. Zeichne ein Pfeilbild.

Kontostand	a) –20 €	b) –40 €	c) –50 €	d) –27 €	e) –34 €
Einzahlung	60 €	70 €	90 €	35 €	43 €

5 Welche Aufgabe gehört zum Text? Ordne zu und rechne aus.

(1) Jan hat 20 € auf dem Konto. Er zahlt 50 € ein, die er verdient hat.
(2) Auf Janinas Konto sind 20 € Schulden. Sie zahlt 50 € Geburtstagsgeld ein.
(3) Herr Mai hat 20 € Schulden auf seinem Konto. Nun werden 50 € abgebucht.
(4) Jenny hat einen Kontostand von 20 €. Sie hebt 50 € ab.

A: –20 € + 50 € | B: 20 € + 50 € | C: –20 € – 50 € | D: 20 € – 50 €

6 Selma hat bei ihrer Mutter 30 € Schulden. Am Montag zahlt sie 20 € zurück. Sie braucht einen neuen Zirkel und leiht sich deshalb eine Woche später noch einmal 5 € bei ihrer Mutter.
Wie viel Euro Schulden hat Selma nun bei ihrer Mutter?

PROJEKT

Das Plus-Minus-Spiel

Das braucht ihr:

Ereigniskarten
Je 15 Karten mit den Rechenzeichen + und –

Karten mit Geldbeträgen
Je 10 Karten mit den Geldbeträgen 5 €, 10 €, 20 €, 50 €, 100 €

Kontoblätter
Ein Kontoblatt für jedes Spiel

Spielregel:

- Die Ereigniskarten und die Karten mit den Geldbeträgen mischen, beide Stapel verdeckt hinlegen.
- Jeder Mitspieler beginnt bei 0 €.
- Zuerst eine Karte mit einem Geldbetrag ziehen.
- Dann eine Ereigniskarte ziehen. Bei + wird der gezogene Geldbetrag eingezahlt, bei – ausgezahlt.
- Das Ergebnis wird auf dem Kontoblatt notiert.
- Dann ist der nächste Spieler an der Reihe.
- Sieger ist, wer nach drei Runden den höchsten Kontostand hat.
- Alle haben Schulden? Dann gewinnt, wer am wenigsten Schulden hat.

	Mehmet	Sara	Timo	Laura
Start	0 €	0 €	0 €	0 €
1. Runde	– 10 €	50 €	– 20 €	– 5 €
2. Runde	40 €	– 50 €	– 30 €	–25 €
3. Runde	– 60 €	– 40 €	70 €	

1 Welche Ereigniskarte und welchen Geldbetrag zog Mehmet in der 1. Runde?

2 Welche Ereigniskarte und welchen Geldbetrag zog Sara in der 2. Runde?

3 Timo hat nur einmal eine Ereigniskarte mit einem + gezogen.
In welcher Runde war das?

4 Laura hat gewonnen. Welche Ereigniskarte und welchen Geldbetrag zog sie?

Vermischte Übungen

1 Wo steigen die Personen aus?

a) Frau Seral fährt vom 3. Stock vier Stockwerke nach unten.

b) Jana fährt vom Erdgeschoss zwei Stockwerke nach oben.

c) Tim steigt in –3 ein und fährt drei Stockwerke nach oben.

d) Herr Mau fährt von –1 zuerst drei Stockwerke nach unten und dann von dort fünf Stockwerke nach oben.

2 Im Cockpit eines Flugzeugs messen Bordinstrumente die Außentemperatur. Die Temperatur in der Kabine wird automatisch immer bei 20°C gehalten.

a) Um wie viel Grad sinkt die Temperatur beim Aufstieg von 2000 m auf 3000 m?

b) Berechne für jede Flughöhe den Unterschied zwischen der Außentemperatur und der Temperatur in der Kabine.

Flughöhe	Außentemperatur
2000 m	2°C
3000 m	–10°C
5000 m	–15°C
8000 m	–35°C
10000 m	–50°C
12000 m	–60°C

3 In der Tabelle stehen die tiefsten und die höchsten Temperaturen für den Mond, die Erde und andere Himmelskörper in unserem Sonnensystem.

Himmelskörper	Mond	Erde	Mars	Merkur	Venus	Pluto
Tiefste Temperatur	–160°C	–90°C	–90°C	–200°C	440°C	–240°C
Höchste Temperatur	130°C	60°C	20°C	400°C	490°C	–210°C

a) Auf welchem Himmelskörper wird die niedrigste Temperatur erreicht?

b) Berechne für jeden Himmelskörper den Unterschied zwischen der tiefsten und der höchsten Temperatur.

Positive und negative Zahlen an der Zahlengeraden

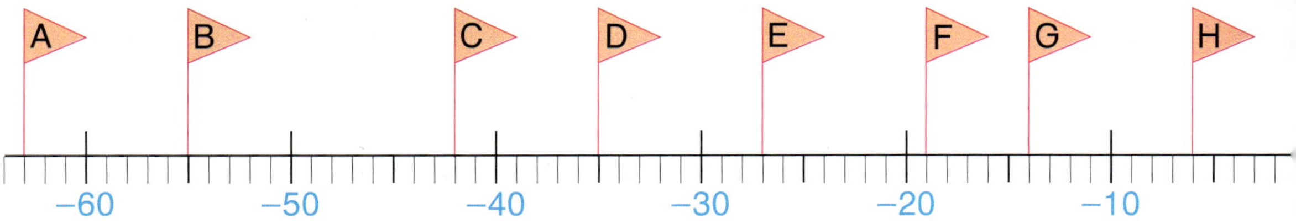

1 Wie heißen die Zahlen bei den Fahnen?

Die Zahlen < 0 heißen negative Zahlen.
Negative Zahlen haben das Vorzeichen –.

–1, –2, –47 –280, …
sind negative Zahlen.

Die Zahlen > 0 heißen positive Zahlen.
Positive Zahlen haben kein Vorzeichen.

1, 2, 38, 125, …
sind positive Zahlen.

2 Zeige die Zahlen an der Zahlengeraden.
–6 4 –55 –12 33 0 –10 –1 21 –44 –36 36 –8

3 Wie heißen die Zahlen bei den Fahnen?
Zwischen welchen Hundertern liegen die Zahlen?

A: –500 | –470 | –400

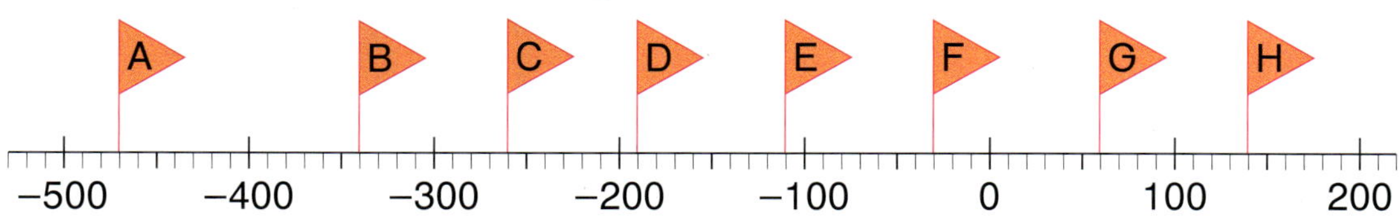

4 Wie heißt die Zahl in der Mitte?

a)

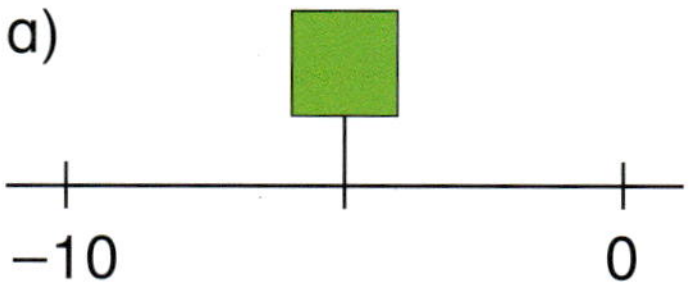

b)

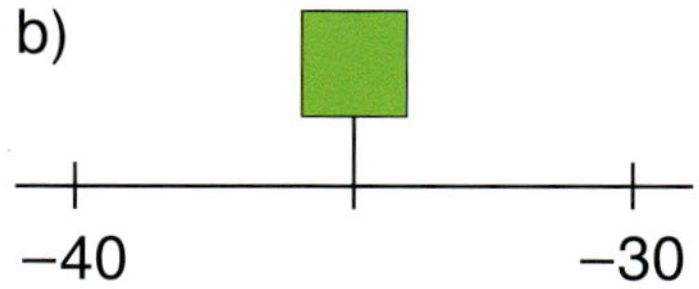

c)

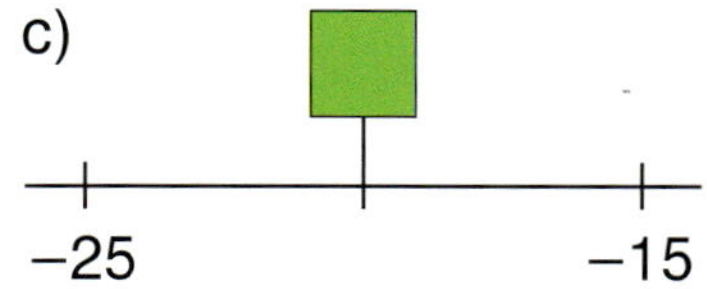

5 Auf der Zahlengeraden liegen zwischen den Einern die Zehntel.
Wie heißen die Zahlen bei den Fahnen?
Zwischen welchen Einern liegen sie?

A: –5 | –4,6 | –4

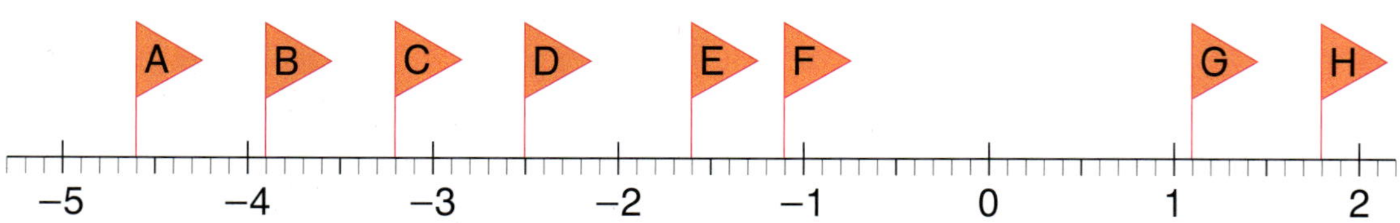

6 Schreibe zu jeder Zahl die Nachbareiner wie im Beispiel auf.

–6 | –5,3 | –5

a) –5,3 –1,6 0,7 –0,7 1,8 –3,4 –2,3

b) –7,1 –8,4 9,2 6,5 –4,9 –10,6 20,7

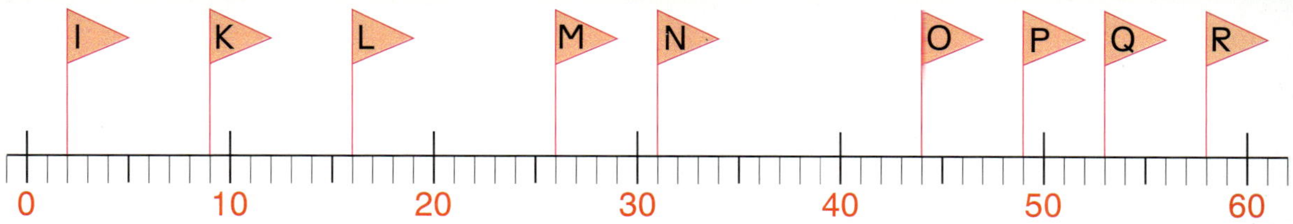

1 Setze die Zahlenreihe fort.

a)	−8	−6							10
b)	−300	−200							600
c)	−450	−400							0
d)				−40	−30				20
e)			−35	−30					0

2 Erfindet selbst Zahlenreihen. Schreibt sie für eure Partner als Aufgaben auf.

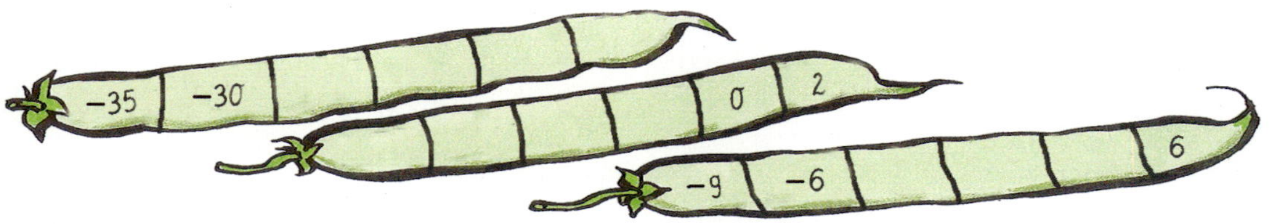

3 An der Zahlengeraden kannst du Zahlen vergleichen. Die kleinere Zahl liegt links, die größere liegt rechts. Prüfe die Beispiele.

a) −5 < −2 b) −8 < 4 c) 6 > −7 d) 2 < 10

4 Kleiner, größer oder gleich? Setze ein: <, > oder =

a) −7 ■ −8
−4 ■ −2
−4 ■ 4

b) −17 ■ 44
−12 ■ 0
4 ■ −89

c) 2 ■ −41
−23 ■ −23
34 ■ −43

d) −8,6 ■ 32
1,3 ■ −4
3,8 ■ −8,3

5 Ordne die Zahlen nach der Größe. Beginne mit der kleinsten Zahl.

a) −12 12 32 23 b) −23 −13 26 −40 c) −4,5 0 −2,3 3,2

6 Schreibe fünf passende Zahlen auf. a) ■ < 0 b) ■ > 0

7 Schreibe jeweils drei passende Zahlen auf.

a) ■ < −1
■ < 1
■ < −5

b) −7 > ■
2 > ■
−1 > ■

c) −9 < ■ < −2
−1 < ■ < 5
−2 < ■ < 2

d) −3 > ■ > −9
3 > ■ > −1
1 > ■ > −3

Addieren und Subtrahieren

1 Kirsten hat zu jeder Aufgabe ein Pfeilbild gezeichnet. Ordne zu und rechne aus.

Ⓐ −20 + 30 = ____

Ⓑ −20 − 30 = ____

Ⓒ 20 − 30 = ____

Ⓓ −30 + 20 = ____

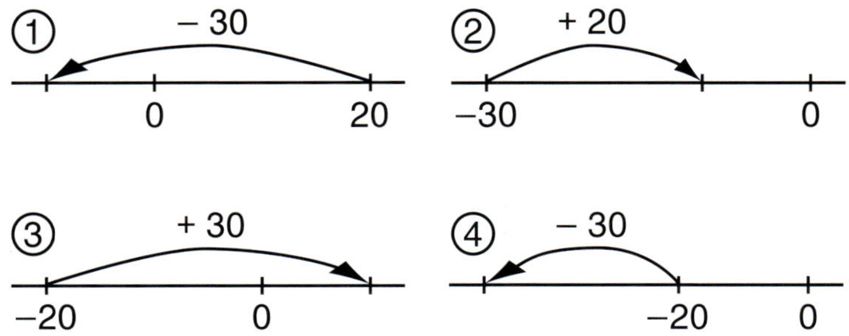

2 Schreibe die Aufgabe zum Pfeilbild auf. Rechne aus.

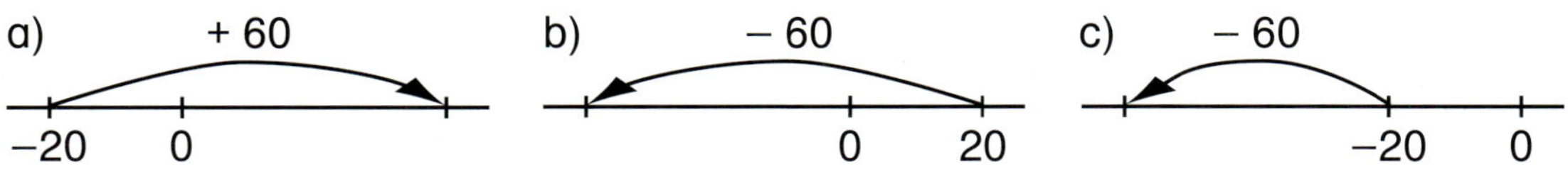

3 Rechne aus. Ein Pfeilbild kann dir helfen.

a)	b)	c)	d)
−10 + 30	−15 + 20	−200 + 250	−210 + 212
−30 + 50	−25 + 30	−130 + 300	−270 + 268
−40 + 80	−16 + 10	−160 + 180	−135 + 120
−60 + 50	−24 + 30	−230 + 120	−155 + 170

4 Auch bei diesen Aufgaben kann dir ein Pfeilbild helfen. Rechne aus.

a)	b)	c)	d)
30 − 40	25 − 30	110 − 120	− 120 − 132
70 − 90	15 − 40	260 − 280	− 215 − 150
30 − 20	13 − 20	310 − 340	136 − 140
20 − 50	27 − 50	290 − 320	210 − 235

5

a)	b)	c)	d)
−20 − 30	−65 − 20	−20 + 40	−45 + 60
20 + 30	65 + 20	20 − 40	45 − 60
−20 + 30	65 − 20	−20 − 40	45 + 60
20 − 30	−65 + 20	20 + 40	−45 − 60

6 Wo wurden Fehler gemacht? Berichtige.

a)	b)	c)
−10 + 30 = −40	30 − 45 = −15	−13 − 15 = −28
−16 + 16 = −32	15 − 35 = −50	−11 + 19 = −30
−10 − 25 = −15	25 − 15 = −10	−12 + 23 = −35

7 Was fällt dir auf? Setze um zwei weitere Aufgaben fort.

a)	b)	c)	d)
400 − 500	−35 + 40	200 − 200	−10 + 55
500 − 600	−45 + 50	200 − 300	−20 + 55
600 − 700	−55 + 60	200 − 400	−30 + 55
700 − 800	−65 + 70	200 − 500	−40 + 55

1 Ordne jedem Text die passende Aufgabe zu. Gib die Lösung an.

Ⓐ In der Nacht zeigte das Thermometer −4 °C. Bis Mittag stieg die Temperatur auf 3 °C. Um wie viel Grad stieg die Temperatur?

Ⓑ In der Nacht sank die Temperatur von −4 °C bis auf −7 °C. Um wie viel Grad sank die Temperatur?

Ⓒ Am Morgen herrschte Frost. Bis zum Mittag stieg die Temperatur um 4 °C bis auf 3 °C. Wie viel Grad waren es am Morgen?

Ⓓ Am Abend war es schon kalt. Bis Mitternacht sank die Temperatur um 4 °C bis auf −7 °C. Wie viel Grad waren es am Abend?

① $-4 - \blacksquare = -7$ ② $\blacksquare + 4 = 3$ ③ $-4 + \blacksquare = 3$ ④ $\blacksquare - 4 = -7$

2 Wie heißen die fehlenden Zahlen?

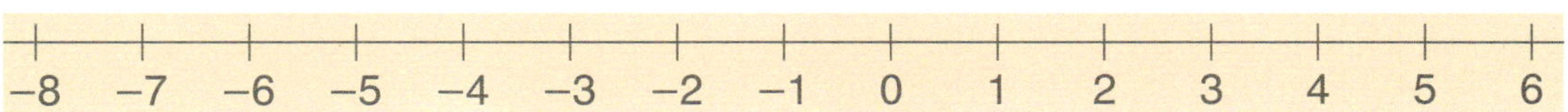

a) $-8 + \blacksquare = -6$
$-5 + \blacksquare = -2$
$-2 + \blacksquare = -1$
$-6 + \blacksquare = -3$

b) $-4 + \blacksquare = 3$
$-7 + \blacksquare = 1$
$-2 + \blacksquare = 6$
$-5 + \blacksquare = 5$

c) $5 - \blacksquare = -3$
$2 - \blacksquare = -7$
$1 - \blacksquare = -5$
$0 - \blacksquare = -6$

d) $-2 - \blacksquare = -5$
$-6 - \blacksquare = -8$
$-4 - \blacksquare = -5$
$-4 - \blacksquare = -4$

3 Bestimme die fehlende Zahl. Ein Pfeilbild kann dir helfen.

a) $\blacksquare + 4 = 3$
$\blacksquare + 3 = 1$
$\blacksquare + 4 = -9$
$\blacksquare + 9 = -12$

b) $\blacksquare - 7 = -4$
$\blacksquare - 9 = -5$
$\blacksquare - 4 = -12$
$\blacksquare - 7 = 0$

c) $\blacksquare + 20 = 10$
$\blacksquare + 40 = 20$
$\blacksquare + 30 = -20$
$\blacksquare + 40 = -40$

d) $\blacksquare - 60 = -20$
$\blacksquare - 30 = -50$
$\blacksquare - 20 = -80$
$\blacksquare - 40 = -70$

4 Frau Berg hat auf ihrem Konto ein Guthaben von 400 €. Für die Miete werden 450 € abgebucht.
Wie lautet der neue Kontostand?

5 Hier ist neben jeder Aufgabe der Anfang einer Rechengeschichte. Setze fort. Schreibe eine Frage auf. Löse die Aufgabe und schreibe einen Antwortsatz.

$-5 - 7 = \blacksquare$	Am Abend zeigt das Thermometer −5 °C an. Es fällt um …
$-7 - 5 = \blacksquare$	Peter hat bei seiner Mutter 7 € Schulden. Er leiht sich noch …
$\blacksquare - 5 = -7$	Über Nacht fällt die Temperatur um 5 °C auf …

Wiederholen und Üben

1 Die Thermometer zeigen für einige Städte Tiefsttemperaturen an einem Tag im Februar.

a) Lies für jede Stadt die Temperatur ab und schreibe sie in dein Heft.

b) In welcher Stadt war es am wärmsten, in welcher war es am kältesten?

c) Ordne die Temperaturen. Beginne mit der niedrigsten Temperatur.

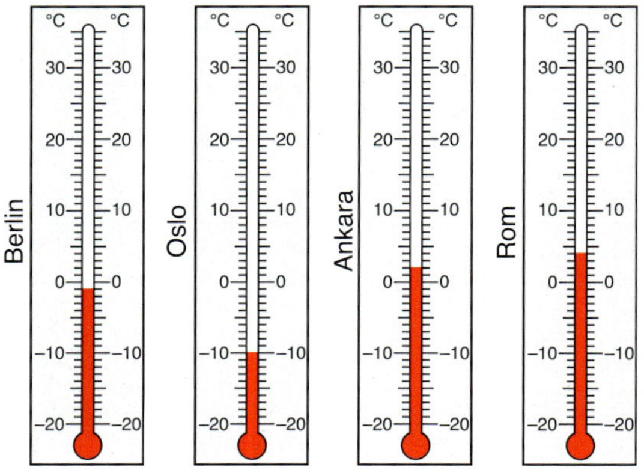

2 Berechne für die beiden Städte den Unterschied der Temperaturen aus Aufgabe 1.

a) Berlin und Ankara
b) Oslo und Rom
c) Ankara und Oslo
d) Berlin und Rom

Berlin: −1 °C
Ankara: 2 °C
Unterschied: ____ °C

3 Berechne den neuen Kontostand. Zeichne ein Pfeilbild.

	a)	b)	c)	d)	e)
Kontostand	100 €	−200 €	−100 €	120 €	−70 €
Auszahlung	150 €	400 €	250 €	170 €	150 €

4 Wie heißen die Zahlen bei den Fahnen? Zwischen welchen Einern liegen sie?

A: −5 | −4,3 | −4

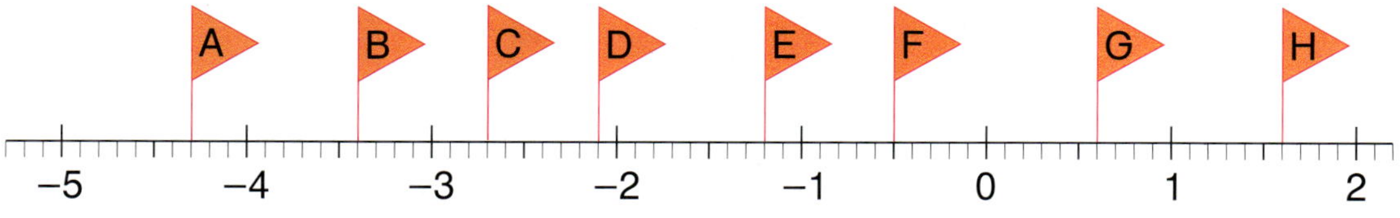

5 Kleiner, größer oder gleich? Setze ein: <, > oder =

a) −3 ■ −5
−2 ■ 0

b) −15 ■ 25
−17 ■ −22

c) 5 ■ −12
−13 ■ −13

d) −2,6 ■ 3,4
1,3 ■ −4,5

6

a) −20 + 40
−30 + 60
−10 + 50

b) −25 + 40
−15 + 40
−26 + 20

c) 20 − 50
60 − 80
50 − 20

d) 25 − 50
15 − 60
23 − 40

7 Herr Lombardi hat auf seinem Konto ein Guthaben von 250 €. Nachdem der Beitrag für die Autoversicherung abgebucht wurde, ist sein Kontostand −200 €. Wie viel Euro wurden für die Autoversicherung abgebucht?

Alles Paletti

1 Im Säulendiagramm sind für einige Landeshauptstädte in Deutschland die Einwohnerzahlen dargestellt.

a) Lies die Zahlen im Säulendiagramm ab und trage sie in eine Liste ein.

b) Welche Stadt hat am meisten Einwohner, welche am wenigsten?

c) Wie viele Einwohner hat Saarbrücken weniger als Wiesbaden?

d) Die Einwohnerzahl von München lag 2009 bei 1 300 000. Wie viel Zentimeter hoch müsste die Säule für München sein?

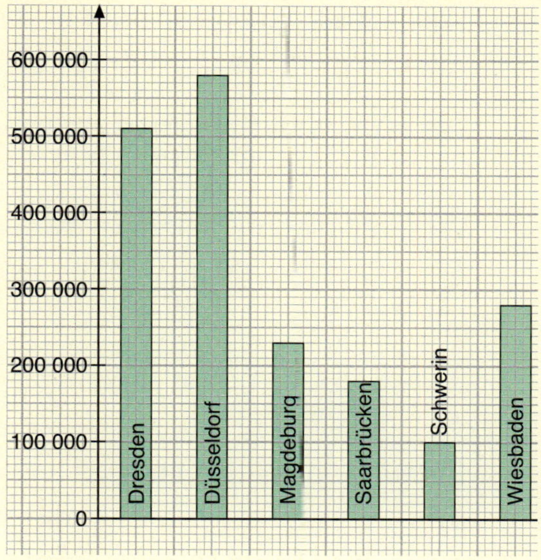

2 Im Kopf oder schriftlich?

a)	b)	c)
560 300 + 400 200	348 · 27	160 000 : 8
31 655 + 632 787	3000 · 12	354 726 : 3
872 000 − 161 000	674 · 158	360 000 : 4
431 224 − 48 287	421 · 2000	450 450 : 5

3 Wie heißt die Zahl in der Mitte?

a)
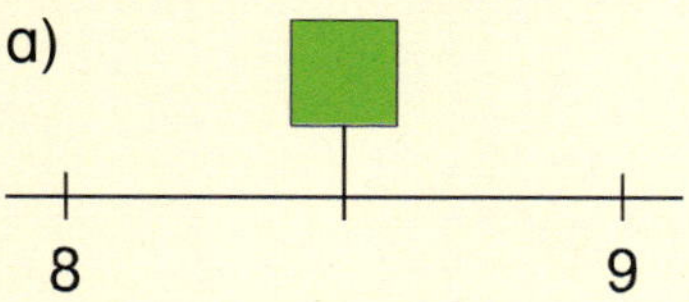

b)
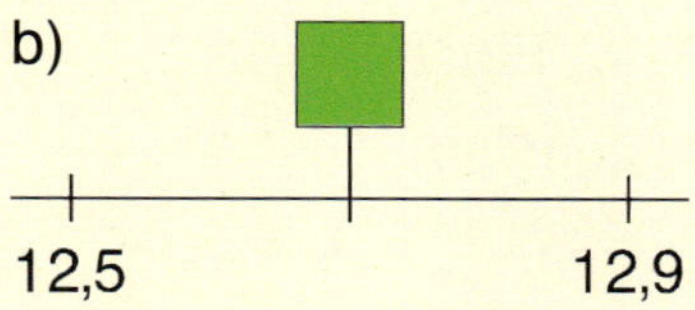

c)
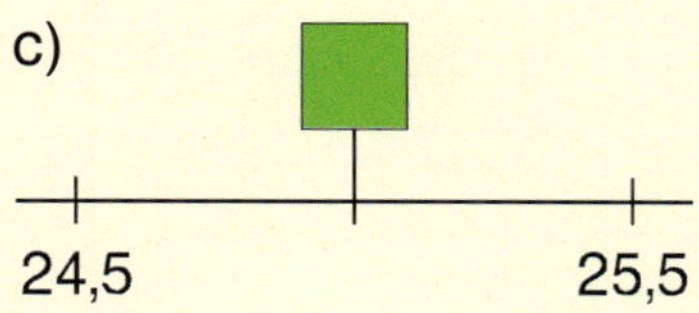

4 Kleiner, größer oder gleich? Setze ein: <, > oder =

a)	b)	c)	d)
4,7 ☐ 7,4	3,1 ☐ 2,9	7,88 ☐ 8,78	0,60 ☐ 0,06
6,0 ☐ 6	4,9 ☐ 5	2,74 ☐ 2,47	9,99 ☐ 10

5

a) Runde auf Einer: 4,6   5,8   10,9   5,1   8,48   7,53   122,6   6,07

b) Runde auf Zehntel: 3,88   6,41   9,78   3,766   6,181   12,019   16,908   7,16

6

a)
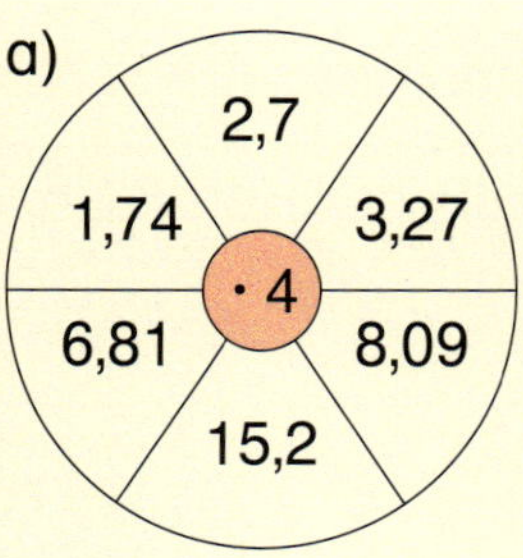

b)
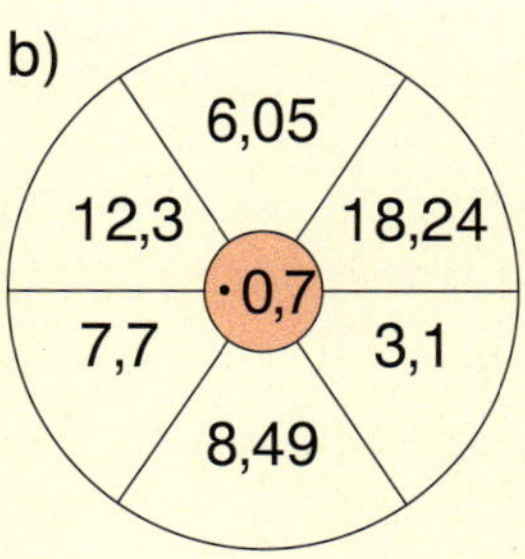

c)
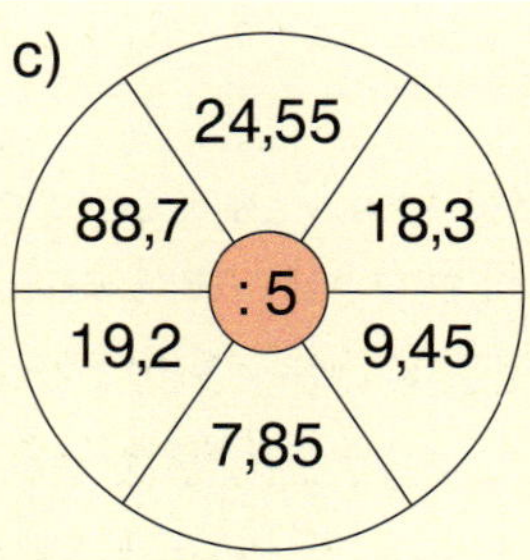

d)
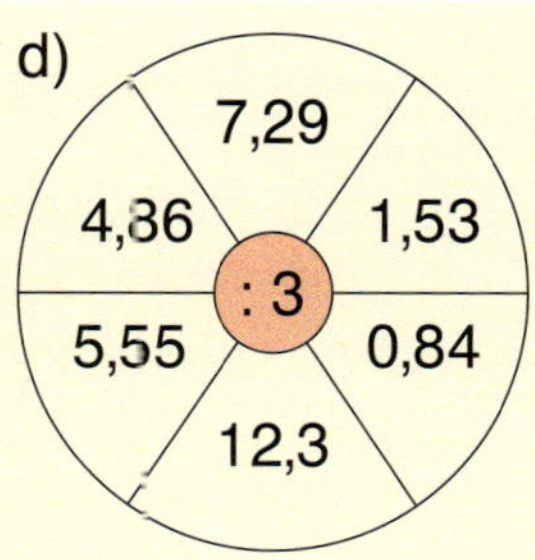

1 Wie heißen die Zahlen bei den roten Strichen?

a : −4,7

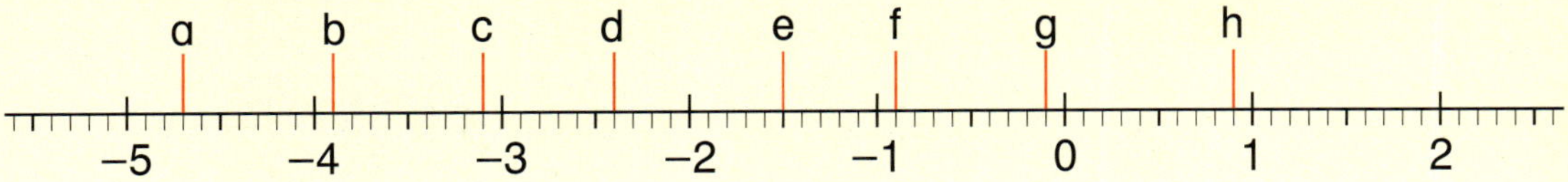

2 Was fällt dir auf? Setze um zwei weitere Aufgaben fort.

a)	b)	c)	d)	e)
5 − 7	20 − 30	15 − 30	−100 + 200	300 − 100
7 − 9	30 − 40	15 − 40	−100 + 300	200 − 200
9 − 11	40 − 50	15 − 50	−100 + 400	100 − 300
11 − 13	50 − 60	15 − 60	−100 + 500	0 − 400

3 Berechne den Flächeninhalt und den Umfang der Figur.

a)
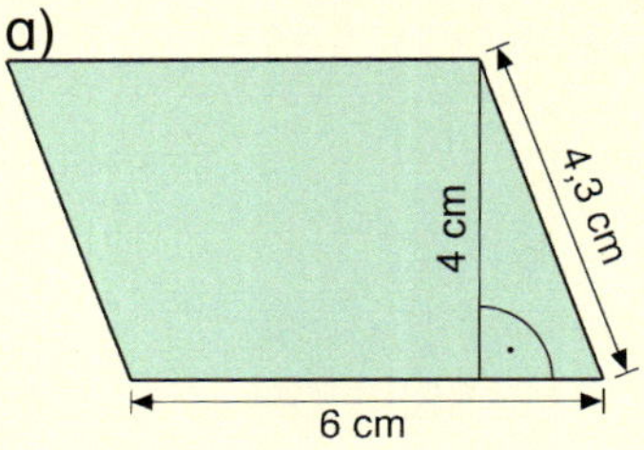

b)
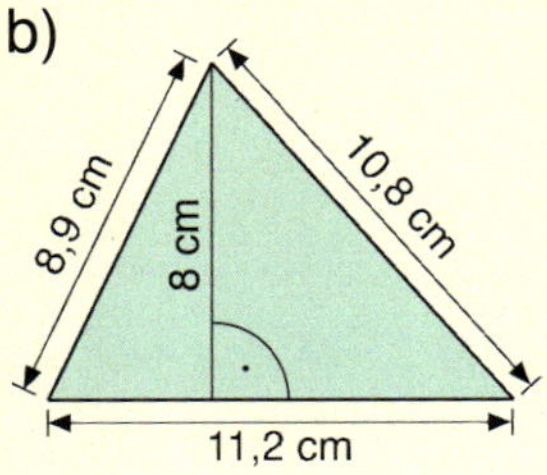

c)
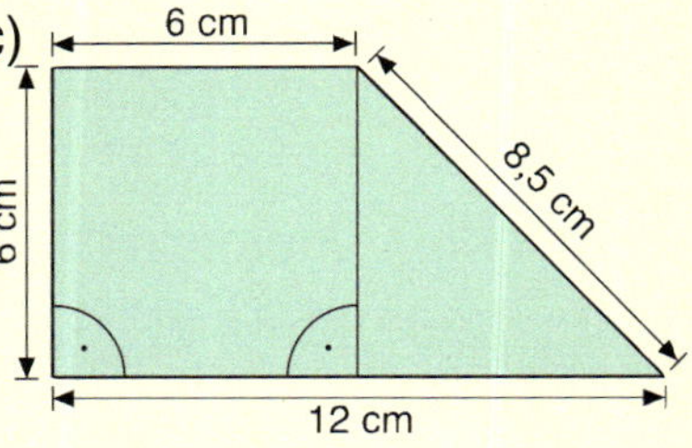

4 Ein kreisrunder Grillplatz wird mit Steinen gepflastert. Der Durchmesser beträgt 7,10 m.

a) Berechne die Größe der Fläche.

b) Welches Angebot ist günstiger?

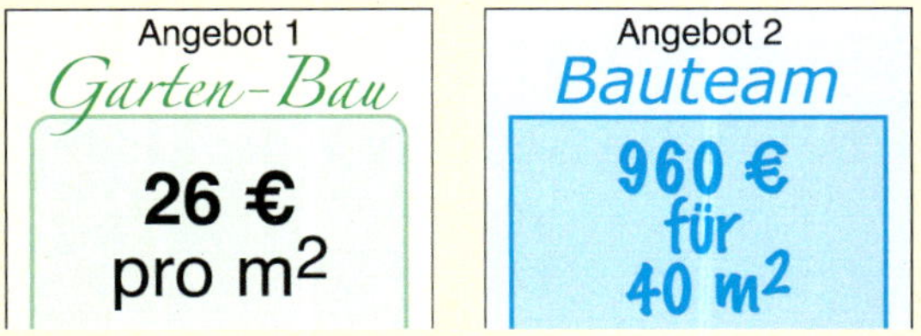

5 Berechne den Flächeninhalt der farbigen Figur. Runde auf zwei Stellen nach dem Komma.

a)
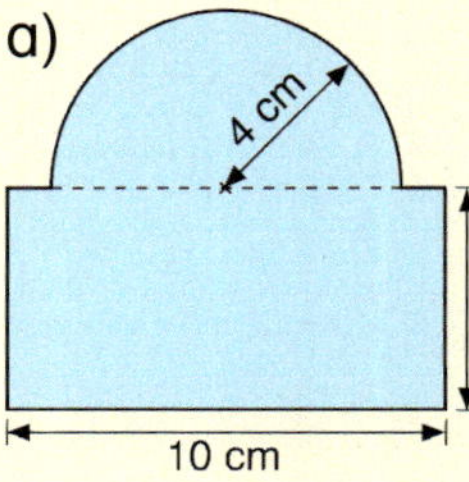

b)
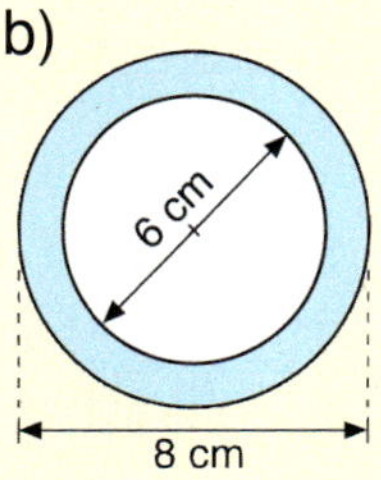

c)
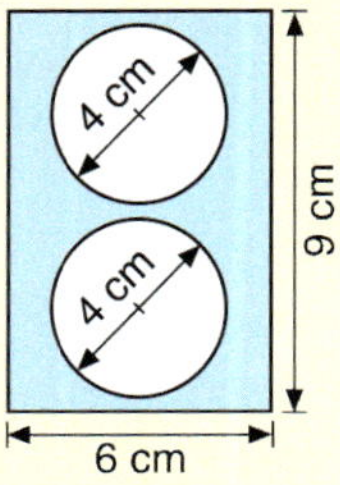

d)
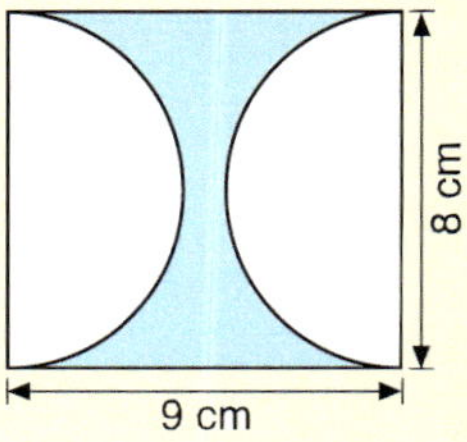

6 Welche Aufgabe passt zum Text? Schreibe auf und rechne aus.

Der Radiosender Roxi-Toxi sendet täglich 15 Wunsch-Hits der Hörer. Der Anruf kostet 0,24 € pro Minute. Leas Anruf dauert 3 Minuten.
Wie viel Euro kostet der Anruf?

15 · 0,24	0,24 : 3	3 · 0,24	15 : 3	15 · 3

Bruchrechnung

Bruchteile benennen und darstellen

1 Welcher Bruchteil ist farbig dargestellt?

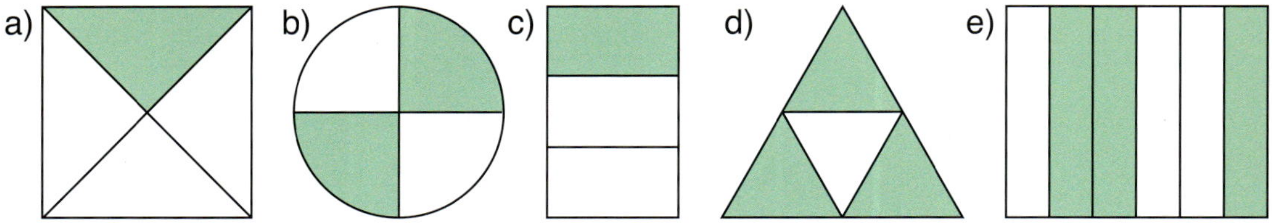

2 Welcher der dargestellten Bruchteile gehört nicht in die Reihe?

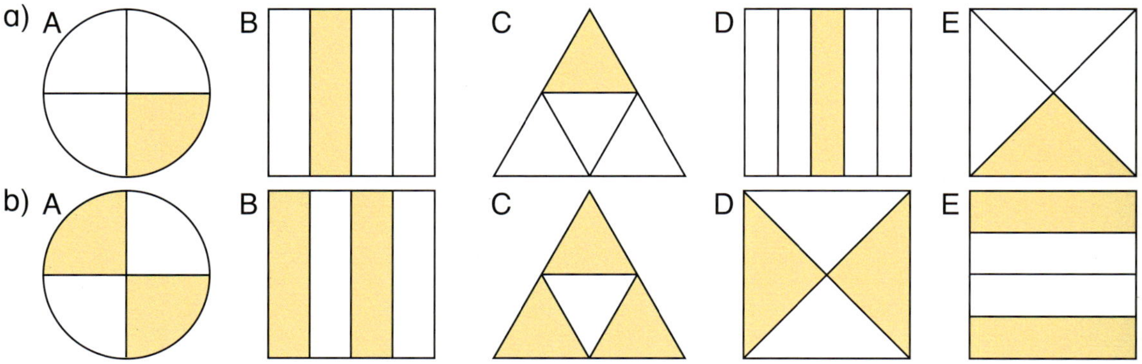

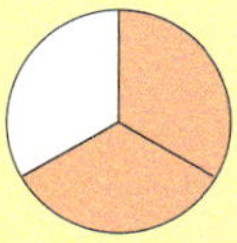

$\frac{2}{3}$ → Zähler (2), Bruchstrich, Nenner (3)

Der Zähler zählt die Teile, die vom Ganzen genommen werden.
Der Nenner gibt an, in wie viele Teile das Ganze geteilt wurde.

3 Zeichne die Figur in dein Heft. Färbe den angegebenen Bruchteil.

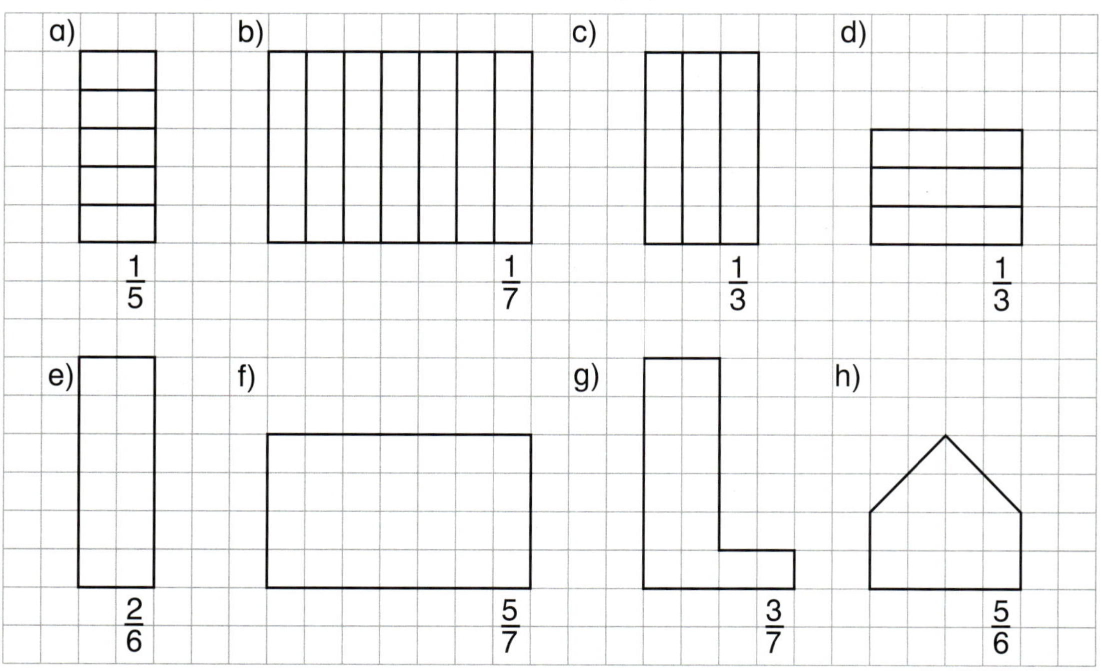

1 Welche Aussage stimmt?

$\frac{4}{4}$ Kuchen ist mehr als 1 Kuchen.

$\frac{4}{4}$ Kuchen ist 1 Kuchen.

$\frac{4}{4}$ Kuchen ist weniger als 1 Kuchen.

2 Was fällt dir auf?

a)

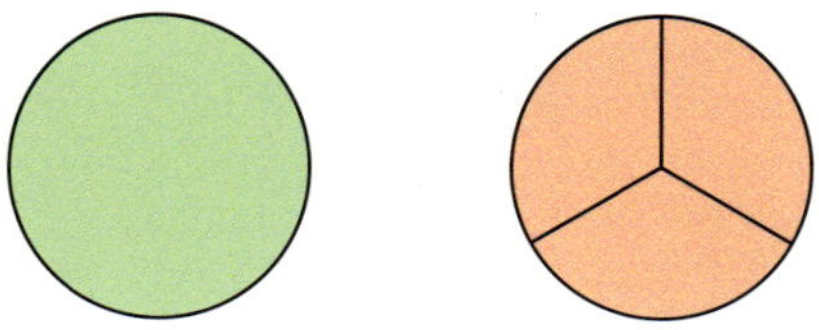

1 $\quad$ $\frac{3}{3}$

b)

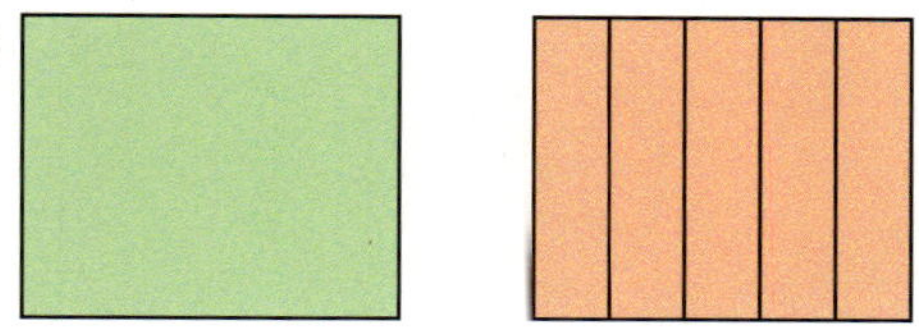

1 $\quad$ $\frac{5}{5}$

3 Übertrage die Figur in dein Heft. Teile sie in die angegebenen Bruchteile ein.

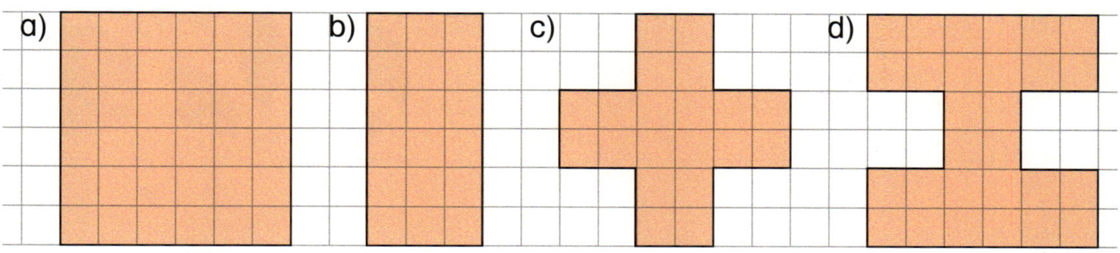

a) $1 = \frac{\blacksquare}{2}$ $\quad$ b) $1 = \frac{\blacksquare}{6}$ $\quad$ c) $1 = \frac{\blacksquare}{5}$ $\quad$ d) $1 = \frac{\blacksquare}{7}$

4 a) $1 = \frac{\blacksquare}{3}$ $\quad$ b) $1 = \frac{\blacksquare}{8}$ $\quad$ c) $1 = \frac{\blacksquare}{10}$ $\quad$ d) $\frac{\blacksquare}{5} = 1$ $\quad$ e) $\frac{\blacksquare}{6} = 1$ $\quad$ f) $\frac{\blacksquare}{20} = 1$

5 a)

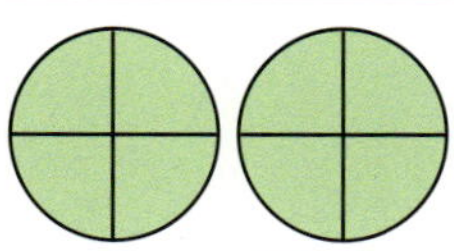

$2 = \frac{\blacksquare}{4}$

b)

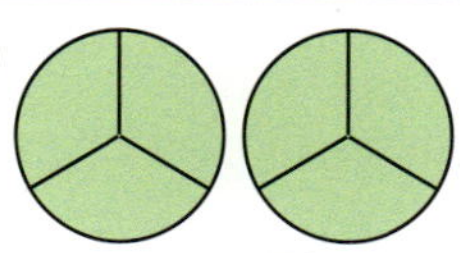

$2 = \frac{\blacksquare}{3}$

c)

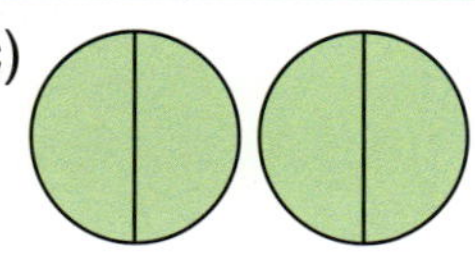

$2 = \frac{\blacksquare}{2}$

d)

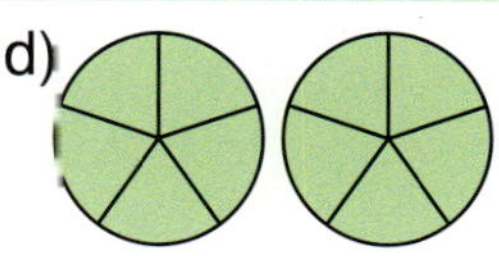

$2 = \frac{\blacksquare}{5}$

6 a) $2 = \frac{\blacksquare}{6}$ $\quad$ b) $2 = \frac{\blacksquare}{10}$ $\quad$ c) $2 = \frac{\blacksquare}{8}$ $\quad$ d) $\frac{\blacksquare}{4} = 2$ $\quad$ e) $\frac{\blacksquare}{7} = 2$ $\quad$ f) $\frac{\blacksquare}{3} = 2$

7 Wie viele Ganze sind es?

a) $\frac{6}{3} = \blacksquare$ $\quad$ b) $\frac{8}{4} = \blacksquare$ $\quad$ c) $\frac{5}{5} = \blacksquare$ $\quad$ d) $\frac{10}{5} = \blacksquare$ $\quad$ e) $\frac{2}{2} = \blacksquare$ $\quad$ f) $\frac{8}{2} = \blacksquare$

Gemischte Zahlen

1 Welche Aussage stimmt?

$\frac{7}{4}$ Kuchen ist mehr als 1 Kuchen und $\frac{3}{4}$ Kuchen.

$\frac{7}{4}$ Kuchen ist weniger als 1 Kuchen und $\frac{3}{4}$ Kuchen.

$\frac{7}{4}$ Kuchen ist 1 Kuchen und $\frac{3}{4}$ Kuchen.

Brüche, die größer als 1 sind, kann man als gemischte Zahlen schreiben.

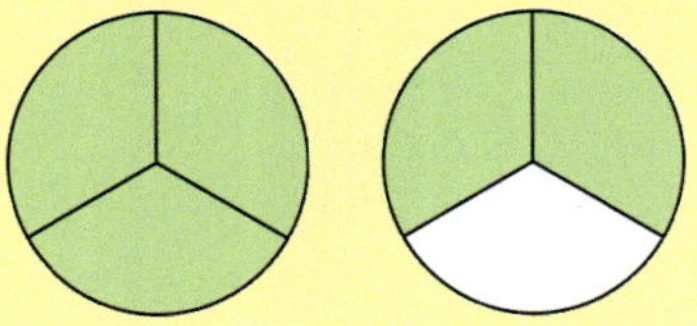

$\frac{5}{3} = 1\frac{2}{3}$

Ein zwei Drittel

2 Hier werden gleiche Bruchteile zu einem Ganzen zusammengefasst.
Wie viele Bruchteile bleiben übrig?
Schreibe den Bruch als gemischte Zahl.

a)

$\frac{3}{2}$ = ■

b)

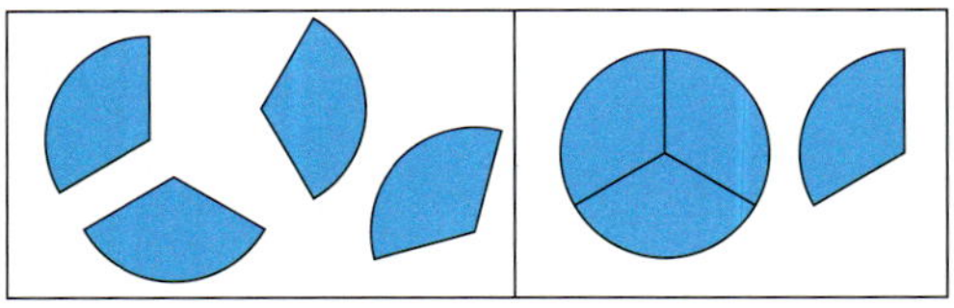

$\frac{4}{3}$ = ■

c)

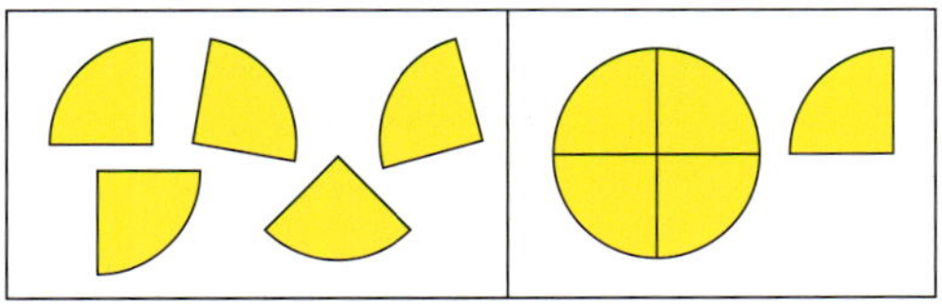

$\frac{5}{4}$ = ■

d)

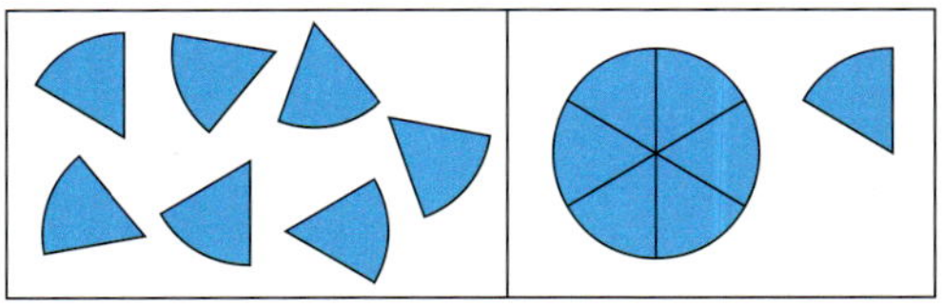

$\frac{7}{6}$ = ■

3 Schreibe zu jedem Bild den Bruch und die gemischte Zahl.

a)

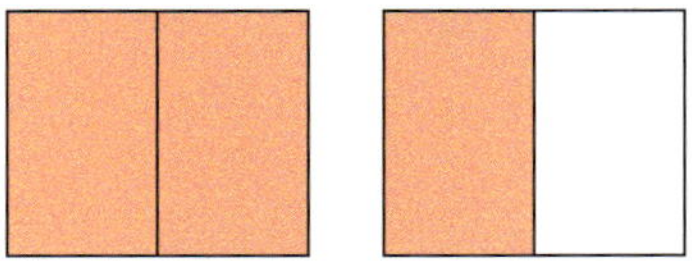

b)

4

a) Schreibe als gemischte Zahl: $\frac{5}{3}$ $\frac{5}{4}$ $\frac{7}{6}$ $\frac{7}{3}$ $\frac{12}{5}$

b) Schreibe als Bruch: $2\frac{1}{4}$ $1\frac{1}{2}$ $1\frac{4}{5}$ $2\frac{2}{3}$ $2\frac{5}{6}$

1 Schreibe zu jedem Bild zwei Aufgaben auf.

$\frac{2}{4} + \frac{1}{4} = \blacksquare \quad \frac{3}{4} - \frac{1}{4} = \blacksquare$

a)

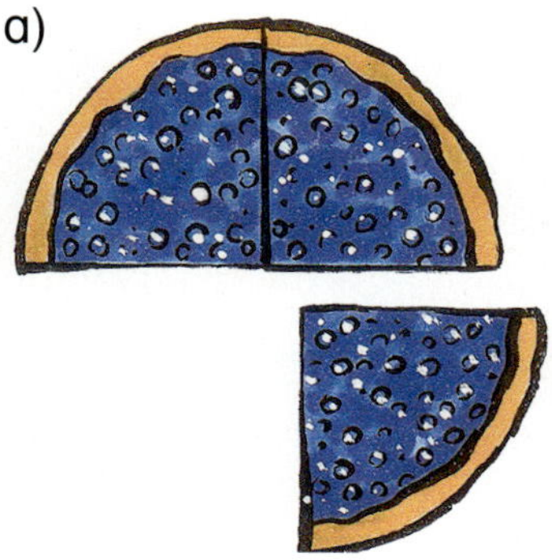

b)

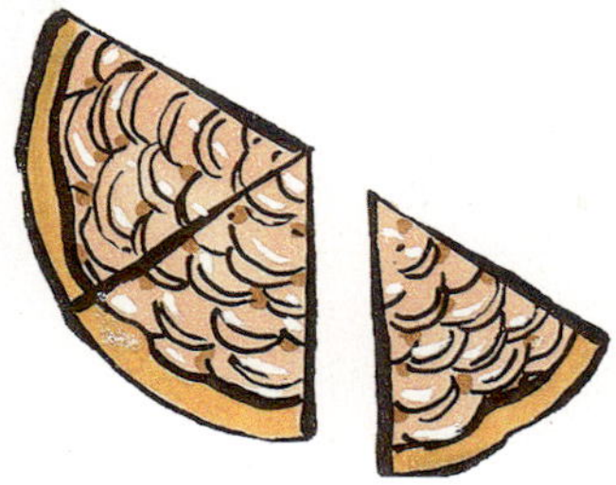

c)

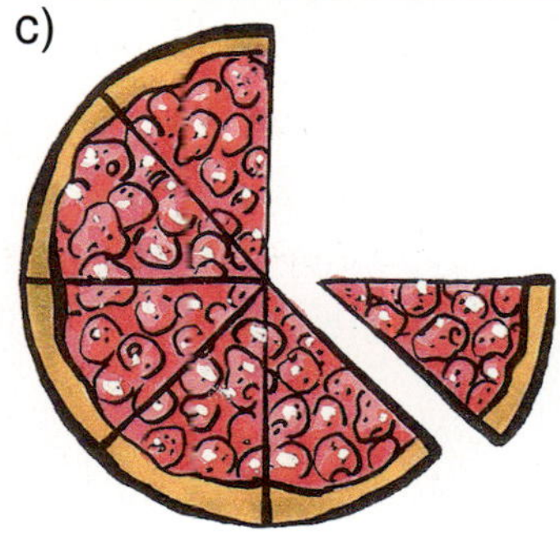

2 Addiere. Schreibe das Ergebnis als gemischte Zahl, wenn möglich.

a)	b)	c)	d)	e)
$\frac{1}{4} + \frac{2}{4}$	$\frac{2}{3} + \frac{2}{3}$	$\frac{4}{5} + \frac{2}{5}$	$\frac{1}{9} + \frac{7}{9}$	$3\frac{1}{8} + 2\frac{2}{8}$
$\frac{3}{6} + \frac{2}{6}$	$\frac{2}{7} + \frac{3}{7}$	$\frac{2}{3} + \frac{1}{3}$	$1\frac{2}{4} + \frac{2}{4}$	$2\frac{2}{6} + 3\frac{3}{6}$
$\frac{2}{8} + \frac{1}{8}$	$\frac{4}{6} + \frac{5}{6}$	$\frac{5}{7} + \frac{5}{7}$	$1\frac{4}{7} + \frac{5}{7}$	$1\frac{1}{5} + 6\frac{3}{5}$

3 Nach dem Backen schütten Maimona und Alex ihre Mehlreste zusammen. Maimona hat $2\frac{3}{4}$ kg und Alex hat $1\frac{3}{4}$ kg. Wie viel Mehl haben sie zusammen?

4

$1\frac{4}{5} - \frac{3}{5} = 1\frac{7}{5} = 2\frac{2}{5}$

a)	b)	c)
$1\frac{4}{5} + \frac{3}{5}$	$1\frac{3}{4} + 2\frac{2}{4}$	$3\frac{4}{7} + 5\frac{4}{7}$
$2\frac{5}{8} + \frac{6}{8}$	$3\frac{5}{6} + 4\frac{5}{6}$	$2\frac{2}{9} + 6\frac{7}{9}$

5

a)	b)	c)	d)
$\frac{5}{8} - \frac{2}{8}$	$1\frac{5}{6} - \frac{2}{6}$	$3\frac{5}{8} - 1\frac{3}{8}$	$1\frac{1}{3} - \frac{2}{3}$
$\frac{3}{4} - \frac{2}{4}$	$1\frac{7}{8} - \frac{5}{8}$	$3\frac{1}{2} - 1\frac{1}{2}$	$1\frac{1}{4} - \frac{3}{4}$
$\frac{3}{6} - \frac{1}{6}$	$2\frac{3}{4} - \frac{2}{4}$	$2\frac{4}{5} - 1\frac{1}{5}$	$\frac{1}{6} - \frac{5}{6}$

6

a)	b)	c)	d)
$3\frac{2}{4} - 1\frac{3}{4}$	$8\frac{3}{10} - 2\frac{6}{10}$	$7\frac{1}{5} - 3\frac{3}{5}$	$7\frac{1}{3} - 6\frac{2}{3}$
$5\frac{2}{5} - 2\frac{4}{5}$	$3\frac{1}{9} - 2\frac{8}{9}$	$6\frac{3}{8} - 5\frac{7}{8}$	$9\frac{4}{9} - 5\frac{5}{9}$

Erweitern und Kürzen

1 Welche Aussage stimmt?

$\frac{2}{4}$ Kuchen ist mehr als $\frac{1}{2}$ Kuchen.

$\frac{2}{4}$ Kuchen ist $\frac{1}{2}$ Kuchen.

$\frac{2}{4}$ Kuchen ist weniger als $\frac{1}{2}$ Kuchen.

2 Welche Brüche sind gleich?
Schreibe wie im Beispiel.

$\frac{1}{3} = \frac{2}{6}$

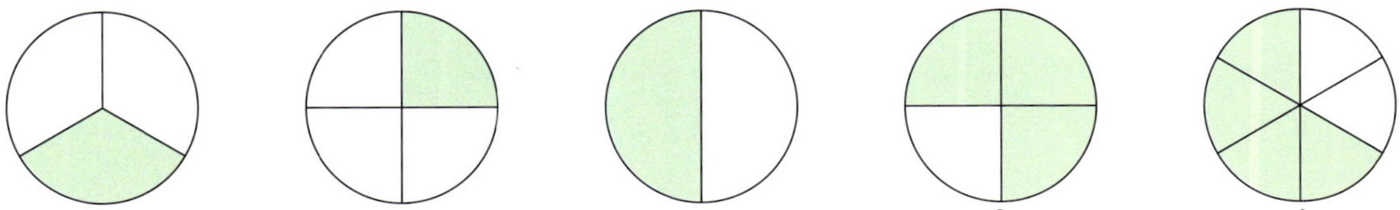

$\frac{1}{3}$ $\frac{1}{4}$ $\frac{1}{2}$ $\frac{3}{4}$ $\frac{4}{6}$

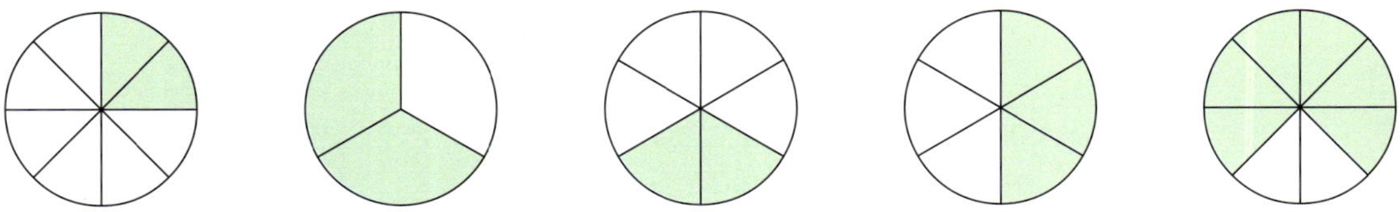

$\frac{2}{8}$ $\frac{2}{3}$ $\frac{2}{6}$ $\frac{3}{6}$ $\frac{6}{8}$

!

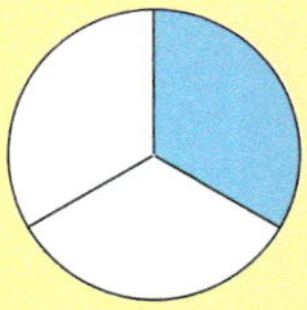

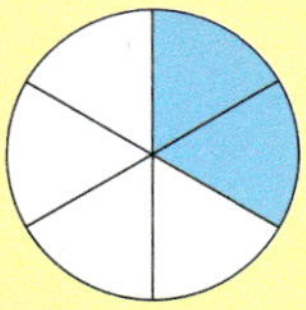

$\frac{1}{3}$ **mit 2 erweitert** $\frac{1 \cdot 2}{3 \cdot 2} = \frac{2}{6}$

Beim *Erweitern* werden Zähler und Nenner mit der gleichen Zahl multipliziert.
Die Größe des Bruchteils ändert sich beim Erweitern nicht.

3 Erweitere die Brüche

$\frac{2}{4} = \frac{2 \cdot 3}{4 \cdot 3} = \frac{6}{12}$

a) mit 3: $\frac{2}{4}$ $\frac{3}{5}$ $\frac{5}{7}$ $\frac{5}{6}$ $\frac{3}{7}$ $\frac{2}{5}$

b) mit 4: $\frac{2}{3}$ $\frac{3}{8}$ $\frac{4}{7}$ $\frac{2}{9}$ $\frac{5}{9}$ $\frac{6}{7}$

4 Mit welcher Zahl wurde erweitert?
Schreibe die Aufgabe in dein Heft. Ergänze die fehlenden Zahlen.

a) $\frac{4}{5} = \frac{4 \cdot ■}{5 \cdot ■} = \frac{12}{15}$

b) $\frac{3}{8} = \frac{3 \cdot ■}{8 \cdot ■} = \frac{15}{40}$

c) $\frac{2}{3} = \frac{2 \cdot ■}{3 \cdot ■} = \frac{14}{■}$

d) $\frac{1}{6} = \frac{1 \cdot ■}{6 \cdot ■} = \frac{■}{30}$

e) $\frac{5}{7} = \frac{5 \cdot ■}{7 \cdot ■} = \frac{30}{■}$

f) $\frac{2}{5} = \frac{2 \cdot ■}{5 \cdot ■} = \frac{■}{100}$

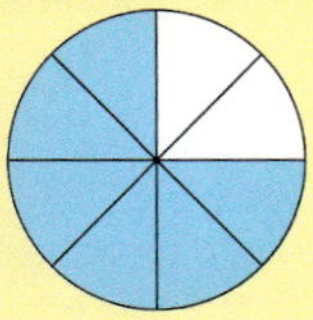

$\frac{6}{8}$

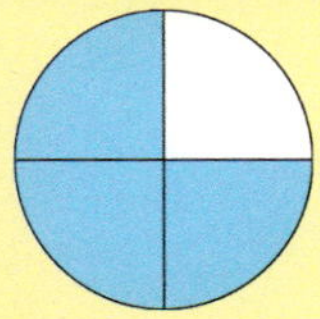

gekürzt durch 2 $\quad \frac{6:2}{8:2} = \frac{3}{4}$

Beim *Kürzen* werden Zähler und Nenner durch die gleiche Zahl dividiert.
Die Größe des Bruchteils ändert sich beim Kürzen nicht.

1 Kürze die Brüche

$\frac{6}{8} = \frac{6:2}{8:2} = \frac{3}{4}$

a) durch 2: $\frac{6}{8}$ $\quad \frac{6}{10}$ $\quad \frac{6}{20}$ $\quad \frac{8}{12}$ $\quad \frac{14}{30}$ $\quad \frac{50}{60}$

b) durch 3: $\frac{3}{6}$ $\quad \frac{15}{21}$ $\quad \frac{9}{15}$ $\quad \frac{3}{24}$ $\quad \frac{12}{30}$ $\quad \frac{30}{60}$

c) durch 5: $\frac{5}{10}$ $\quad \frac{20}{25}$ $\quad \frac{15}{40}$ $\quad \frac{35}{50}$ $\quad \frac{15}{35}$ $\quad \frac{60}{65}$

2 Durch welche Zahl wurde gekürzt?
Schreibe die Aufgaben in dein Heft. Ergänze die fehlenden Zahlen.

a) $\frac{6}{15} = \frac{6:■}{15:■} = \frac{2}{5}$ $\qquad$ b) $\frac{12}{16} = \frac{12:■}{16:■} = \frac{3}{4}$ $\qquad$ c) $\frac{12}{20} = \frac{12:■}{20:■} = \frac{■}{5}$

$\frac{4}{100} = \frac{4:■}{100:■} = \frac{■}{25}$ $\qquad$ $\frac{40}{50} = \frac{40:■}{50:■} = \frac{4}{■}$ $\qquad$ $\frac{25}{100} = \frac{25:■}{100:■} = \frac{1}{■}$

3 Kürze den Hundertstelbruch.

a) $\frac{30}{100} = \frac{30:■}{100:■} = \frac{3}{10}$ $\qquad$ b) $\frac{70}{100} = \frac{70:■}{100:■} = \frac{7}{10}$ $\qquad$ c) $\frac{90}{100} = \frac{90:■}{100:■} = \frac{9}{10}$

$\frac{10}{100} = \frac{10:■}{100:■} = \frac{1}{10}$ $\qquad$ $\frac{50}{100} = \frac{50:■}{100:■} = \frac{1}{2}$ $\qquad$ $\frac{75}{100} = \frac{75:■}{100:■} = \frac{3}{4}$

4 Kürze so weit wie möglich: a) $\frac{12}{16}$ $\quad$ b) $\frac{15}{30}$ $\quad$ c) $\frac{24}{36}$ $\quad$ d) $\frac{40}{80}$ $\quad$ e) $\frac{30}{40}$

5 Ergänze die fehlende Zahl.

a) $\frac{10}{20} = \frac{■}{2}$ $\qquad$ b) $\frac{12}{15} = \frac{4}{■}$ $\qquad$ c) $\frac{2}{3} = \frac{■}{9}$ $\qquad$ d) $\frac{3}{8} = \frac{15}{■}$

$\frac{20}{25} = \frac{■}{5}$ $\qquad$ $\frac{8}{12} = \frac{2}{■}$ $\qquad$ $\frac{3}{4} = \frac{■}{20}$ $\qquad$ $\frac{5}{6} = \frac{20}{■}$

6 Wo wurde falsch gekürzt oder erweitert? Berichtige.

a) $\frac{2}{3} = \frac{4}{5}$ $\qquad$ b) $\frac{3}{6} = \frac{6}{9}$ $\qquad$ c) $\frac{2}{3} = \frac{4}{6}$ $\qquad$ d) $\frac{4}{100} = \frac{1}{4}$

7 Welcher Bruch ist größer?

a) $\frac{2}{3}$ oder $\frac{5}{9}$ $\qquad$ b) $\frac{1}{5}$ oder $\frac{3}{10}$ $\qquad$ c) $\frac{3}{4}$ oder $\frac{7}{8}$ $\qquad$ d) $\frac{1}{2}$ oder $\frac{5}{12}$

Addieren ungleichnamiger Brüche

1 Für ein Mixgetränk mischt Vera $\frac{1}{8}$ l Ananassaft und $\frac{1}{4}$ l Orangensaft.

Wie viel Liter Mixgetränk erhält sie?

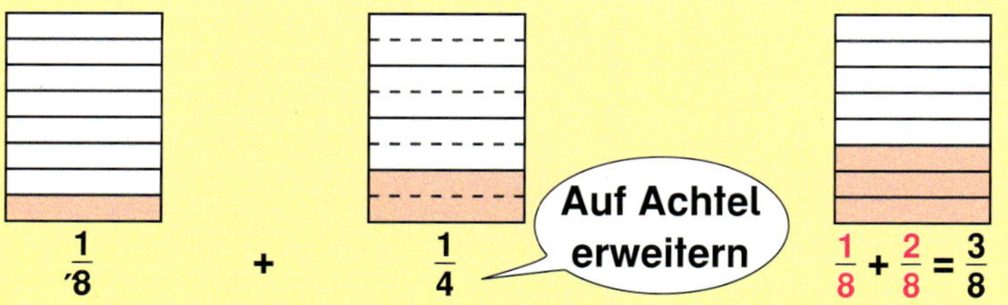

Brüche mit verschiedenen Nennern erweitert man vor dem Addieren auf einen gemeinsamen Nenner.

2 Finde einen gemeinsamen Nenner und addiere.

a) $\frac{1}{2} + \frac{1}{4}$ $\frac{1}{3} + \frac{3}{6}$

b) $\frac{7}{10} + \frac{4}{5}$ $\frac{3}{10} + \frac{3}{5}$

c) $\frac{8}{9} + \frac{1}{3}$ $\frac{5}{9} + \frac{2}{3}$

d) $\frac{11}{12} + \frac{1}{4}$ $\frac{7}{12} + \frac{3}{4}$

e) $\frac{17}{20} + \frac{1}{2}$ $\frac{19}{20} + \frac{1}{4}$

3 Erweitere die Brüche auf einen gemeinsamen Nenner, dann addiere.

a) $\frac{1}{4} + \frac{1}{5}$ $\frac{2}{7} + \frac{3}{5}$

b) $\frac{2}{3} + \frac{1}{4}$ $\frac{2}{3} + \frac{2}{10}$

c) $\frac{3}{8} + \frac{1}{6}$ $\frac{1}{2} + \frac{4}{9}$

$\frac{1}{4} + \frac{1}{5} = \square$

$\frac{1 \cdot 5}{4 \cdot 5} + \frac{1 \cdot 4}{5 \cdot 4}$

$= \frac{5}{20} + \frac{4}{20}$

4 Fatime mischt $\frac{1}{2}$ l Mineralwasser und $\frac{3}{4}$ l Apfelsaft.

Wie viel Liter Apfelschorle erhält sie?

5 Löse wie im Beispiel.

$1\frac{1}{4} + \frac{1}{2} = 1\frac{1}{4} + \frac{2}{4} = 1\frac{3}{4}$

a) $1\frac{1}{4} + \frac{1}{2}$ $1\frac{1}{10} + \frac{1}{5}$ $1\frac{1}{8} + \frac{1}{2}$

b) $1\frac{1}{6} + \frac{1}{3}$ $1\frac{1}{8} + \frac{1}{4}$ $1\frac{1}{10} + \frac{1}{5}$

c) $2\frac{1}{6} + \frac{1}{2}$ $2\frac{3}{10} + \frac{2}{5}$ $2\frac{5}{8} + \frac{1}{4}$

d) $2\frac{1}{5} + \frac{1}{2}$ $2\frac{1}{3} + \frac{1}{2}$ $1\frac{1}{2} + \frac{2}{5}$

1 Ein Krug enthält $\frac{3}{4}$ l Apfelsaft. Sandra gießt $\frac{1}{8}$ l Saft aus dem Krug in ein Glas.

Wie viel Apfelsaft bleibt im Krug zurück?

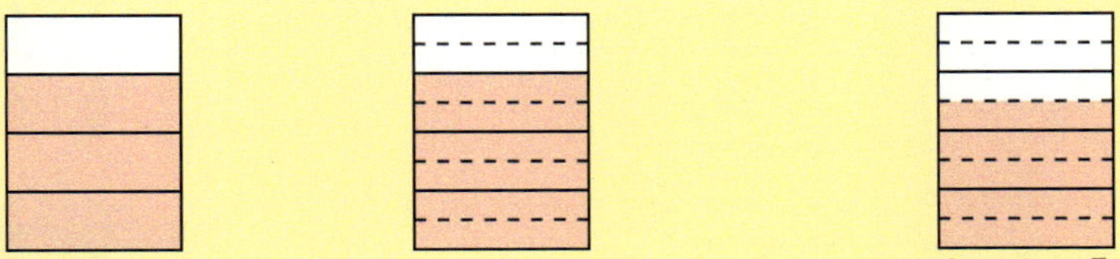

$\frac{3}{4} = \frac{6}{8}$ $\qquad$ $\frac{6}{8} - \frac{1}{8} = \frac{5}{8}$

Brüche mit verschiedenen Nennern erweitert man vor dem Subtrahieren auf einen gemeinsamen Nenner.

2 Finde einen gemeinsamen Nenner und subtrahiere.

a) $\frac{3}{6} - \frac{1}{3}$ $\quad$ $\frac{4}{6} - \frac{1}{2}$

b) $\frac{3}{4} - \frac{1}{8}$ $\quad$ $\frac{3}{4} - \frac{1}{2}$

c) $\frac{2}{5} - \frac{1}{10}$ $\quad$ $\frac{1}{2} - \frac{1}{10}$

d) $\frac{9}{10} - \frac{1}{5}$ $\quad$ $\frac{3}{10} - \frac{1}{5}$

e) $\frac{9}{10} - \frac{1}{2}$ $\quad$ $\frac{9}{10} - \frac{2}{5}$

3 Erweitere die Brüche auf einen gemeinsamen Nenner, dann subtrahiere.

$\frac{4}{5} - \frac{1}{3} = \blacksquare$

$\frac{4 \cdot 3}{5 \cdot 3} - \frac{1 \cdot 5}{3 \cdot 5} = \frac{12}{15} - \frac{5}{15}$

a) $\frac{4}{5} - \frac{1}{3}$ $\quad$ $\frac{5}{9} - \frac{1}{4}$

b) $\frac{2}{3} - \frac{1}{4}$ $\quad$ $\frac{7}{8} - \frac{3}{6}$

c) $\frac{5}{7} - \frac{1}{5}$ $\quad$ $\frac{5}{6} - \frac{3}{10}$

4 Ein Stoffband ist $1\frac{1}{4}$ m lang. Lea schneidet davon $\frac{1}{2}$ m ab.

Wie viel Meter Stoffband bleiben übrig?

5 Löse wie im Beispiel.

$1\frac{5}{6} - \frac{2}{3} = 1\frac{5}{6} - \frac{4}{6} = 1\frac{1}{6}$

a) $1\frac{5}{6} - \frac{2}{3}$ $\quad$ $1\frac{7}{8} - \frac{1}{2}$ $\quad$ $1\frac{3}{5} - \frac{3}{10}$

b) $1\frac{1}{3} - \frac{1}{6}$ $\quad$ $1\frac{2}{3} - \frac{1}{6}$ $\quad$ $1\frac{4}{5} - \frac{3}{10}$

c) $2\frac{7}{10} - \frac{3}{5}$ $\quad$ $2\frac{8}{15} - \frac{2}{5}$ $\quad$ $2\frac{1}{2} - \frac{1}{4}$

d) $2\frac{3}{10} - \frac{5}{10}$ $\quad$ $2\frac{1}{6} - \frac{1}{3}$ $\quad$ $2\frac{5}{8} - \frac{3}{4}$

Multiplizieren von Brüchen

1 Wie viel Liter Schorle werden es?
Vergleiche die Rechenwege.
Erhalten Pia und Jan das gleiche Ergebnis?

Pia rechnet: $\frac{3}{4} + \frac{3}{4} = \frac{3+3}{4}$

Jan rechnet: $2 \cdot \frac{3}{4} = \frac{2 \cdot 3}{4}$

2 Kürze das Ergebnis, wenn möglich.

a) $3 \cdot \frac{2}{7}$ $2 \cdot \frac{4}{9}$ $2 \cdot \frac{2}{5}$

b) $3 \cdot \frac{2}{9}$ $2 \cdot \frac{3}{10}$ $2 \cdot \frac{5}{12}$

c) $\frac{1}{6} \cdot 3$ $\frac{1}{3} \cdot 2$ $\frac{2}{7} \cdot 2$

d) $\frac{1}{10} \cdot 4$ $\frac{2}{15} \cdot 2$ $\frac{4}{15} \cdot 3$

e) $\frac{3}{8} \cdot 5$ $\frac{4}{7} \cdot 7$ $\frac{5}{9} \cdot 8$

3 Gib das Ergebnis als gemischte Zahl an.
Schreibe wie im Beispiel.

$2 \cdot \frac{2}{3} = \frac{4}{3} = 1\frac{1}{3}$

a) $2 \cdot \frac{2}{3}$ $2 \cdot \frac{3}{4}$

b) $2 \cdot \frac{5}{6}$ $2 \cdot \frac{5}{8}$

c) $3 \cdot \frac{2}{4}$ $\frac{1}{2} \cdot 3$

d) $3 \cdot \frac{3}{8}$ $\frac{2}{3} \cdot 3$

e) $4 \cdot \frac{2}{5}$ $\frac{6}{7} \cdot 7$

4 Hier siehst du jeweils drei Rechnungen. Welche Rechnung passt nicht?

a) Wie viel Liter Mixgetränk werden es? b) Wie breit wird der Weg?

$\frac{3}{4} + \frac{3}{4} + \frac{3}{4}$ $3 + \frac{3}{4}$ $3 \cdot \frac{3}{4}$ $\frac{1}{2} + \frac{1}{2}$ $2 \cdot \frac{1}{2}$ $2 - \frac{1}{2}$

5 Gib das Ergebnis als gemischte Zahl an.
Schreibe wie im Beispiel.

$2 \cdot 1\frac{1}{3} = \square$
$2 \cdot \frac{4}{3} = \frac{8}{3} = 2\frac{2}{3}$

a) $2 \cdot 1\frac{1}{3}$ $3 \cdot 1\frac{1}{4}$

b) $7 \cdot 1\frac{2}{5}$ $3 \cdot 2\frac{1}{2}$

c) $1\frac{2}{3} \cdot 4$ $3\frac{2}{5} \cdot 2$

d) $3 \cdot 2\frac{1}{3}$ $5 \cdot 1\frac{4}{5}$

1 Drei Freunde teilen sich den Rest des Kuchens.
Wie viele Stücke bekommt jeder?

2 Schreibe wie im Beispiel.

$\frac{6}{7} : 3 = \frac{6:3}{7} = \frac{2}{7}$

a)	b)	c)	d)	e)
$\frac{6}{7} : 3$	$\frac{4}{9} : 2$	$\frac{6}{7} : 2$	$\frac{8}{10} : 4$	$\frac{60}{100} : 2$
$\frac{2}{5} : 2$	$\frac{8}{9} : 4$	$\frac{5}{9} : 5$	$\frac{9}{10} : 3$	$\frac{90}{100} : 3$
$\frac{6}{9} : 2$	$\frac{4}{5} : 2$	$\frac{6}{9} : 3$	$\frac{6}{10} : 3$	$\frac{80}{100} : 4$
$\frac{3}{8} : 3$	$\frac{2}{7} : 2$	$\frac{7}{8} : 7$	$\frac{6}{10} : 2$	$\frac{40}{100} : 2$

3 Drei Freunde teilen sich $2\frac{1}{4}$ Pizza.
Wie viel bekommt jeder?
Wandle zuerst die gemischte Zahl in einen Bruch um.

$2\frac{1}{4} = \frac{9}{4}$

4 Schreibe die gemischte Zahl als Bruch, dann dividiere.

$3\frac{1}{5} : 2 = \square$

$\frac{16}{5} : 2 = \frac{8}{5} = 1\frac{3}{5}$

a)	b)	c)	d)
$3\frac{1}{5} : 2$	$1\frac{3}{5} : 2$	$1\frac{2}{3} : 5$	$2\frac{1}{2} : 5$
$2\frac{2}{5} : 4$	$2\frac{2}{3} : 4$	$1\frac{3}{4} : 7$	$1\frac{7}{8} : 5$
$2\frac{4}{5} : 7$	$3\frac{1}{5} : 4$	$1\frac{2}{5} : 7$	$2\frac{1}{4} : 9$

5 Welche Aufgabe passt zum Text?

Zwei Freundinnen teilen sich $1\frac{1}{3}$ Pizza.
Wie viel Pizza bekommt jedes Mädchen?

$2 \cdot 1\frac{1}{3}$ | $2 - 1\frac{1}{3}$ | $1\frac{1}{3} : 2$ | $1\frac{1}{3} + 2$

Bruchteile von Anzahlen und Größen

1 Heiko arbeitet im Betriebspraktikum in einem Supermarkt.

a) Auf einer Eierpalette sind $\frac{1}{6}$ der Eier beschädigt
Wie viele Eier sind beschädigt?

b) Von 45 Joghurt im Kühlregal sind $\frac{1}{3}$ Fruchtjoghurt.
Wie viele Fruchtjoghurt sind das?

2 Am Freitag hatte der Großmarkt 1 800 Kunden. Von diesen kauften $\frac{2}{3}$ nur Lebensmittel. Wie viele Kunden sind das?

$\frac{1}{3}$ von 1 800 = 600
(· 2 ↓) (↓ · 2)
$\frac{2}{3}$ von 1 800 = ■

3

a) $\frac{1}{3}$ von 60	b) $\frac{2}{3}$ von 24	c) $\frac{2}{5}$ von 4 000	d) $\frac{1}{7}$ von 42 000
$\frac{1}{5}$ von 25	$\frac{3}{5}$ von 30	$\frac{3}{7}$ von 2 800	$\frac{3}{4}$ von 240 000

4 Am Samstag kauften 4 800 Kunden im Supermarkt ein.

a) Im Kreisdiagramm kannst du ablesen, welcher Bruchteil der Kunden für bis zu 50 € eingekauft hat. Wie viel Kunden waren das?

b) Berechne ebenso, wie viele Kunden für mehr als 50 € bis zu 100 € eingekauft haben, und wie viele mehr als 100 € bezahlt haben.

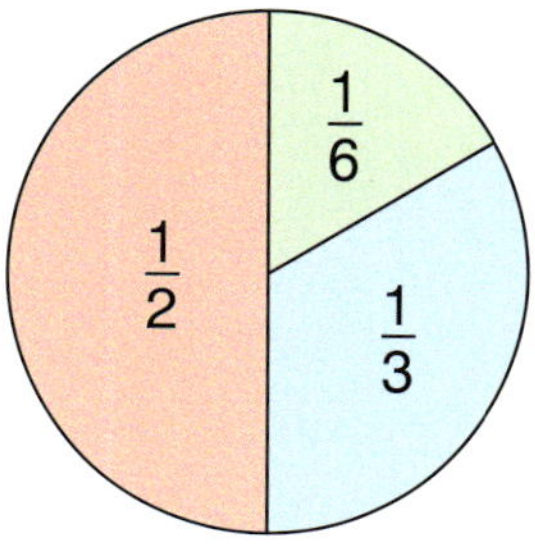

5 Welche Aufgabe passt zum Text?

Bei einer Umfrage unter 3 500 Kunden eines Supermarktes hatten $\frac{4}{7}$ der Befragten einen Anfahrtsweg von mehr als 7 km

3 500 : 7	$\frac{4}{7}$ von 3 500	$\frac{4}{7}$ von 7	7 · 3 500

6 Die Befragung von 1 200 Kunden hat ergeben:

- $\frac{3}{4}$ zahlen mit einer Karte.
- $\frac{2}{3}$ sind zufrieden.
- $\frac{1}{10}$ kaufen Brot oder Brötchen.
- $\frac{5}{6}$ kaufen mehr als geplant.

1 Mareike und ihre Eltern fahren an die Nordsee. Sie fahren 720 km weit.

a) Nach $\frac{1}{3}$ der Strecke machen sie eine Pause. Wie viel Kilometer haben sie schon zurückgelegt?

b) Auf der Autobahn können sie $\frac{7}{8}$ des Wegs zurücklegen. Wie viel Kilometer sind das?

2 a) Die Wohnung ist $\frac{3}{4}$ km vom Strand entfernt. Wie viel Meter lang ist der Weg?

b) Bis zum Supermarkt sind es $\frac{3}{5}$ km. Wie viel Meter sind das?

1 km = 1 000 m

: 4 ↓ $\frac{1}{4}$ km = ■ m ↓ : 4

· 3 ↓ $\frac{3}{4}$ km = ■ m ↓ · 3

3

a) $\frac{1}{4}$ von 1 m	b) $\frac{3}{4}$ von 1 kg	c) $\frac{7}{8}$ von 1 t	d) $\frac{9}{10}$ von 1 km
$\frac{1}{5}$ von 1 m	$\frac{2}{5}$ von 1 kg	$\frac{4}{5}$ von 1 t	$\frac{5}{8}$ von 1 km

4 Mareike geht mit ihrem Vater zum Hafen. Der Weg ist 2 km lang. Nach $\frac{3}{4}$ der Strecke kaufen sie ein Eis. Wie weit sind sie bis dort gegangen?

5

a) $\frac{1}{5}$ von 2 km	b) $\frac{2}{5}$ von 2 m	c) $\frac{3}{4}$ von 2 kg	d) $\frac{3}{10}$ von 5 t
$\frac{1}{10}$ von 2 km	$\frac{3}{4}$ von 2 m	$\frac{4}{5}$ von 3 kg	$\frac{5}{8}$ von 4 t

6 Mareike wandert am Strand entlang.
Wie viel Meter ist sie gegangen, wenn sie die einzelnen Stationen erreicht?

Gesamtlänge des Strandwegs: 3 km. So weit ist es von der Kurverwaltung:

Bis zu den Strandkörben: $\frac{2}{10}$ des Wegs — Bis zum Kiosk: $\frac{2}{5}$ des Wegs

Bis zum Spielplatz: $\frac{3}{4}$ des Wegs — Bis zum Turm: $\frac{7}{8}$ des Wegs

7 Erfinde eine Rechengeschichte zu jeder Aufgabe.

a) $\frac{3}{4}$ von 3 km

b) $\frac{3}{8}$ von 4 km

c) $\frac{2}{5}$ von 2 t

Brüche am Zahlenstrahl

1 Wie heißen die Brüche bei den Fahnen?

a)

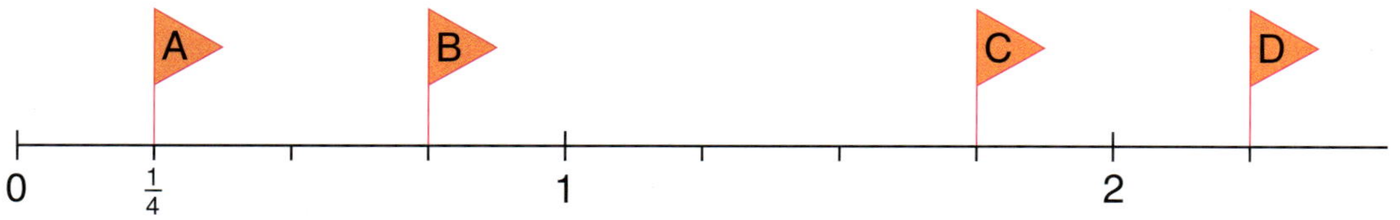

b)

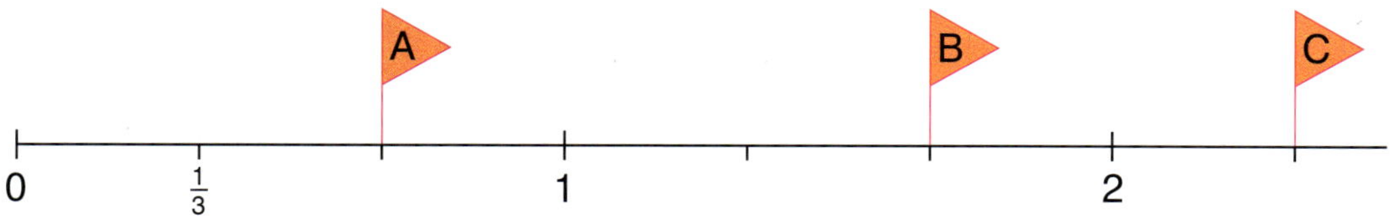

c)

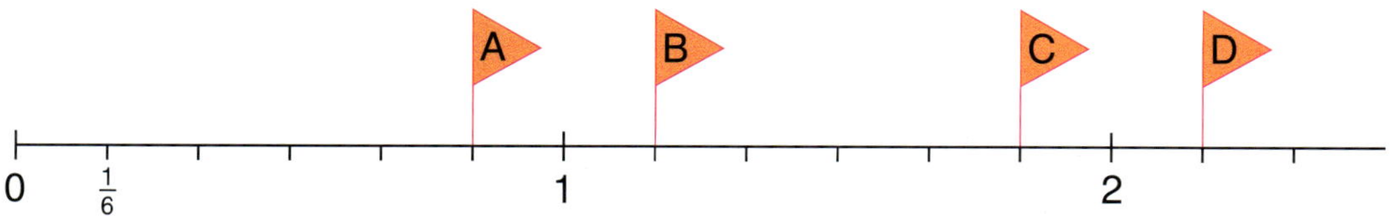

2 Nur eine Aussage stimmt.
Welche ist es?
Begründe deine Antwort.

(1) Die Fahne steht bei 4,2.

(2) Die Fahne steht bei $4\frac{1}{2}$.

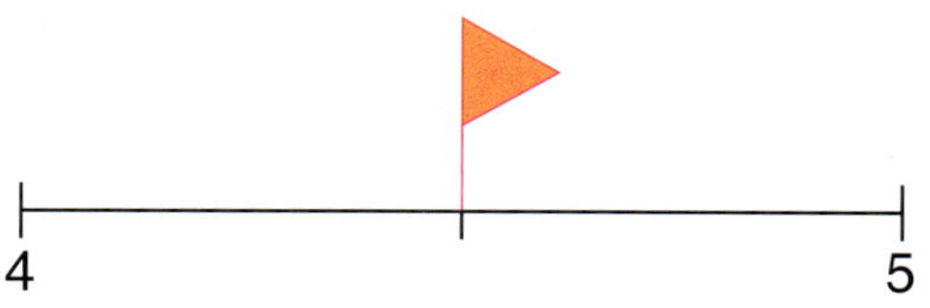

3 Immer zwei Brüche gehören zu derselben Fahne.

$A = \frac{1}{4} = \frac{2}{8}$

a)

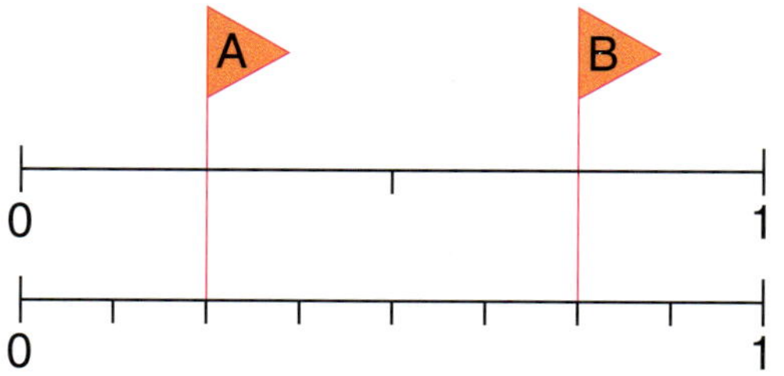

b)

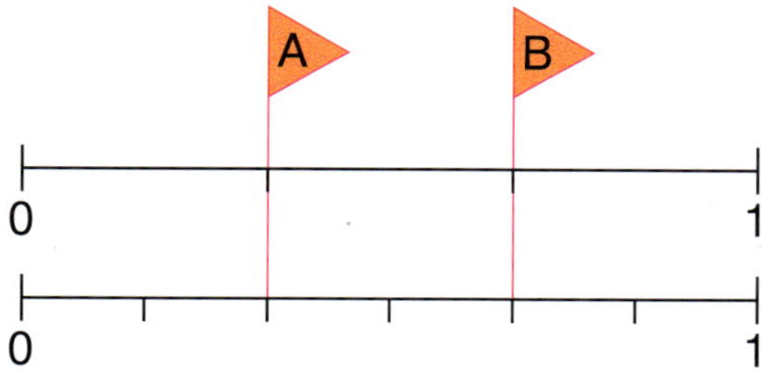

4 Schreibe als Bruch und als Dezimalzahl.

$A = 2\frac{2}{10} = 2,2$

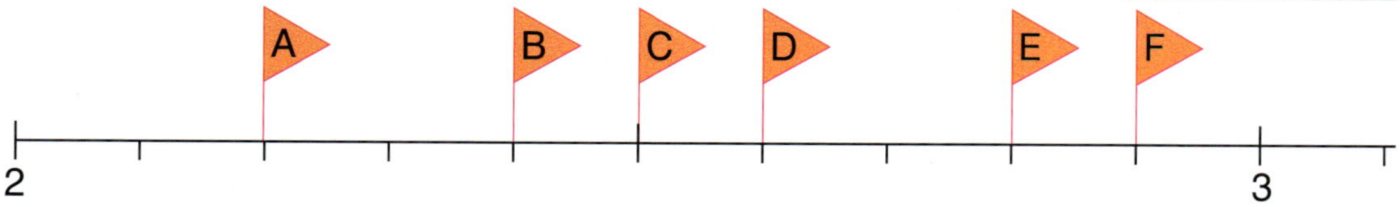

5 Immer ein Bruch und eine Dezimalzahl sind gleich.
Schreibe die Paare auf.

$3\frac{1}{2} = 3,5$

$3\frac{1}{2}$ $3\frac{3}{10}$ $5\frac{3}{10}$ $4\frac{5}{10}$ $5\frac{2}{5}$

4,5 5,4 3,3 5,3 3,5

Brüche ordnen und vergleichen

1 Je größer der Bruch ist, desto weiter rechts liegt der zugehörige Punkt auf dem Zahlenstrahl.
Gehört der rote Strich zu $\frac{1}{9}$ oder zu $\frac{1}{7}$?

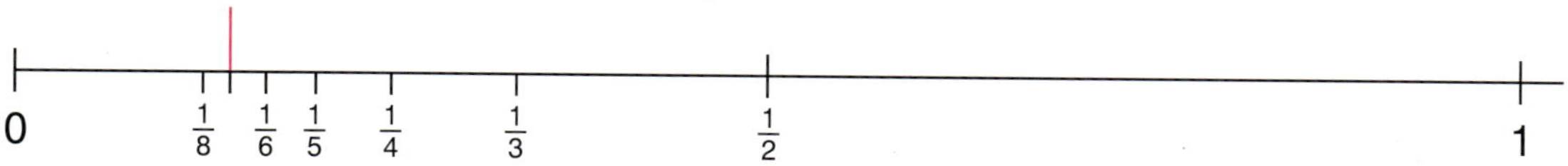

2 Kleiner, größer oder gleich? Setze ein: <, > oder =

a) $\frac{1}{2}$ ■ $\frac{1}{3}$ $\frac{1}{4}$ ■ $\frac{1}{6}$

b) $\frac{1}{5}$ ■ $\frac{1}{7}$ $\frac{1}{8}$ ■ $\frac{1}{2}$

c) $\frac{1}{4}$ ■ $\frac{1}{3}$ $\frac{1}{3}$ ■ $\frac{1}{3}$

d) $\frac{4}{4}$ ■ 1 $\frac{3}{8}$ ■ $\frac{5}{8}$

e) $\frac{3}{7}$ ■ $\frac{5}{7}$ $\frac{4}{9}$ ■ $\frac{3}{9}$

3 a) Erkläre Andreas Rechnung. Welcher der beiden Brüche ist größer?

b) Vergleiche ebenso $\frac{1}{3}$ und $\frac{2}{5}$.

4 Kleiner, größer oder gleich? Setze ein: <, > oder =

a) $\frac{3}{5}$ ■ $\frac{2}{3}$ $\frac{1}{2}$ ■ $\frac{5}{6}$

b) $\frac{3}{5}$ ■ $\frac{6}{10}$ $\frac{3}{5}$ ■ $\frac{7}{10}$

c) $\frac{5}{9}$ ■ $\frac{1}{3}$ $\frac{2}{7}$ ■ $\frac{5}{14}$

d) $\frac{5}{8}$ ■ $\frac{2}{4}$ $\frac{4}{20}$ ■ $\frac{1}{5}$

e) $\frac{3}{10}$ ■ $\frac{4}{15}$ $\frac{7}{8}$ ■ $\frac{8}{9}$

5 Ordne nach der Größe. Beginne mit dem kleinsten Bruch.

a) $\frac{3}{8}$ $\frac{7}{8}$ $\frac{2}{8}$ $\frac{5}{8}$

b) $2\frac{3}{4}$ $3\frac{5}{8}$ $1\frac{1}{2}$ $\frac{9}{10}$

c) $\frac{5}{6}$ $6\frac{}{6}$ $6\frac{5}{6}$ $6\frac{1}{2}$

6 Erweitere die Brüche auf einen gemeinsamen Nenner, dann ordne sie nach der Größe.

$\frac{2}{5} = \frac{8}{20}$ $\frac{1}{4} = \frac{5}{20}$ $\frac{3}{10} = \frac{6}{20}$

a) $\frac{2}{5}, \frac{1}{4}, \frac{9}{20}, \frac{3}{10}$

b) $\frac{5}{6}, \frac{2}{3}, \frac{7}{12}, \frac{1}{2}$

c) $\frac{3}{4}, \frac{9}{10}, \frac{60}{100}, \frac{4}{5}$

d) $\frac{5}{6}, \frac{3}{4}, \frac{11}{12}, \frac{2}{3}$

7 Setze die Zahlenreihen fort.

a)	$1\frac{1}{2}$	2	$2\frac{1}{2}$							6
b)	$2\frac{1}{4}$	$2\frac{3}{4}$	$3\frac{1}{4}$							$6\frac{3}{4}$

Wiederholen und Üben

1 Schreibe zu jedem Bild den Bruch und die gemischte Zahl.

a) 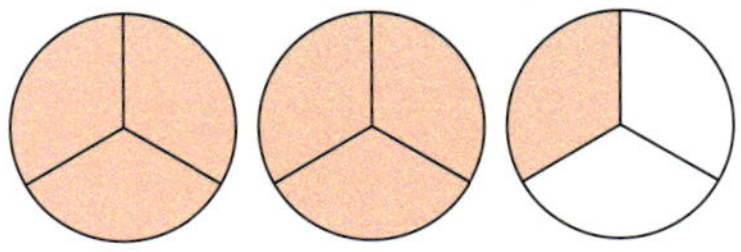

b) 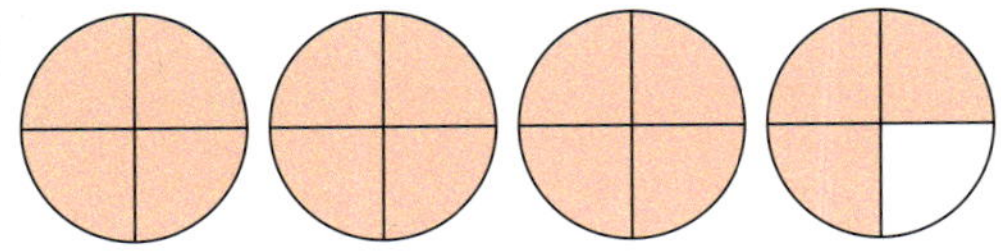

2 a) Schreibe als gemischte Zahl: $\frac{13}{4}$ $\frac{8}{3}$ $\frac{7}{3}$ $\frac{15}{6}$ $\frac{22}{7}$ $\frac{13}{5}$

b) Schreibe als Bruch: $2\frac{1}{3}$ $4\frac{3}{5}$ $2\frac{1}{2}$ $6\frac{4}{5}$ $3\frac{1}{8}$ $5\frac{4}{9}$

3 Schreibe das Ergebnis als gemischte Zahl, wenn möglich.

a) $\frac{4}{6} + \frac{5}{6}$ $\frac{4}{7} - \frac{2}{7}$

b) $2\frac{1}{8} + \frac{3}{8}$ $1\frac{4}{5} - \frac{2}{5}$

c) $1\frac{1}{3} + 1\frac{1}{3}$ $2\frac{3}{4} - 1\frac{1}{4}$

d) $\frac{2}{3} + \frac{1}{2}$ $\frac{4}{5} - \frac{1}{2}$

e) $2\frac{1}{4} + \frac{4}{5}$ $2\frac{1}{3} - \frac{1}{5}$

4 Für die große Klassenparty mixen Katja und Tonio eine Fruchtbowle.
Sie nehmen 6 Flaschen mit je $\frac{3}{4}$ l Saft.
Wie viel Liter Bowle werden es?

5 Schreibe das Ergebnis als gemischte Zahl, wenn möglich.

a) $2 \cdot \frac{4}{5}$ $3 \cdot \frac{2}{7}$

b) $5 \cdot \frac{3}{8}$ $6 \cdot \frac{4}{9}$

c) $9 \cdot \frac{2}{5}$ $4 \cdot \frac{3}{4}$

d) $1\frac{3}{4} \cdot 2$ $2\frac{1}{3} \cdot 2$

e) $3 \cdot 2\frac{1}{5}$ $5 \cdot 1\frac{3}{8}$

6 a) $\frac{6}{7} : 2$ $\frac{9}{10} : 3$ $\frac{8}{9} : 4$

b) $1\frac{3}{7} : 2$ $1\frac{3}{5} : 4$ $2\frac{3}{9} : 7$

7 Von 6 t Streusalz hat der Winterdienst schon $\frac{3}{4}$ verbraucht.

a) Wie viel kg wurden schon verbraucht? Gib das Ergebnis auch in t an.

b) Wie viel kg Streusalz sind übrig?

8 a) $\frac{3}{4}$ von 1 m b) $\frac{2}{5}$ von 7 km c) $\frac{1}{4}$ von 3 t d) $\frac{3}{4}$ von 1 kg

9 Schreibe die Zahlen bei den Fahnen als Brüche und als Dezimalzahlen.

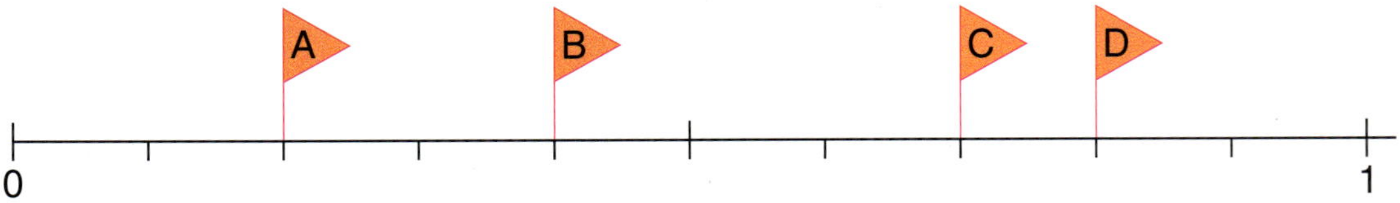

Prozent- und Zinsrechnung I

Olympische Spiele Peking 2008

Verteilung der 958 Medaillen

Prozentsätze

1 Der Sportverein Neustadt hat 1 500 Mitglieder.

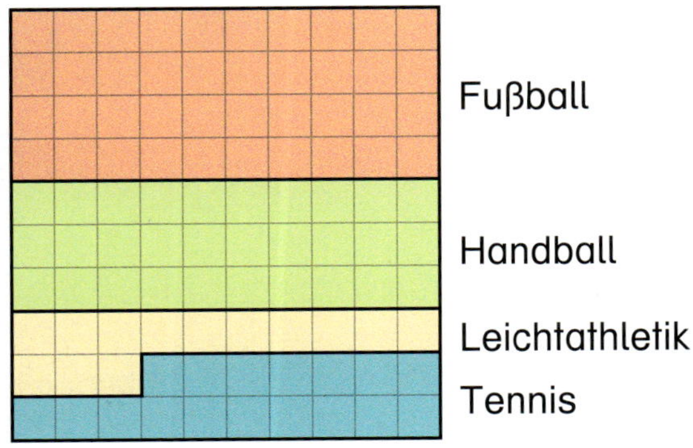

100 % sind 1 500 Mitglieder

a) Lies am Hunderterfeld ab, wie viel Prozent der Mitglieder in den einzelnen Abteilungen des Vereins sind.

b) Berechne für jede Abteilung die Anzahl der Mitglieder.

Fußball: 40 %

	%	Mitglieder	
:100 ↓	100	1 500	↓ :100
· 40 ↓	1	15	↓ · 40
	40	■	

2 In den Bildern sind die Prozentsätze für andere Vereine dargestellt. Lies den Prozentsatz für jede Abteilung ab und berechne die Anzahl der Mitglieder.

a) TUS Birkenmoor

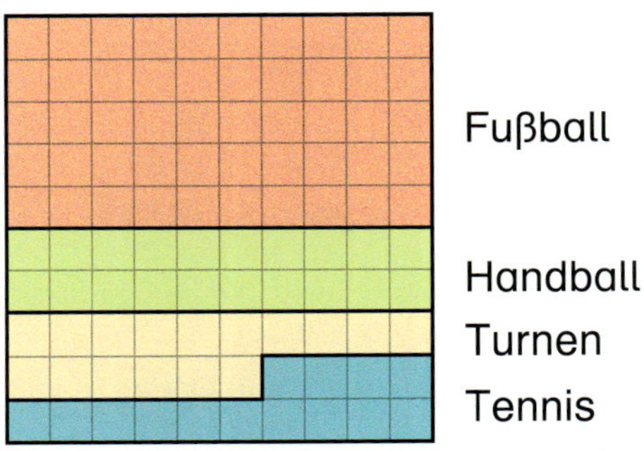

100 % sind 800 Personen

b) TSV Schöntal

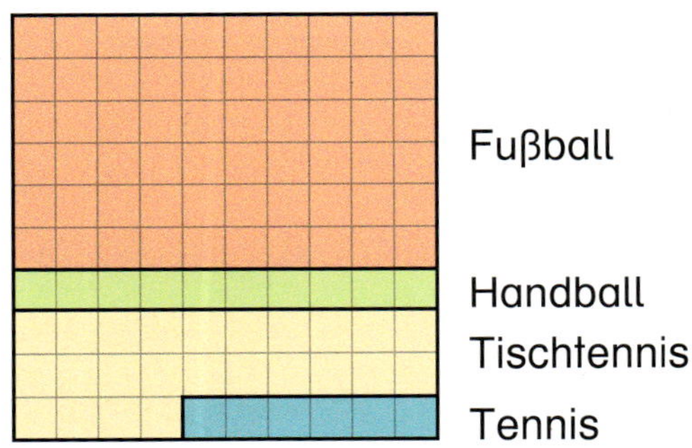

100 % sind 1 200 Personen

3 a) Zeichne ein Hunderterfeld (10 Karos lang, 10 Karos breit). Färbe die Anteile für die Abteilungen.

b) Berechne für jede Abteilung die Mitgliederzahl.

SG Burgstadt

Fußball	40 %
Handball	20 %
Leichtathletik	25 %
Tennis	15 %

100 % sind 900 Personen

4 Färbe $\frac{3}{4}$ eines Hunderterfeldes. Wie viel Prozent des Hunderterfeldes färbst du?

1 Nach dem Sportfest der Bergschule werden die Siegerurkunden verteilt. Um herauszufinden, welche der 6. Klassen sportlicher ist, färbt Hassan jeweils den Anteil im Hunderterfeld. Ergänze die fehlenden Zahlen.

$\frac{1}{5} = \frac{■}{100} = ■\%$

$\frac{1}{4} = \frac{■}{100} = ■\%$

2 Vergleiche wie Hassan.

a)

	Schüler	Urkunden
7a	20	4
7b	18	9

b)

	Schüler	Urkunden
8a	14	7
8b	12	3

c)

	Schüler	Urkunden
9a	16	4
9b	20	5

3 Welcher Bruchteil der Fläche ist gefärbt? Gib den Bruchteil auch in Prozent an.

a)

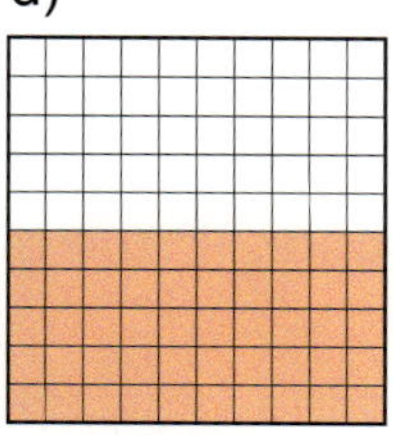

b)

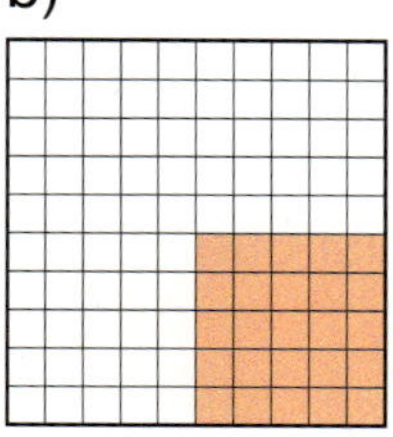

c)

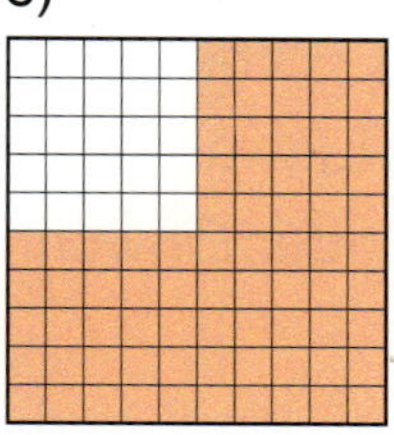

d)

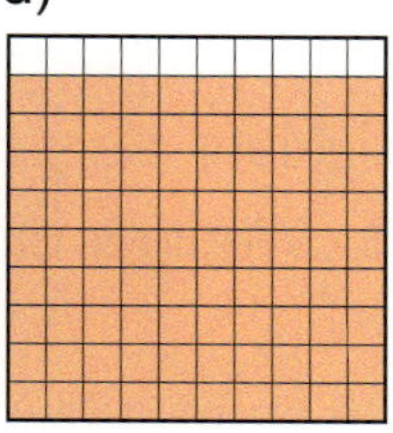

e)

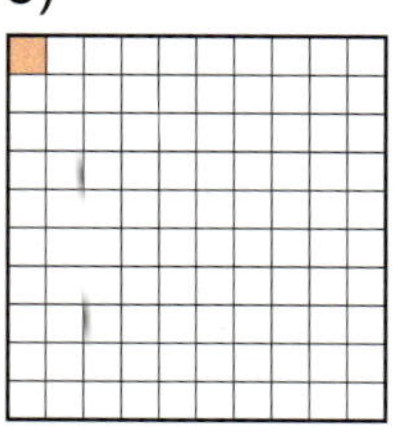

4 Welcher Bruchteil ist gefärbt? Wie viel Prozent der Fläche sind es?

a)

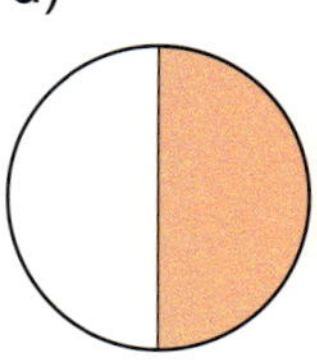

b)

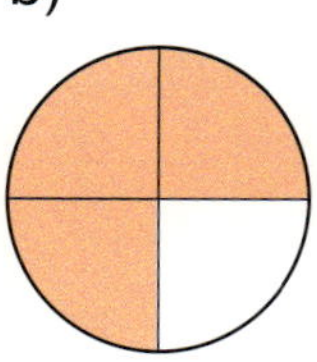

c)

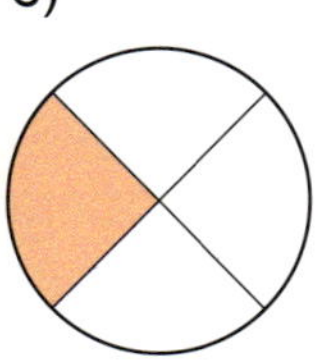

d)

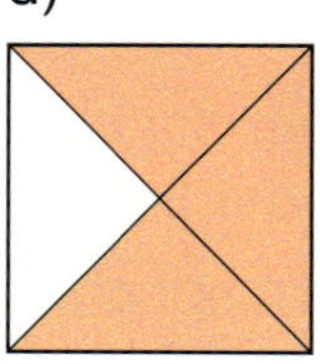

e)

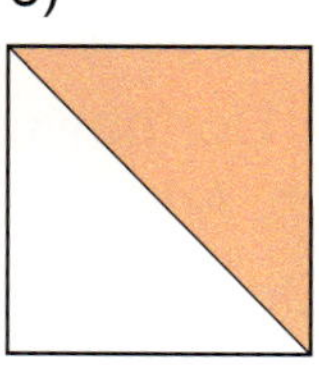

f)

Unsere Welt als Dorf

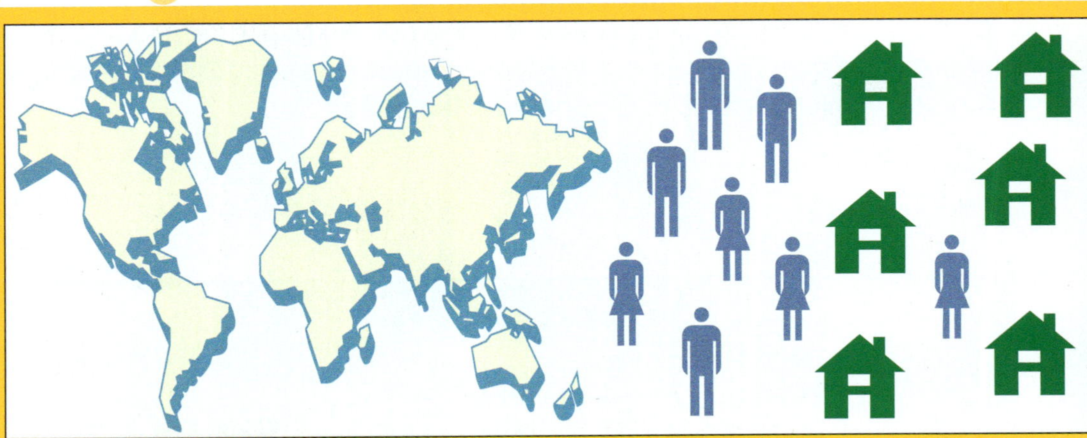

Im Jahr 2010 lebten auf der Welt ungefähr 7 Milliarden Menschen. Mit allen Ziffern geschrieben ist es die Zahl 7 000 000 000. Weil diese Zahl so unvorstellbar groß ist, stellen wir uns die Welt als Dorf mit 100 Einwohnern vor.

1

a) Von den 100 Einwohnern unseres Weltdorfes stammen 61 aus Asien. Prüfe die Darstellung im Hunderterfeld.

b) Lies am Hunderterfeld die Einwohnerzahlen ab und trage sie in eine Liste ein.

c) Tobias meint: „Mehr als 60 % der Einwohner des Weltdorfes sind Asiaten." Hat er Recht?

d) Wie viel Prozent der Einwohner des Weltdorfes sind Amerikaner oder Europäer?

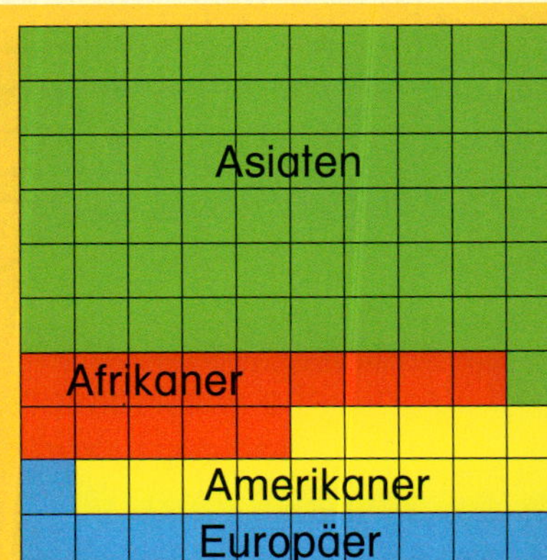

2 Von den Einwohnern des Weltdorfes sind

| 29 % jünger als 15 Jahre | 63 % 15 bis 65 Jahre alt | 8 % älter als 65 Jahre |

a) Zeichne ein Hunderterfeld. Färbe die Anteile für die Altersverteilung.

b) Kai meint: „Mehr als $\frac{1}{4}$ der Einwohner ist jünger als 15 Jahre." Stimmt das?

c) Sibel sagt: „Weniger als $\frac{1}{10}$ der Einwohner ist älter als 65 Jahre." Prüfe nach.

3 In der Tabelle steht, wie viele Menschen im Weltdorf die am meisten gesprochenen Sprachen als Muttersprache sprechen.
Prüfe die Aussagen:

a) Fast $\frac{1}{4}$ der Dorfbewohner spricht Chinesisch, Arabisch oder Hindi.

b) Von den Dorfbewohnern spricht $\frac{1}{10}$ Englisch oder Spanisch.

Muttersprache	Anzahl der Menschen
Chinesisch	12
Arabisch	6
Hindi	6
Englisch	5
Spanisch	5
Russisch	2
Deutsch	1

1

Auf der Erde können $\frac{3}{4}$ der Menschen frisches, sauberes Wasser nutzen. Die anderen haben keinen Zugang zu sauberem Wasser.

a) Wie viele Menschen im Weltdorf mit 100 Einwohnern können frisches, sauberes Wasser nutzen?

b) Wie viele Menschen im Weltdorf haben keinen Zugang zu sauberem Wasser?

c) Zeichne ein Hunderterfeld und färbe die Anteile.

2 In der Tabelle stehen weitere Angaben über die Menschen im Weltdorf. Wie viele Menschen sind es jeweils?

Von den 100 Menschen im Weltdorf hat $\frac{3}{4}$ Elektrizität.

Von den 100 Menschen im Weltdorf raucht $\frac{1}{5}$.

Von den 100 Menschen im Weltdorf lebt $\frac{1}{10}$ mit einer Behinderung.

Von den 100 Menschen im Weltdorf nutzt $\frac{1}{4}$ das Internet.

Von den 100 Menschen im Weltdorf leidet $\frac{1}{20}$ unter Krieg.

Von den 100 Menschen im Weltdorf ist $\frac{6}{10}$ unterernährt.

3 Im Weltdorf leben 85 Menschen, die alt genug sind, um lesen zu können. Von ihnen kann $\frac{1}{5}$ überhaupt nicht lesen. Wie viele Menschen können nicht lesen?

4 In der Tabelle steht, wie sich im Jahr 2050 voraussichtlich die Bevölkerung des Weltdorfes zusammensetzen wird.

Asiaten	57 %
Afrikaner	22 %
Amerikaner	14 %
Europäer	7 %

a) Zeichne ein Hunderterfeld und färbe die Anteile.

b) Vergleiche dein Hunderterfeld mit dem für das Jahr 2010 auf Seite 86. Welche Bevölkerungsgruppe wird voraussichtlich am meisten zunehmen?

5 Sammelt weitere Informationen darüber, wie Menschen in anderen Ländern und auf anderen Kontinenten leben. Vergleicht mit euren Lebensumständen. Erstellt dazu ein Plakat oder veranstaltet eine Ausstellung.

Berechnen des Prozentwertes

1

Von den 6000 Sitzplätzen der Sporthalle sind 85 % besetzt.
Wie viele Sitzplätze sind besetzt?
Erkläre die Rechnung.

	%	Plätze	
: 100 ↓	100	6000	↓ : 100
· 85 ↓	1	60	↓ · 85
	85	5100	

6	0	·	8	5
	4	8	0	
		3	0	0
	1			
	5	1	0	0

5100 Plätze sind besetzt.

%	Plätze
100	6000

100 % sind 6000 Plätze.

▶

	%	Plätze	
: 100 ↓	100	6000	↓ : 100
	1	60	

1 % sind 60 Plätze.

▶

	%	Plätze	
: 100 ↓	100	6000	↓ : 100
· 85 ↓	1	60	↓ · 85
	85	5100	

85 % sind 5100 Plätze.

2 Das Fußballstadion hat 65000 Plätze. Davon sind 92 % besetzt.
Wie viele Plätze sind besetzt?

3 Von den 2800 Fans der Gastmannschaft sind 85 % mit dem Zug angereist.
Wie viele Fans sind mit dem Zug angereist?

4

a)	b)	c)
2 % von 1200 kg	3 % von 210 m	3 % von 610 €
5 % von 1100 kg	4 % von 120 m	4 % von 820 €
4 % von 2200 kg	48 % von 900 m	37 % von 860 €
3 % von 3300 kg	67 % von 500 m	94 % von 992 €

5 Im Kopf oder schriftlich?

a)	b)	c)
5 % von 1100 kg	73 % von 400 m	50 % von 846 €
8 % von 2900 kg	53 % von 900 m	17 % von 324 €
7 % von 7300 kg	25 % von 480 m	75 % von 444 €
2 % von 4300 kg	10 % von 770 m	87 % von 645 €

6 Im letzten Jahr hatte Lindenberg 950 Einwohner.

a) In diesem Jahr ist die Einwohnerzahl 4 % höher.
Wie viele Einwohner sind hinzugekommen?

b) Wie viele Einwohner hat Lindenberg in diesem Jahr?

1 Berechne immer den Preisnachlass und den neuen Preis.

g Ausverkauf! Alles 15% billiger als angegeben!!

Funktastatur	22,80 €	USB-Stick	18,20 €
Drucker	99,80 €	Webcam	44,40 €

Das Prozentspiel

Ihr braucht jede dieser Karten viermal.

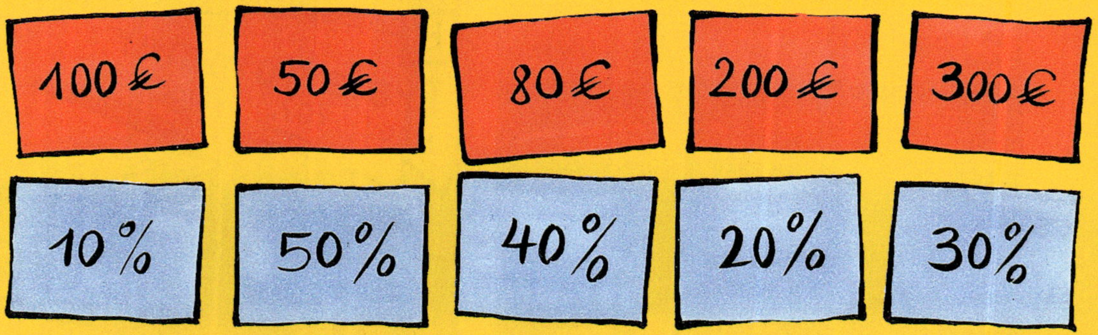

Außerdem braucht ihr eine Tabelle zum Eintragen der Ergebnisse.

Name	1. Runde	2. Runde	3. Runde	4. Runde	5. Runde

Spielregel „Hoch gewinnt"
- Die Karten vor jeder Runde mischen.
- Jeder zieht ein rote und eine blaue Karte.
- Jeder rechnet seine Prozentaufgabe aus. Tragt die Ergebnisse in die Tabelle ein.
- Wer das höchste Ergebnis hat, ist Rundensieger und bekommt einen Punkt.
- Wer nach 5 Runden die meisten Punkte hat, ist Sieger.

Spielregel „Niedrig gewinnt"
- Rundensieger ist, wer das kleinste Ergebnis hat.

1 Nach welcher Regel wird hier gespielt?

Rabatt und Skonto

1 Famile Kramer hat einen neuen Küchenherd für 698 € bestellt. Frau Kramer zahlt sofort bei Lieferung und kann 2 % Skonto abziehen.

a) Wie viel Euro kann Frau Kramer vom Rechnungsbetrag abziehen?

b) Wie viel Euro zahlt Frau Kramer für den Küchenherd?

2 Berechne immer 2% Skonto.

a) 350 €	b) 428 €	c) 7 430 €	d) 60 500 €	e) 3 572 €
510 €	372 €	1 470 €	17 200 €	1 348 €
640 €	148 €	2 510 €	38 500 €	7 428 €
280 €	917 €	3 820 €	23 400 €	9 217 €

3 Frau Arp kauft ein Auto für 11 250 €. Der Händler gewährt ihr 5% Rabatt.

a) Wie viel Euro kann Frau Arp vom Rechnungsbetrag abziehen?

b) Wie viel Euro zahl Frau Arp für das Auto?

Ein Preisnachlass bei kurzfristiger Bezahlung heißt Skonto.
Jeder andere Preisnachlass heißt Rabatt.

4 Maurermeister Urban kauft Kalksandsteine für 12 480 €.
Wegen der großen Menge bekommt er von der Fabrik 15% Rabatt.
Wie viel Euro beträgt der Rabatt? Wie viel Euro muss Herr Urban überweisen?

5 Wegen Geschäftsaufgabe gewährt ein Modegeschäft 35 % Rabatt.
Wie hoch ist jeweils der Preisnachlass? Wie hoch sind die neuen Preise?

6 Ein Paar Schuhe kostete 120 €. Bei einem Sonderverkauf zahlt Özlem 25 € weniger für die Schuhe. Jenny meint: „Der Rabatt beträgt mehr als 20 %.“ Stimmt das?

7 Auf alle Preise gibt es 20 % Rabatt. Wo wurde falsch gerechnet? Berichtige.

Preis	a) 600 €	b) 80 €	c) 340 €	d) 17 €	e) 44,80 €
Preisnachlass	12 €	16 €	6,80 €	3,40 €	8,96 €

Zinsrechnung

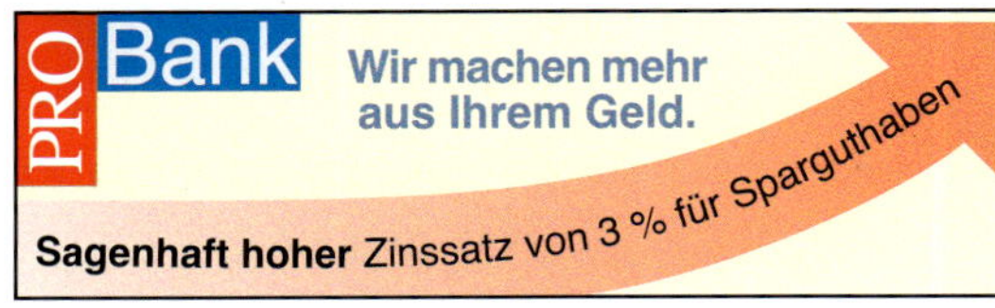

1 Leon hat in den Ferien 400 € verdient. Er erkundigt sich nach Möglichkeiten das Geld anzulegen. Er erfährt, dass die Bank ihm nach einem Jahr 3% von 400 € als Zinsen gutschreiben wird.

a) Wie viel Euro Jahreszinsen bekommt Leon?

b) Wie hoch ist Leons neues Guthaben nach einem Jahr?

! **Wer Geld anlegt, bekommt Zinsen. Wer Geld leiht, muss Zinsen bezahlen.**

Kapital	Zinssatz	Jahreszinsen
500 €	8%	8% von 500 € = 40 €

2 Berechne die Zinsen für ein Jahr für ein Kapital von 700 €.

Zinssatz: a) 2% b) 4% c) 5% d) 9% e) 12%

3 Janina hat am Anfang des Jahres 750 € auf dem Sparkonto. Die Sparkasse verzinst ihr Guthaben mit 2%.

a) Wie viel Euro Zinsen bekommt Janina nach einem Jahr?

b) Wie hoch ist Janinas neues Guthaben nach einem Jahr?

4 Hosni legt 480 € für ein Jahr auf ein Sparkonto. Die Bank zahlt 3% Zinsen.

a) Wie viel Euro Jahreszinsen bekommt Hosni?

b) Wie hoch ist Hosnis neues Guthaben nach einem Jahr?

5 Berechne die Jahreszinsen.

Kapital	a) 350 €	b) 590 €	c) 1 200 €	d) 7 580 €	e) 2 750 €	f) 12 000 €
Zinssatz	2%	3%	4%	4%	9%	11%

6 Frau Gül hat 7 000 € im Lotto gewonnen. Sie legt das Geld auf ein Sparkonto. Der Zinssatz beträgt 3,5%.
Wie viel Euro Jahreszinsen bekommt Frau Gül nach einem Jahr?

7 Wie viel Euro Jahreszinsen werden den Kunden von der Bank gutgeschrieben?

Frau Herbst: 4 750 €
Zinssatz: 3,5 %

Herr Dold: 2 870 €
Zinssatz: 4,5 %

Dennis: 274 €
Zinssatz 2,5 %

1 Für die Anschaffung einer neuen Wohnzimmereinrichtung leiht Familie Oberle bei der Bank 2500 €. Nach einem Jahr soll der geliehene Betrag einschließlich Zinsen zurückgezahlt werden.

a) Wie viel Euro Zinsen fallen in dem einen Jahr an?

b) Wie viel Euro sind nach einem Jahr insgesamt an die Bank zu bezahlen?

2 Herr Stahl möchte einen Gebrauchtwagen kaufen. Er nimmt bei der Bank für ein Jahr einen Kredit von 4000 € zum Zinssatz 13% auf.

a) Wie hoch sind die Jahreszinsen, die die Bank Herrn Stahl berechnet?

b) Nach einem Jahr zahlt Herr Stahl den Kredit samt Zinsen zurück.
Wie viel Euro bezahlt er insgesamt?

3 Berechne die Jahreszinsen beim Zinssatz 11%.

Kapital: a) 900 € b) 2000 € c) 3500 € d) 4400 € e) 5100 €

4 Frau Ziemer möchte Möbel für ihr Büro kaufen. Sie nimmt bei der Bank einen Kredit über 2450 € auf. Der Zinssatz ist 12%.

a) Wie viel Euro Zinsen fallen in einem Jahr an?

b) Nach einem Jahr zahlt Frau Ziemer den Kredit samt Zinsen zurück.
Wie viel Euro bezahlt sie insgesamt?

5 Maurermeister Schilp nimmt einen Kredit über 18 500 € auf, um einen Lieferwagen zu kaufen. Der Zinssatz beträgt 13%. Nach einem Jahr hat er so viel verdient, dass er den Kredit samt Zinsen zurückzahlen kann.

a) Wie hoch sind die Jahreszinsen?

b) Wie viel Euro bezahlt Herr Schilp nach einem Jahr an die Bank?

6 Vorsicht bei Kreditangeboten!
Sarah meint zu der Zeitungsanzeige:
„Da werden 20% Zinsen verlangt."
Stimmt das?

7 a) Frau Schramm legt bei der Bank 2500 € zum Zinssatz 2% an.
Berechne die Zinsen, die Frau Schramm nach einem Jahr bekommt.

b) Herr Berger leiht bei derselben Bank 2500 € zum Zinssatz 9%.
Wie viel Euro Jahreszinsen muss Herr Berger bezahlen?

c) Die Bank rechnet mit unterschiedlichen Zinssätzen. Nenne Gründe dafür.

Vermischte Übungen

1 Ein Urlaubsort an der Nordsee hatte im vergangenen Jahr 17000 Gäste. In diesem Jahr sind es 5% mehr.

a) Wie viele Gäste sind in diesem Jahr zusätzlich gekommen?

b) Wie viele Gäste besuchten in diesem Jahr den Urlaubsort?

2

Ort	Gäste 2009	Gäste 2010
Erlengrund	23500	4% mehr
Bad Wiesbach	16200	6% mehr
Birkenmoor	11900	3% mehr

a) Wie viele Gäste sind im Jahr 2010 mehr in jeden Ort gekommen als 2009?

b) Wie viele Gäste waren es im Jahr 2010 in jedem Ort insgesamt?

3 Bäcker Lange hatte im vergangenen Jahr Einnahmen von 52400 €. In diesem Jahr konnte er seine Einnahmen um 8% steigern.

a) Um wie viel Euro stiegen die Einnahmen in diesem Jahr?

b) Wie hoch waren die Gesamteinnahmen von Herrn Lange in diesem Jahr?

4 Bei einem Sonderverkauf senkt ein Fachgeschäft alle Preise um 15%.

a) Wie hoch ist jeweils der Preisnachlass?

b) Wie hoch sind die neuen Preise?

5 Auf die alten Preise gibt es 10% Rabatt.
Wo wurde der neue Preis falsch berechnet? Berichtige.

Alte Preise	a) 800 €	b) 600 €	c) 500 €	d) 950 €	e) 120 €	f) 550 €
Neue Preise	80 €	660 €	450 €	855 €	110 €	500 €

6 Die Bank in Neustadt zahlt auf Sparguthaben im Jahr 2% Zinsen.
Wie viel Euro Zinsen bekommen die Kunden für ihr Guthaben?

Frau Bosse	Herr Seifert	Hassan	Julia
2500 €	1800 €	350 €	280 €

Verschiedene Möglichkeiten beim Kaufen

1 Svenja möchte das Modell King kaufen.
Berechne den Preis bei Barzahlung und den Preis bei Zahlung in einem Jahr.

Preis:	980,00 €
Preisnachlass:	
3% von 980 € =	29,40 €
Preis bei Barzahlung:	980,00 €
	– 29,40 €

Preis:	980,00 €
Zinsen:	
13% von 980 € =	127,40 €
Preis bei Zahlung	
in 1 Jahr:	980,00 €
	+ 127,40 €

2 Wie groß ist der Unterschied zwischen dem Preis bei Barzahlung und dem Preis bei Zahlung in einem Jahr?

3 a) Welche Vorteile hat die Barzahlung? Gibt es auch Nachteile?
b) Welche Vorteile und welche Nachteile hat die Zahlung in einem Jahr?
c) Wie würdet ihr euch entscheiden? Nennt Gründe.

4 Manuel arbeitet in einer Gärtnerei. Für die Fahrt zur Arbeit kauft er das Modell King. Die Rechnung möchte er in einem Jahr bezahlen.
Wie viel Euro sollte Manuel jeden Monat sparen?

5 a) Berechne für das Modell Speedy den Preis bei Barzahlung.
b) Berechne für das Modell Speedy den Preis bei Zahlung in einem Jahr.
c) Berechne den Unterschied zwischen den beiden Preisen.

6 Berechne für das Modell X4U den Unterschied zwischen dem Preis bei Barzahlung und dem Preis bei Zahlung in einem Jahr.

Ratenzahlung

1 Wie hoch ist die Monatsrate? Erkläre Laras Rechnung.

(Aufschlag in € berechnen.)

12% von 460 €

	%	€	
: 100 ↓	100	460	↓ : 100
· 12 ↓	1	4,60	↓ · 12
	12	55,20	

(Gesamtpreis bei Teilzahlung berechnen.)

$$\begin{array}{r} 460{,}00\ € \\ +\ \ 55{,}20\ € \\ \hline 515{,}20\ € \end{array}$$

(Monatsrate berechnen.)

515,20 € : 10 = ■ €

2 Berechne für jedes der Geräte die Höhe einer Monatsrate bei Teilzahlung.

3 Welche Vorteile hat die Teilzahlung in 10 Monatsraten?
Welche Nachteile gibt es?

4 Ein Küchenherd kostet 350 €. Bei Zahlung in 10 gleichen Monatsraten fordert der Händler 14 % Aufschlag.

a) Berechne den Aufschlag in Euro.

b) Wie hoch ist der Gesamtpreis bei Teilzahlung?

c) Wie hoch ist jede der 10 Monatsraten?

5 Frau Dannert kauft eine Kücheneinrichtung für 1 000 € auf Ratenzahlung.
Sie zahlt 10 Monate lang jeden Monat 110 €.

a) Wie viel Euro zahlt Frau Dannert insgesamt für die Kücheneinrichtung?

b) Wie viel Euro zahlt Frau Dannert mehr als bei Barzahlung?

c) Wie viel Prozent Aufschlag hat der Händler berechnet?

1 a) Berechne für den Flachbild-TV die Höhe einer Monatsrate in Euro.
b) Wie hoch sind alle 12 Monatsraten zusammen?
c) Wie viel Euro zahlt man bei Teilzahlung mehr als bei Barzahlung?

2 a) Berechne für jedes der Geräte die Höhe einer Monatsrate in Euro.
b) Berechne für jedes Gerät, wie hoch alle 12 Monatsraten zusammen sind.
c) Wie viel Euro zahlt man für jedes Gerät bei Teilzahlung mehr als bei Barzahlung?

3 Ein Technik-Markt bietet ein ultraflaches Notebook für 800 € an.
Bei Teilzahlung sind 12 Monatsraten von 9 % des Barzahlungspreises zu bezahlen.
a) Wie viel Euro beträgt eine Monatsrate?
b) Wie hoch sind alle Monatsraten zusammen?
c) Wie viel Euro liegt der Barzahlungspreis unter dem Teilzahlungspreis?

4 a)

b)

Wiederholen und Üben

1 a) Welcher Bruchteil ist jeweils gefärbt? Gib den Bruchteil auch in Prozent an.
b) Gib jeweils den nicht gefärbten Bruchteil an. Schreibe auch in Prozent.

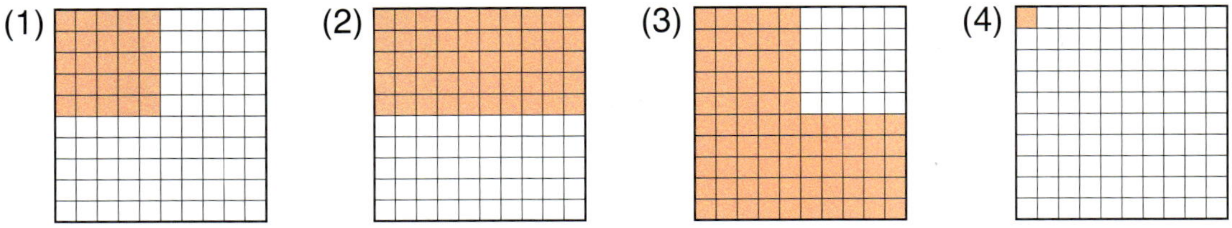

2 Berechne immer 1% des Geldbetrages.
a) 600 € b) 900 € c) 2000 € d) 350 € e) 760 € f) 8750 €

3 Ein Sportverein hat 250 Mitglieder. Von ihnen sind 48 % Jugendliche.
Wie viele Mitglieder des Sportvereins sind Jugendliche?

4

2 % von	5 % von	10 % von	25 % von
480 m	1200 kg	275 €	200 m
370 m	7300 kg	384 €	340 m
910 m	1850 kg	129 €	480 m
570 m	1070 kg	306 €	760 m

5 Bei einer Verkehrskontrolle hat die Polizei 208 Fahrzeuge überprüft.
Mängel wurden bei 25 % der überprüften Fahrzeuge festgestellt.
Wie viele Fahrzeuge hatten Mängel?

6 Im Kopf oder schriftlich?

10 % von	50 % von	25 % von	20 % von
470 €	180 km	2800 m	2000 kg
789 €	370 km	1240 m	3550 kg
423 €	230 km	1680 m	1260 kg
567 €	125 km	3208 m	5555 kg

7 Berechne die Zinsen für ein Jahr.

Kapital	a) 250 €	b) 990 €	c) 1080 €	d) 1850 €	e) 2450 €	f) 3270 €
Zinssatz	2 %	3 %	4 %	3 %	3 %	5 %

8 a) Berechne für jedes Gerät den Aufschlag in Euro.
b) Wie viel Euro sind für jedes Gerät insgesamt in einem Jahr zu bezahlen?

Vergrößern – Verkleinern – Maßstab

Vergrößern

1 Was haben Lupe, Fernglas und Mikroskop gemeinsam?

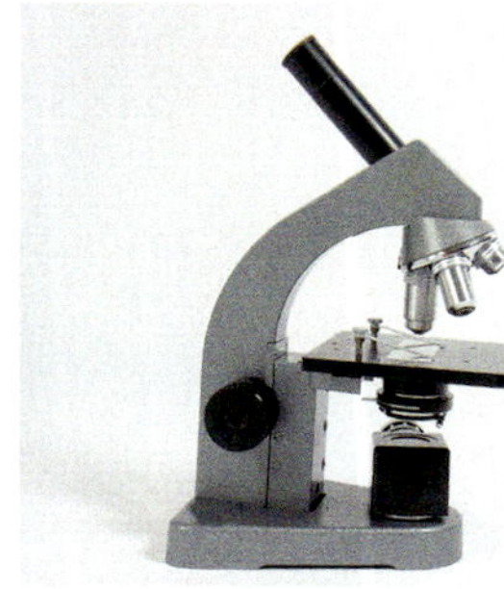

2 Eine Fliege ist 8 mm lang. Wie lang erscheint sie unter einer Lupe, die 2fach vergrößert?

3 Ein Haar ist 0,05 mm dick. Wie dick erscheint es unter einem Mikroskop, das 200fach vergrößert?

4 a) Unter einer Lupe, die 3fach vergrößert, erscheint ein Marienkäfer 1,8 cm lang.
Wie lang ist der Käfer in Wirklichkeit?

b) Wie lang erscheint der Käfer bei 10facher Vergrößerung?

5 Übertrage die Tabelle in dein Heft und berechne die fehlenden Werte.

a)

Länge in Wirklichkeit	Vergrößerung	Länge im Bild
15 cm	2fach	■ cm
30 cm	■fach	150 cm
■ cm	20fach	140 cm

b)

Länge in Wirklichkeit	Vergrößerung	Länge im Bild
0,5 cm	■fach	50 cm
0,02 cm	300fach	■ cm
■ cm	400fach	4 cm

6 Ein Quadrat hat die Seitenlänge a = 4 cm. Zeichne ein Quadrat,

a) das 2fach vergrößert ist;

b) das 1,5fach vergrößert ist.

7 Zeichne die Figur 2fach vergrößert in dein Heft.

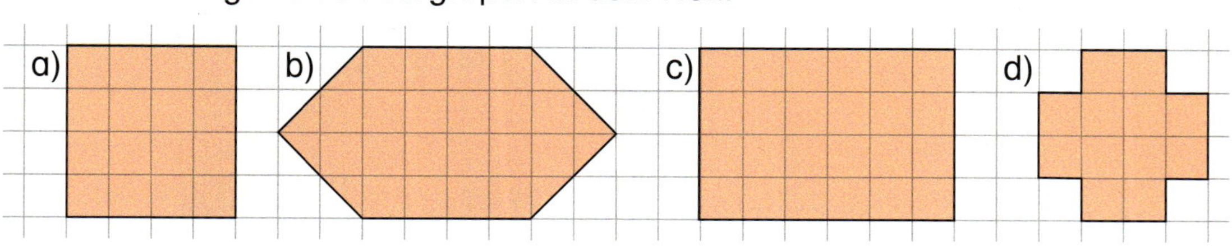

Verkleinern

1 Ein Hubschrauber ist 6,60 m lang. Der Rotor hat den Durchmesser 7,20 m. Monika hat ein 20fach verkleinertes Modell des Hubschraubers. Wie lang ist das Modell und wie groß ist der Durchmesser des Rotors im Modell?

2 Ein Windrad ist 76 m hoch. Aus einer bestimmten Entfernung erscheint es uns 100fach verkleinert. Wie hoch erscheint uns das Windrad?

3 Von einem Sport-Flugzeug wurde ein Modell in 70facher Verkleinerung hergestellt. Das Modell ist 8 cm lang. Die Flügelspannweite des Modells beträgt 14 cm. Wie lang sind das Flugzeug und seine Flügelspannweite in Wirklichkeit?

4 Ein Kreuzfahrtschiff ist 200 m lang. Ein Modell des Schiffes ist 20 cm lang. Wievielfach kleiner als das wirkliche Schiff ist das Modell des Schiffes?

5 Übertrage die Tabelle in dein Heft und berechne die fehlenden Werte.

a)

Länge in Wirklichkeit	Verkleinerung	Länge im Bild
80 cm	10fach	■ cm
■ cm	30fach	5 cm
240 cm	■fach	2,4 cm

b)

Länge in Wirklichkeit	Verkleinerung	Länge im Bild
3,50 m	■fach	70 cm
■ m	50fach	4 cm
4,20 m	60fach	■ cm

6 Ein Rechteck ist 12 cm lang und 9 cm breit. Zeichne ein Rechteck,

a) das 3fach verkleinert ist;

b) das 2fach verkleinert ist.

7 Das abgebildete Modell wurde in 200facher Verkleinerung hergestellt. Miss die Länge im Bild, dann bestimme die Länge in Wirklichkeit.

a)

b)

c)

Maßstab

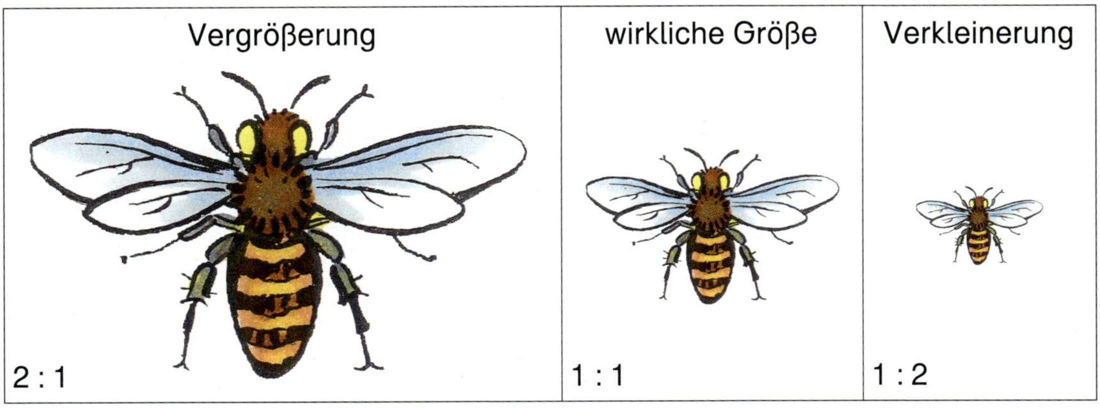

Der Maßstab beschreibt das Verhältnis von Zeichnung und Wirklichkeit.
1 : 10 1 cm in der Zeichnung entspricht 10 cm in der Wirklichkeit.
10 : 1 10 cm in der Zeichnung entsprechen 1 cm in der Wirklichkeit.

1 Bestimme die fehlenden Maße.

a) 1 : 5

Zeichnung	Wirklichkeit
1 cm	5 cm
3 cm	
4,5 cm	

b) 1 : 20

Zeichnung	Wirklichkeit
1 cm	
6 cm	
2,5 cm	

c) 4 : 1

Zeichnung	Wirklichkeit
4 cm	
12 cm	
10 cm	

2 Miss die Längen im Bild und berechne die Größe der Tiere in der Wirklichkeit.

a) 1 : 5

b) 1 : 50

c) 10 : 1

3 Der Tyrannosaurus war ungefähr 14 m lang.

a) Wie lang wird der Tyrannosaurus in einem Modell mit dem Maßstab 1 : 100?

b) Der Maßstab ist 1 : 50. Wie lang wird der Tyrannosaurus in diesem Modell?

4 Übertrage die Tabelle in dein Heft und berechne die fehlenden Werte.

a)

Länge in Wirklichkeit	Maßstab	Länge im Bild
30 cm	1 : 10	■ cm
90 cm	1 : 20	■ cm
■ cm	6 : 1	60 cm

b)

Länge in Wirklichkeit	Maßstab	Länge im Bild
90 cm	1 : 100	■ cm
■ cm	8 : 1	96 cm
75 cm	1 : 50	■ cm

1 Eine Deutschlandkarte ist im Maßstab 1 : 3 000 000 gezeichnet. Auf der Karte sind Frankfurt und Wiesbaden 1 cm voneinander entfernt.

a) Berechne die Entfernung der beiden Städte in Wirklichkeit. Die Tabelle kann dir helfen.

Maßstab 1 : 3 000 000

Karte	Wirklichkeit
1 cm	3 000 000 cm
1 cm	30 000 m
1 cm	■ km

b) Miss auf der Karte, dann bestimme die Entfernung in Wirklichkeit.
(1) Mainz – Kaiserslautern
(2) Karlsruhe – Stuttgart

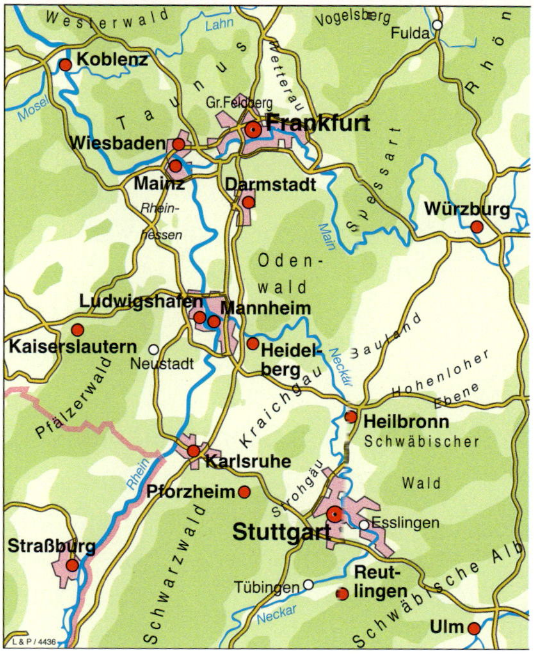

2 Wählt selbst Städte auf der Karte. Bestimmt gemeinsam ihre Entfernung.

3 Berechne für den angegebenen Maßstab die Entfernungen in Wirklichkeit.

a) 1 : 100 000

Karte	Wirklichkeit
1 cm	1 km
5 cm	
7 cm	
3,5 cm	

b) 1 : 200 000

Karte	Wirklichkeit
1 cm	2 km
3 cm	
6 cm	
4,5 cm	

c) 1 : 500 000

Karte	Wirklichkeit
1 cm	
4 cm	
7 cm	
3,2 cm	

4 Übertrage die Tabelle in dein Heft und berechne die fehlenden Werte.

a) 1 : 100 000

Karte	Wirklichkeit
1 cm	■ km
■ cm	6 km
4 cm	■ km
■ cm	7,5 km

b) 1 : 400 000

Karte	Wirklichkeit
1 cm	■ km
3 cm	■ km
■ cm	8 km
6,5 cm	■ km

c) 1 : 50 000

Karte	Wirklichkeit
1 cm	■ km
■ cm	10 km
4 cm	■ km
■ cm	5,5 km

5 Auf einer Karte liegen die Orte Wallbach und Fischdorf 6 cm auseinander.
Die Entfernung in der Wirklichkeit beträgt 30 km.
Finde den Maßstab heraus, in dem die Karte gezeichnet wurde.

1 : 100 000 | 1 : 300 000 | 1 : 500 000

Schrägbilder

So zeichnest du das Schrägbild eines Quaders.

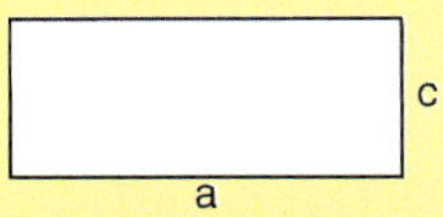

Vorderansicht zeichnen.

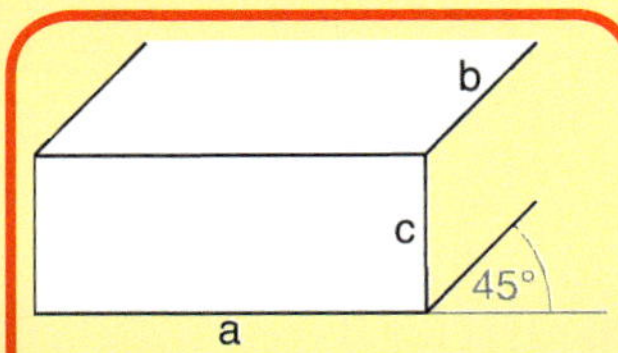

Nach hinten laufende Kanten in halber Länge nach schräg oben zeichnen.

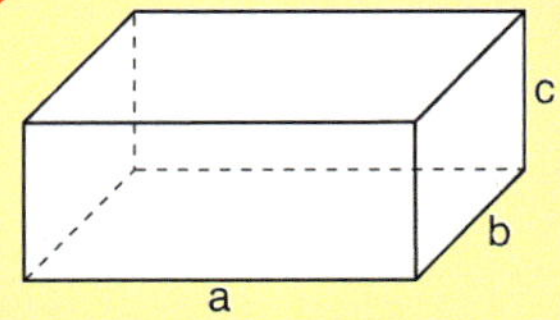

Nicht sichtbare Kanten werden in der Zeichnung gestrichelt.

1 Zeichne das Schrägbild des Körpers.

b in halber Länge zeichnen

a) Quader
a = 5 cm
b = 4 cm
c = 6 cm

b) Quader
a = 6 cm
b = 8 cm
c = 6 cm

c) Würfel
a = 6 cm

d) Würfel
a = 7 cm

2 Zeichne die Schrägbilder des gleichen Quaders in verschiedenen Lagen.

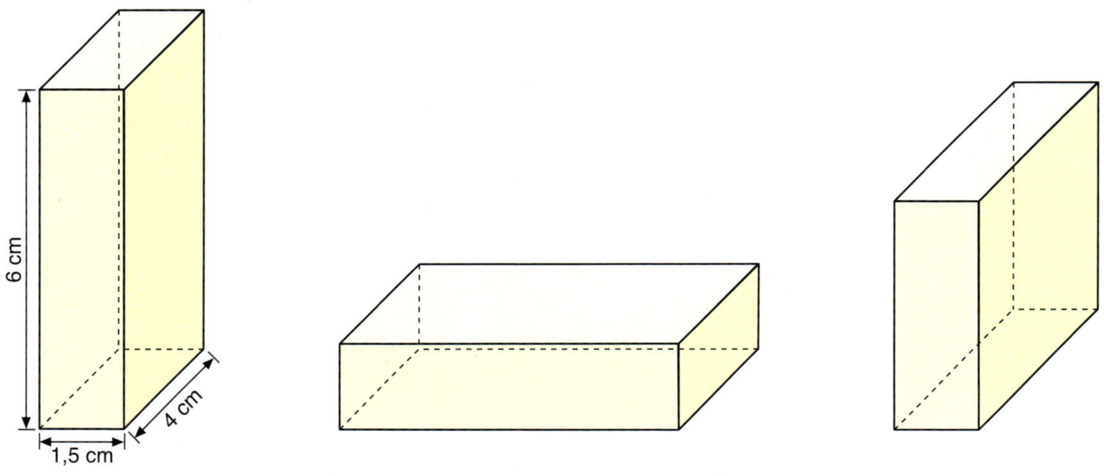

3 Das Schrägbild ist unvollständig. Übertrage die Zeichnung in dein Heft und ergänze die fehlenden 3 Kanten.

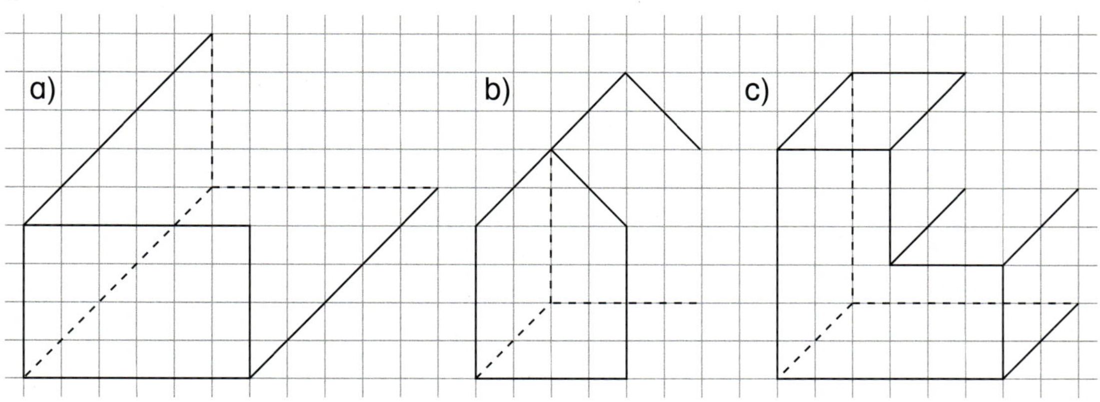

1 Von der Streichholzschachtel sind die Vorderansicht, die Seitenansicht und die Draufsicht gezeichnet.
Erkläre, von welcher Seite man jeweils die Schachtel sieht.

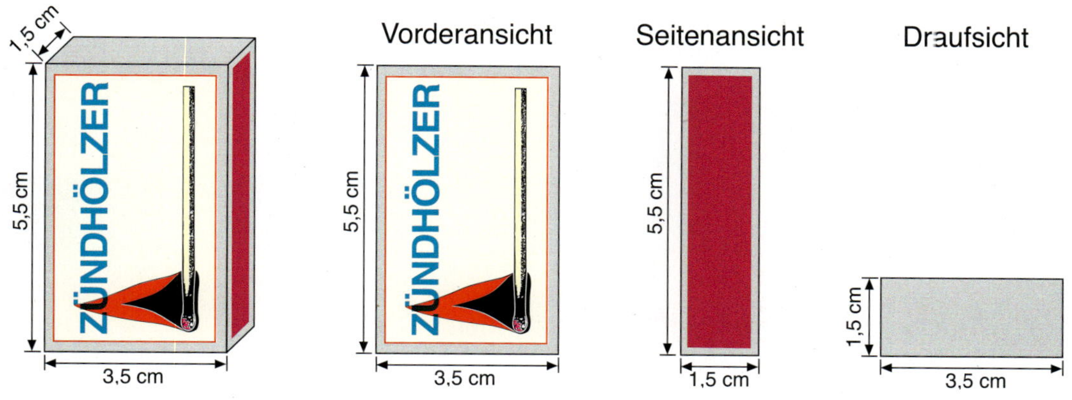

2 a) Besorge dir kleine Schachteln (Seifenverpackung, Tablettenschachtel) und skizziere davon Schrägbilder.

b) Miss die Kantenlängen (Länge, Breite, Höhe) und trage die Maße in die Skizzen ein.

c) Zeichne die Schachteln in verschiedenen Ansichten.

3 Zeichne von dem Körper die Vorderansicht (blau), die Seitenansicht (rot) und die Draufsicht (gelb).

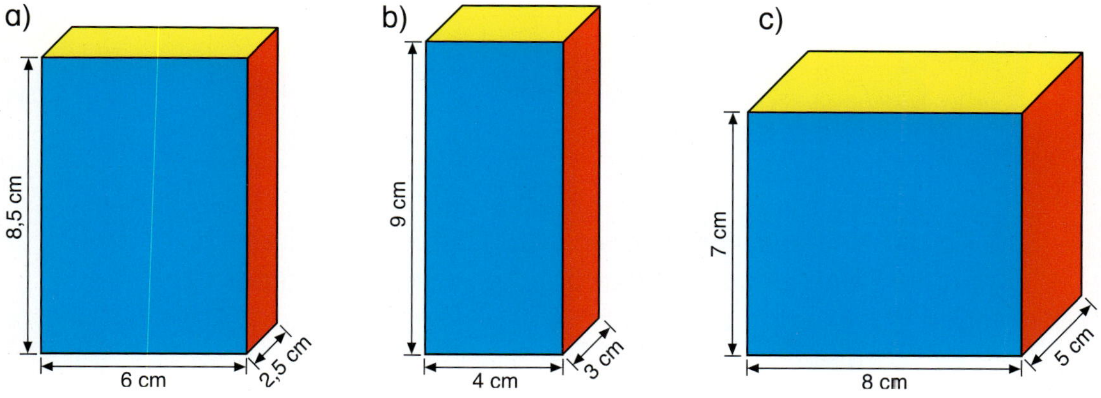

4 a) Zeichne die drei Ansichten der Milchtüte im Maßstab 1 : 2.
(2 cm in der Wirklichkeit entsprechen 1 cm in der Zeichnung)

b) Besorge dir quaderförmige Verpackungen. Miss die Kantenlängen und zeichne die drei Ansichten im geeigneten Maßstab.

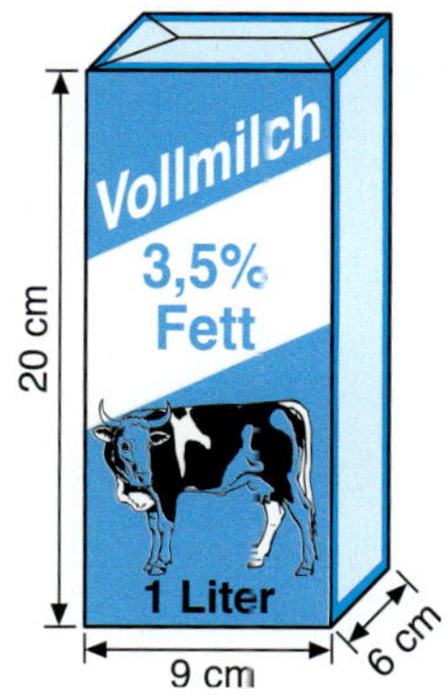

Ansichten von Körpern

1 Der Körper ist aus vier gleichen Würfeln mit der Kantenlänge 1 cm zusammengesetzt.

a) Welche Zeichnung zeigt die blaue Vorderansicht des Körpers?

b) Zeichne die Draufsicht (gelb).

A

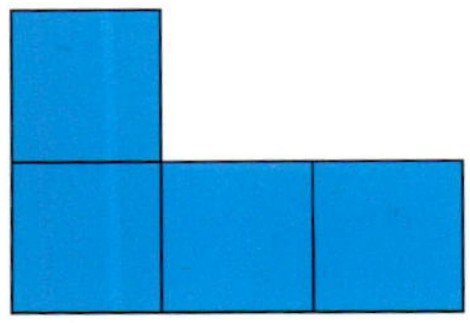

B

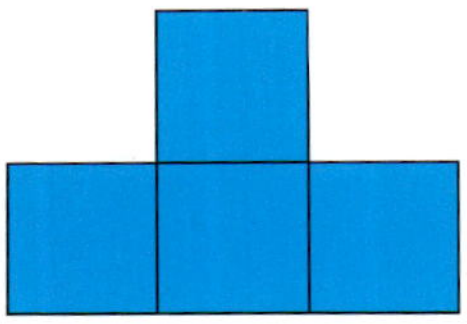

C

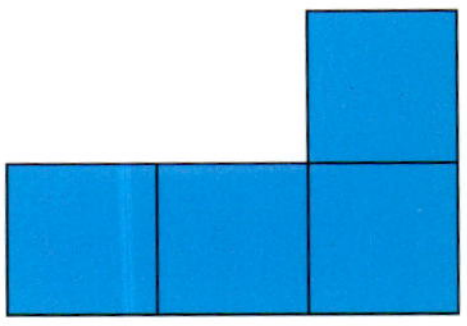

2 a) Welche Zeichnung zeigt die Seitenansicht (rot)?

b) Zeichne die Vorderansicht (blau).

A

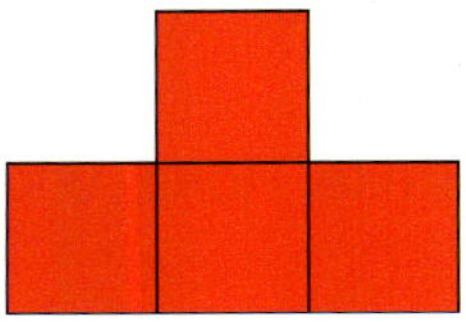

B

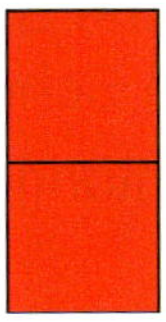

C

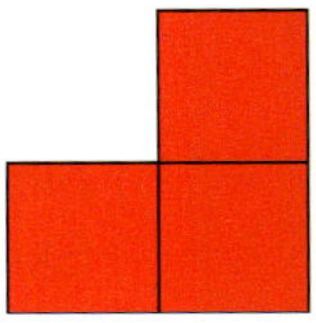

3 a) Welche Zeichnung zeigt die Draufsicht (gelb)?

b) Zeichne die Seitenansicht (rot).

A

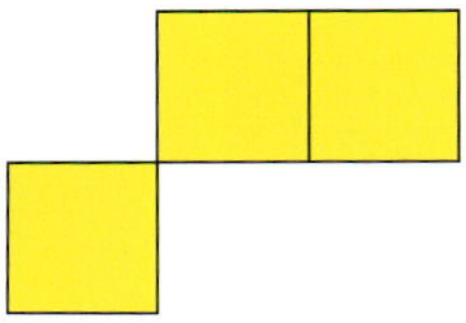

B

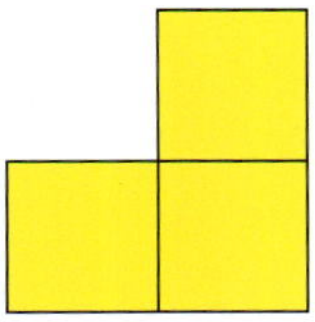

C

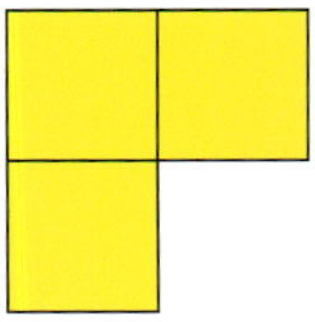

4 Die Körper sind aus vier gleichen Würfeln zusammengesetzt.
Ordne die Zeichnungen mit den drei Ansichten den Körpern zu.

A

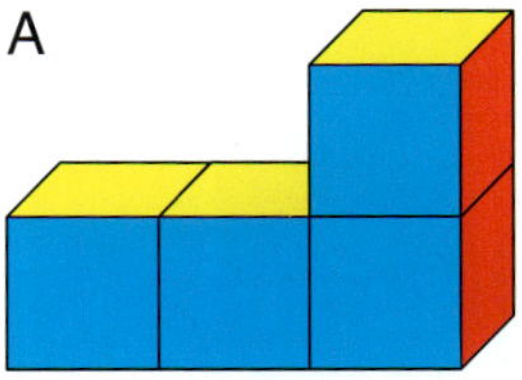

B

C

D

1

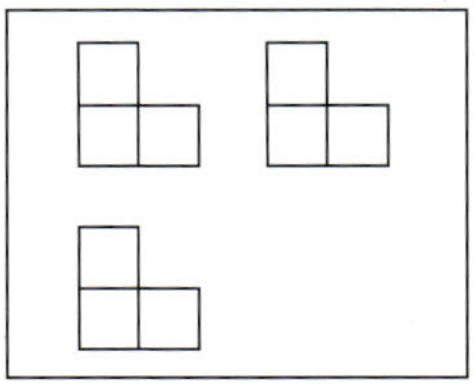

2

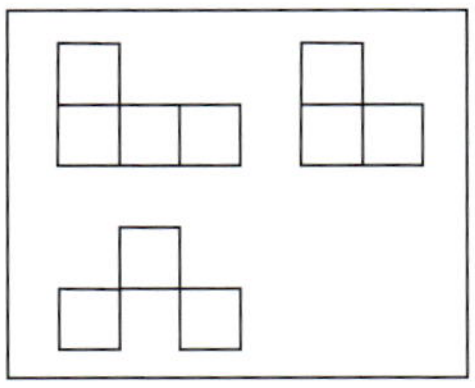

3

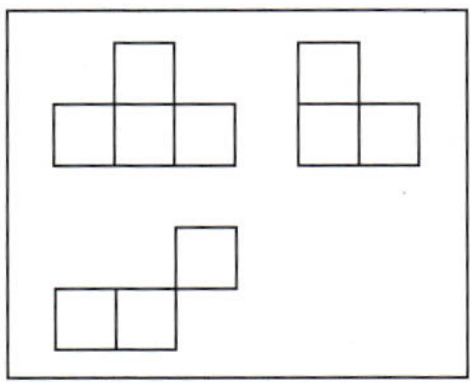

4

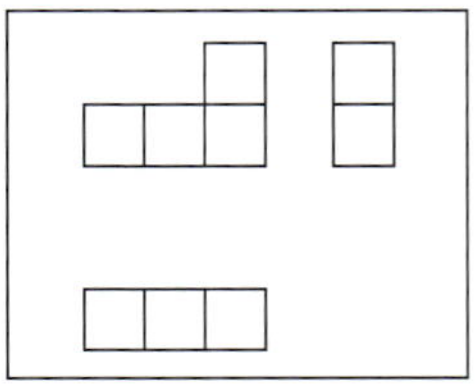

5 Baut Körper aus Würfeln und skizziert davon jeweils die Vorderansicht, die Seitenansicht und die Draufsicht.

1 a) Welche Zeichnung zeigt die Vorderansicht des Körpers, welche zeigt die Draufsicht, welche die Seitenansicht?

b) Warum sind einige Linien gestrichelt gezeichnet?

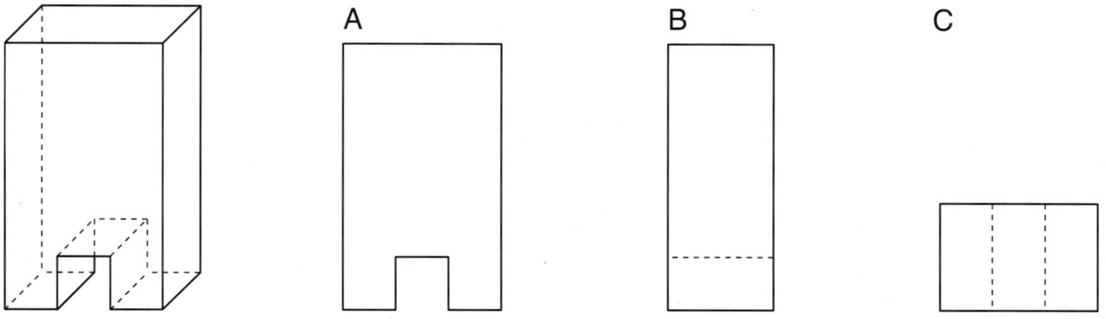

Kanten, die in den Ansichten verdeckt sind, werden gestrichelt gezeichnet.

2 In welcher Zeichnung ist die Seitenansicht des Körpers richtig dargestellt?

3 In welcher Zeichnung ist die Draufsicht des Körpers richtig dargestellt?

4 a) Ordne die Seitenansichten A, B und C den Körpern zu.

b) Zeichne die Vorderansichten der Körper.

c) Zeichne die Draufsichten der Körper. Was stellst du fest?

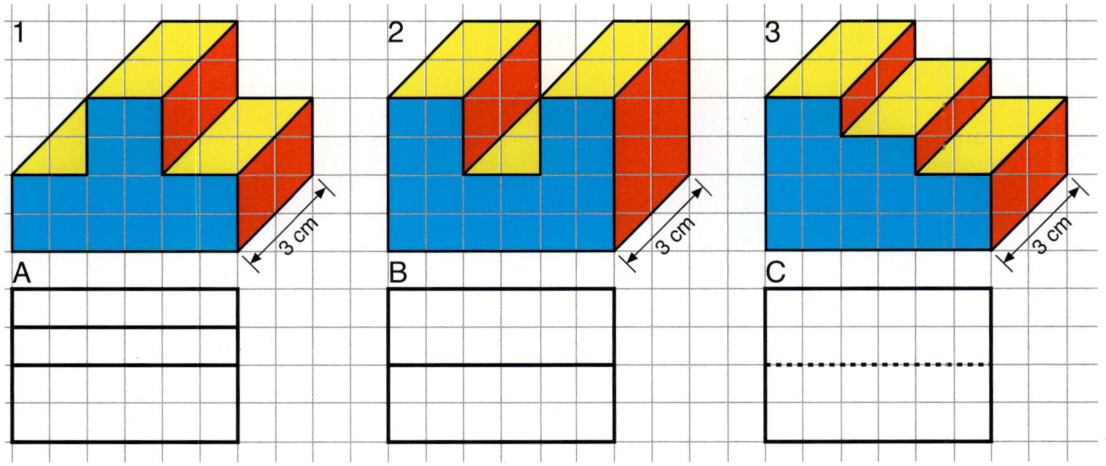

Nistkasten

Ihr braucht unbehandeltes Holz. Es soll 20 mm dick sein.
Hier seht ihr, wie es zugeschnitten werden muss.

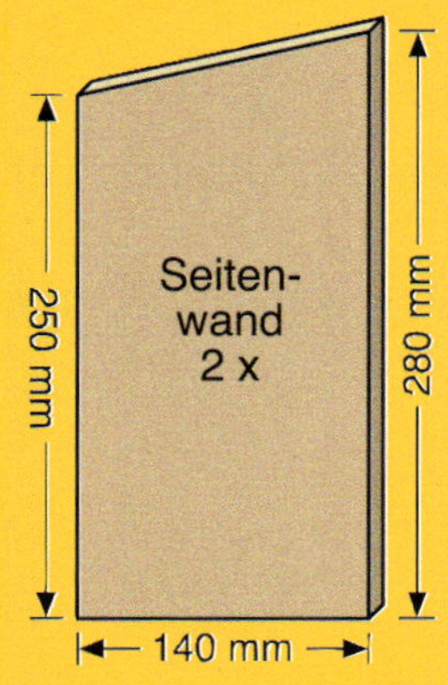

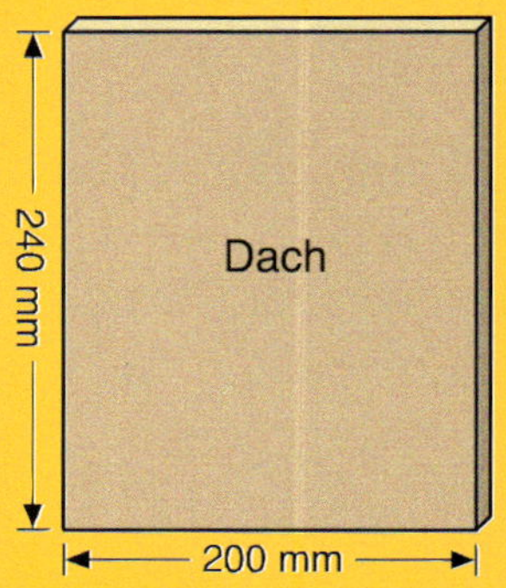

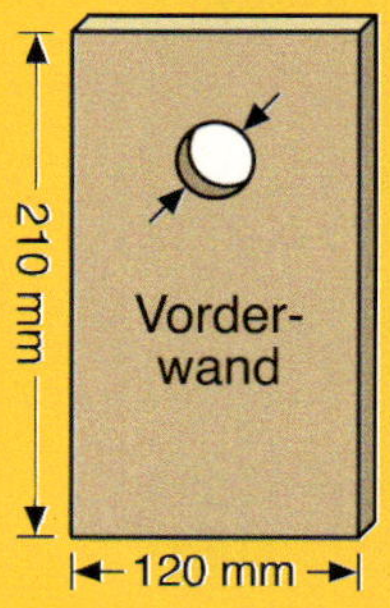

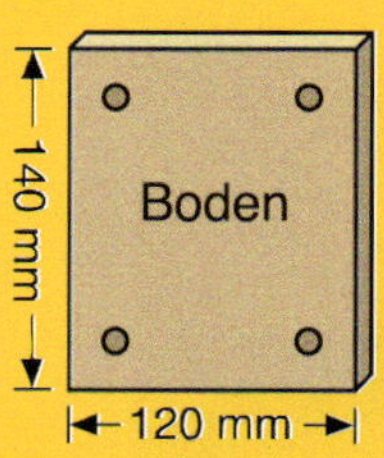

Das Einflugloch schneidet ihr je nach Vogelart aus.

- Blau-, Tannen- oder Sumpfmeisen: rundes Loch mit einem Durchmesser von 27 mm.
- Kohlmeise oder Kleiber: rundes Loch mit einem Durchmesser von 32 mm.
- Gartenrotschwanz: ovales Loch mit einer Höhe von 45 mm und einer Breite von 30 mm.

Zur Belüftung und Entfeuchtung bohrt ihr in den Boden vier Löcher mit 5 mm Durchmesser.

Das braucht ihr außerdem:

20 Schrauben

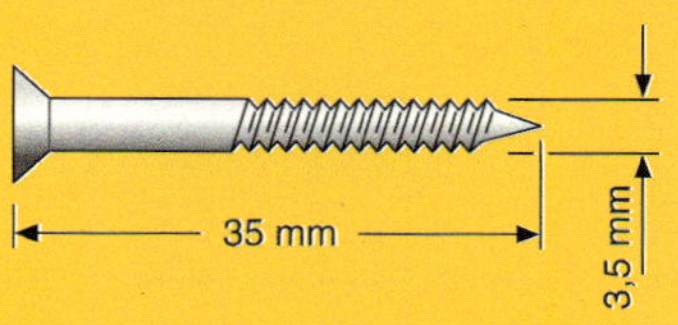

2 Halterungen

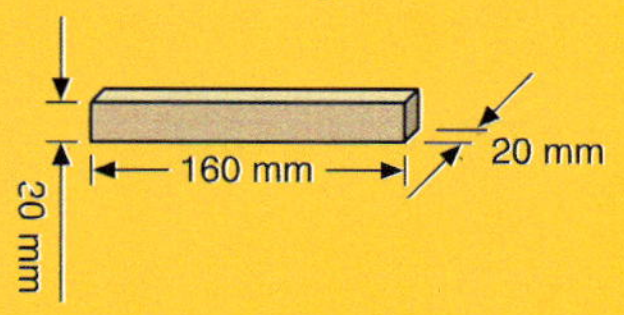

1 Sperre

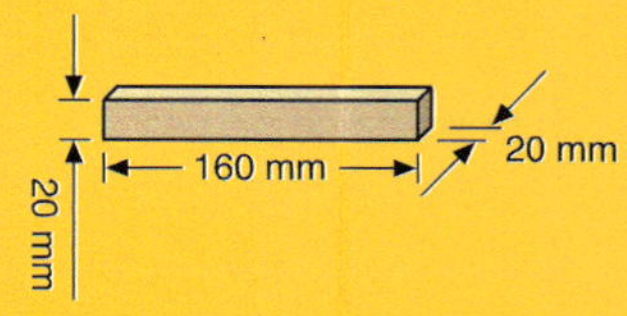

So wird's gemacht:

Die Rückwand mit den Seitenteilen jeweils oben und unten bündig von hinten verschrauben.

Den Boden einsetzen und verschrauben.

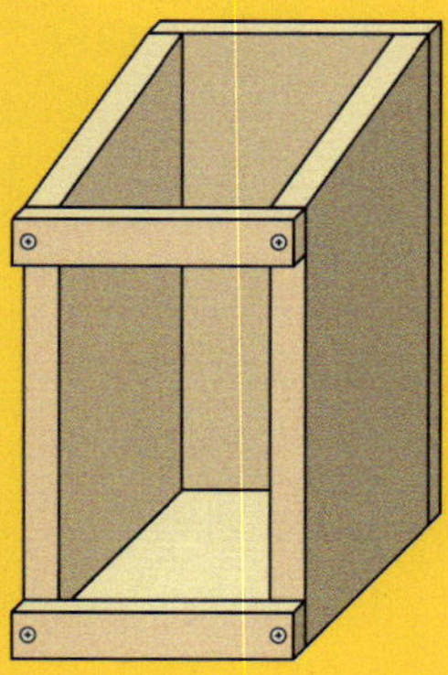

Halterungen an der Vorderseite oben und unten anschrauben.

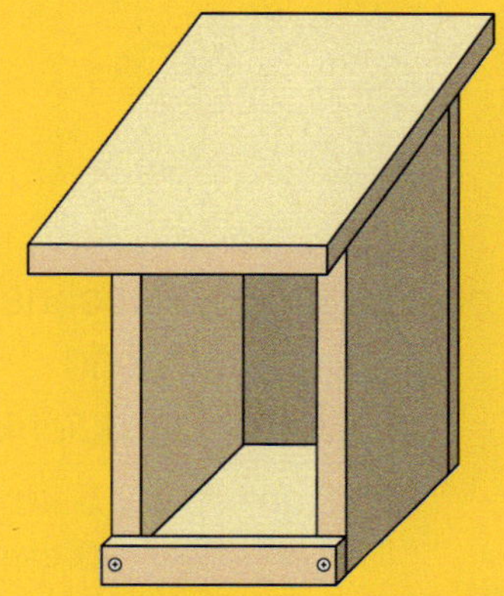

Das Dach so befestigen, dass es rundum 20 mm übersteht.

Sperre an der Vorderwand mittig anschrauben.

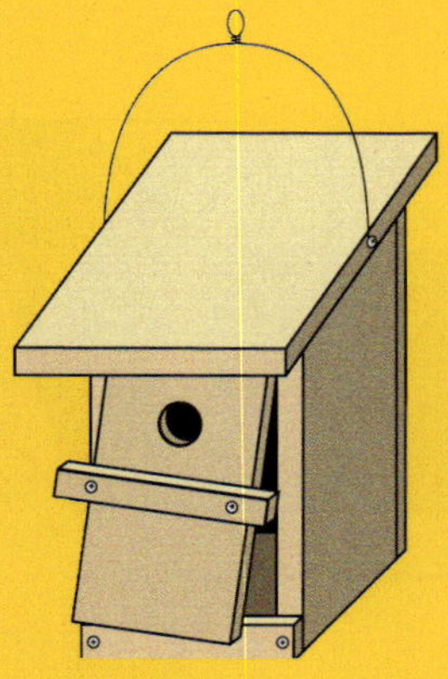

Vorderwand einsetzen und einen Drahtbügel befestigen.

- Informiert euch über das richtige Anbringen eurer Nistkästen (Höhe, Ausrichtung des Einfluglochs, ...).
- Erkundigt euch, wie ihr eure Nistkästen richtig pflegt.
- Macht später eine Fotoreportage. Aber Vorsicht: Fotografiert aus angemessener Entfernung. Die Brutpflege darf nicht gestört werden.

Wiederholen und Üben

1 Zeichne die Figur 2fach vergrößert in dein Heft.

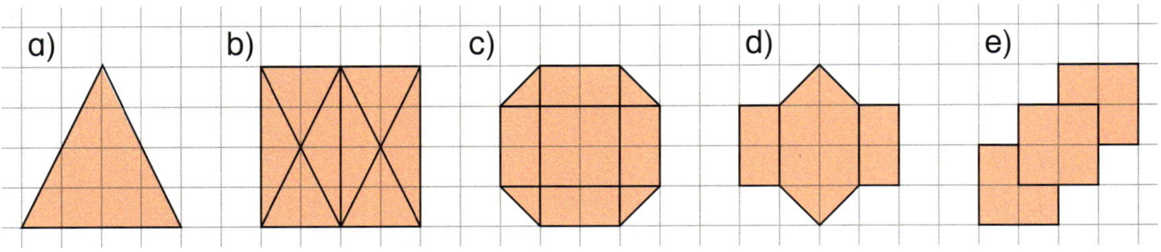

2 Miss die Länge im Bild und berechne die Größe des Tieres in Wirklichkeit.

a) 1 : 10

b) 1 : 100

c) 3 : 1

3 Übertrage die Tabelle in dein Heft und berechne die fehlenden Werte.

a) 1 : 20 000

Karte	Wirklichkeit
1 cm	0,2 km
6 cm	
12 cm	
16,5 cm	

b) 1 : 500 000

Karte	Wirklichkeit
1 cm	5 km
	30 km
7,5 cm	
	25,5 km

c) 1 : 3 000 000

Karte	Wirklichkeit
1 cm	
5 cm	
	240 km
9 cm	

4 a) Ordne die Seitenansichten A, B und C den Körpern zu.
b) Zeichne die Vorderansichten der Körper.
c) Zeichne die Draufsichten der Körper.

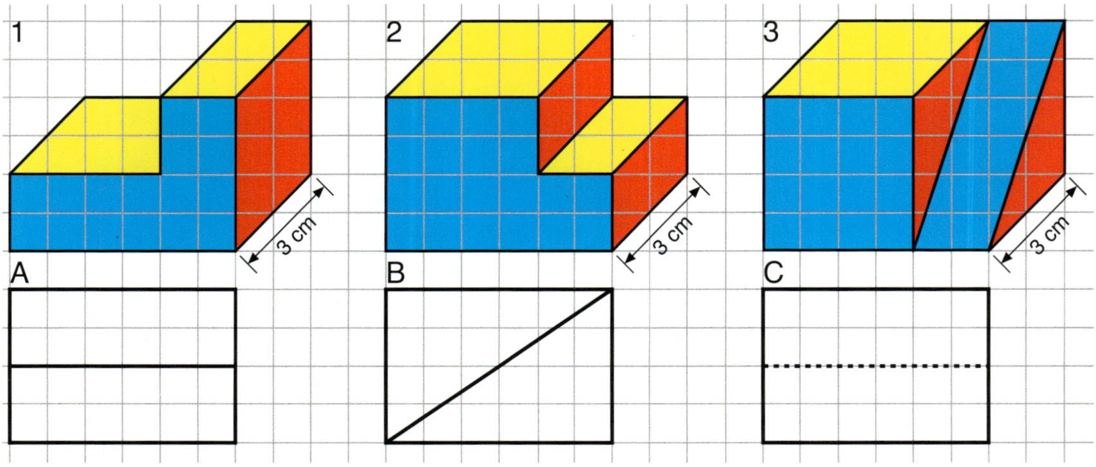

ALLES PALETTI

1 Wie heißen die Zahlen bei den roten Strichen?

a = 70 000

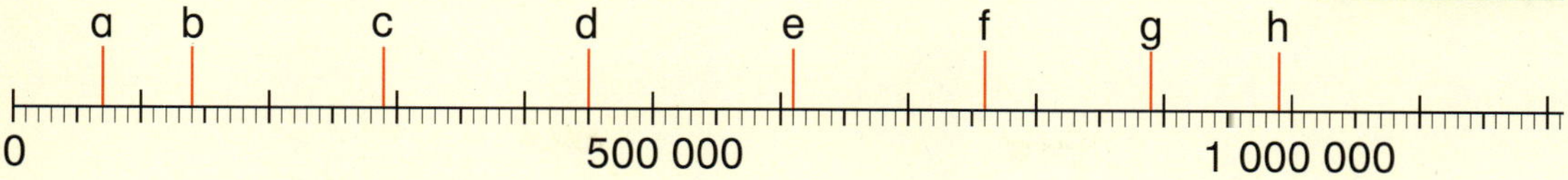

2

a)

70 000	
15 000	
	35 000
6 000	
	4 500

b)

300 000	
150 000	
	20 000
70 000	
	285 000

c)

750 000	
410 000	
	30 000
60 000	
	615 000

3

a)	420 000	+	60 000	5 000	400	3 800	84 000	730	42 400
b)	790 000	–	40 000	1 000	500	7 500	95 000	150	90 500

4 Welche Rechenschritte wurden gemacht? Übertrage in dein Heft und trage ein.

a) 240 000 —: ■→ 60 000 —: ■→ 20 000 —· ■→ 100 000

b) 560 000 —: ■→ 80 000 —: ■→ 40 000 —· ■→ 120 000

c) 360 000 —: ■→ 90 000 —: ■→ 30 000 —· ■→ 270 000

5 Bilde mindestens 3 Aufgaben (+ oder –) mit einem Ergebnis kleiner als 400 000.

a)

b)

c)

d)

6

a) 3 125 · 3
4 708 · 7

b) 23 418 · 5
67 788 · 8

c) 7 215 : 5
8 645 : 7

d) 610 968 : 3
402 354 : 9

7 Welche Aufgabe passt zum Text? Schreibe auf und rechne aus.

Für ein Fußballspiel werden 1 890 Eintrittskarten zu je 8 € verkauft.
Der Bus, in dem die Gastmannschaft anreist, hat 45 Plätze.
Wie viel Euro werden durch den Verkauf der Eintrittskarten eingenommen?

1 890 + 45 | 1 890 · 8 | 45 · 8 | 1 890 : 45

Alles Paletti

1 Schreibe mit Komma in der angegebenen Einheit.

a) **cm**
25 mm
108 mm
110 mm
125 mm

b) **m**
225 cm
108 cm
95 cm
10 cm

c) **km**
100 m
750 m
1 250 m
1 080 m

d) **kg**
1 275 g
200 g
2 050 g
2 005 g

e) **t**
600 kg
1 250 kg
7 500 kg
1 010 kg

2

a) Runde auf Zehntel:	3,84 cm	7,27 cm	6,46 cm	8,64 cm	5,35 cm
b) Runde auf Hundertstel:	2,183 m	4,267 m	3,001 m	6,207 m	4,333 m

3 Wie heißen die Zahlen bei den roten Strichen?

a = 9,2

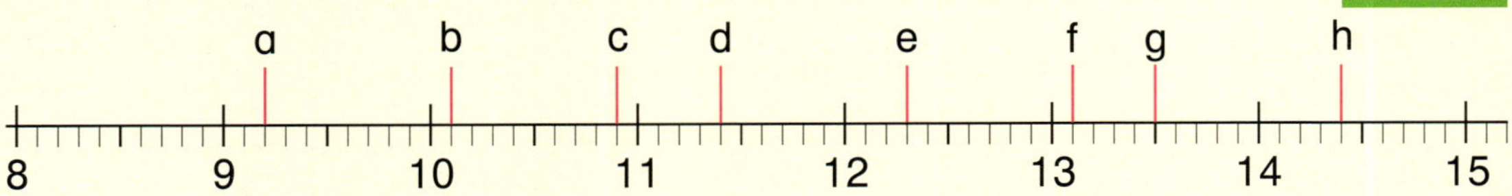

4 Setze die Zahlenreihe fort.

a)	0,9	1,8							9,0
b)	43,7	43,4							41,0

5

a)

b)

c)

6

a)	333,5	215,62	133,25	· 8	b)	364	79,6	1,27	· 7,4
c)	190,2	9,348	128,16	: 6	d)	28	13,2	100,32	: 0,8

7 Im Kopf oder schriftlich?

a) 14,3 + 0,8
6,2 · 0,5
14,1 – 1,5

b) 24,4 · 0,2
3,6 : 0,9
3,85 + 2,15

c) 55,5 : 0,5
17,2 – 4,7
16,4 · 0,25

d) 33,1 – 4,4
6,3 : 0,9
44,75 + 23,1

8 Bei einigen Ergebnissen wurde das Komma falsch gesetzt.
Du kannst diese Ergebnisse mit einem Überschlag herausfinden.

a) 8,5 · 3,8 = 32,3
8,9 · 0,85 = 75,65

b) 2,64 · 2,5 = 0,066
4,3 · 9,8 = 42,14

c) 10,5 : 2,1 = 0,5
49,5 : 4,5 = 11

d) 27,9 : 0,9 = 31
84,4 : 0,8 = 10,55

1 Welcher Bruchteil ist gefärbt?

a) b) c) d) e)

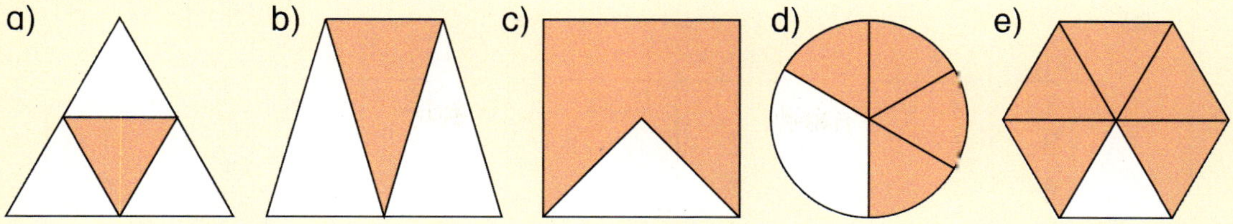

2 Schreibe das Ergebnis als gemischte Zahl, wenn möglich.

a) $\frac{2}{3} + \frac{2}{3}$ b) $1\frac{1}{4} - \frac{3}{4}$ c) $2\frac{3}{4} - 1\frac{1}{4}$ d) $\frac{2}{5} + \frac{3}{4}$ e) $1\frac{1}{2} + \frac{4}{5}$

$\frac{5}{7} + \frac{3}{7}$ $1\frac{1}{2} - 1$ $2\frac{4}{5} - 1\frac{1}{5}$ $\frac{3}{4} - \frac{2}{5}$ $1\frac{1}{3} - \frac{1}{2}$

3 Für ein Mixgetränk mischt Lukas $1\frac{1}{2}$ l Orangensaft, $\frac{3}{4}$ l Ananassaft und 1 l Mineralwasser. Wie viel Liter Getränk werden es?

4 Berechne die Bruchteile.

a) $\frac{1}{6}$ von 54 b) $\frac{3}{4}$ von 1 m c) $\frac{3}{4}$ von 4,40 € d) $\frac{1}{6}$ von 3,600 kg

$\frac{3}{5}$ von 45 $\frac{2}{5}$ von 1 m $\frac{2}{5}$ von 10,50 € $\frac{4}{5}$ von 0,500 kg

5 Schreibe das Ergebnis als gemischte Zahl, wenn möglich.

a) $\frac{2}{3} \cdot 4$ b) $3 \cdot \frac{4}{7}$ c) $\frac{4}{5} : 2$ d) $2 \cdot 1\frac{1}{2}$ e) $1\frac{2}{3} : 5$

$\frac{2}{5} \cdot 3$ $4 \cdot \frac{3}{5}$ $\frac{6}{7} : 3$ $3 \cdot 1\frac{1}{4}$ $3\frac{3}{4} : 3$

6 Wandle um in eine Dezimalzahl: $\frac{1}{4}$ $\frac{1}{10}$ $\frac{1}{5}$ $\frac{3}{4}$ $\frac{9}{10}$ $\frac{17}{100}$ $1\frac{1}{2}$

7 Gibt den gefärbten Teil als Bruchteil und in Prozent an.

a) b) c) d) e)

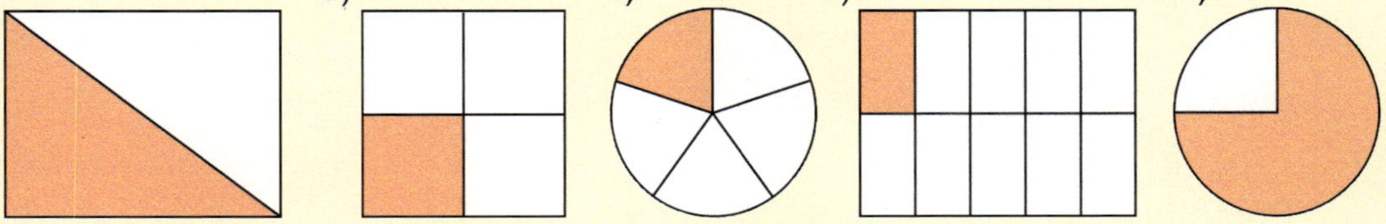

8 Kleiner, größer oder gleich? Setze ein: <, > oder =

a) −4 ■ −5 b) 13 ■ −14 c) −25 ■ −4 d) −6,8 ■ 2,7 e) −1,2 ■ −2,1

2 ■ −3 −7 ■ 0 −1 ■ 2 3,4 ■ 4,3 0 ■ −0,5

9 a) −2 + 5 b) 6 − 4 c) 30 − 50 d) 45 − 50 e) 0 − 100

8 − 9 −2 + 6 50 − 30 −30 − 0 300 − 400

1 Berechne die fehlenden Preise.

a) Birnen

kg	€
1	2,70
3	
4	
6	

b) Brötchen

Stück	€
1	0,35
2	
4	
7	

c) Soft

Becher	€
12	8,40
6	
3	
1	

d) Stoff

m	€
11	36,30
1	
4	
5	

2

a)

2 % von
240 m
130 m
290 m

b)

5 % von
1 100 €
2 300 €
1 250 €

c)

10 % von
490 kg
575 kg
709 kg

d)

25 % von
168 m
244 m
364 m

3 Berechne die Zinsen für ein Jahr.

Kapital	a) 480 €	b) 510 €	c) 1 300 €	d) 6 420 €	e) 7 500 €	f) 2 750 €
Zinssatz	2 %	3 %	4 %	2 %	7 %	9 %

4 Bestimme mit einer Zeichnung, wie lang die Strecke ist, die das Schiff zwischen den Orten B und C zurücklegt.
Für 1 km in Wirklichkeit zeichne 1 cm in dein Heft.

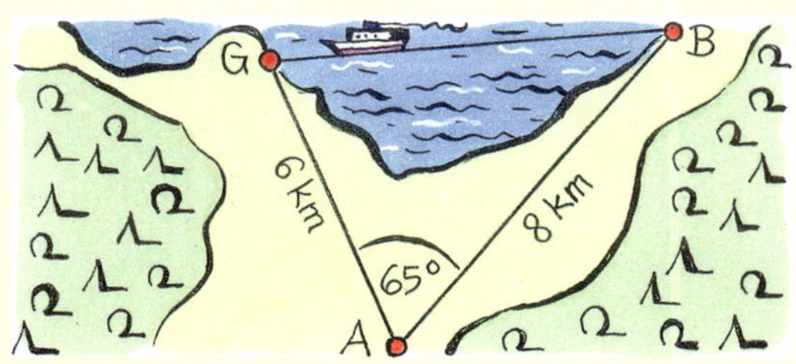

5 Berechne den Flächeninhalt der gefärbten Figur.

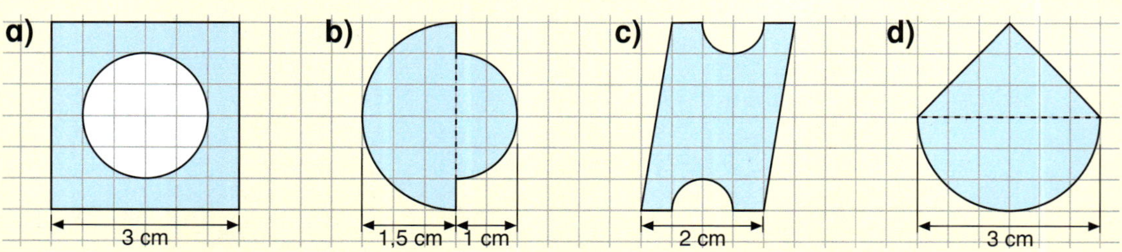

6 Berechne das Volumen des Containers.

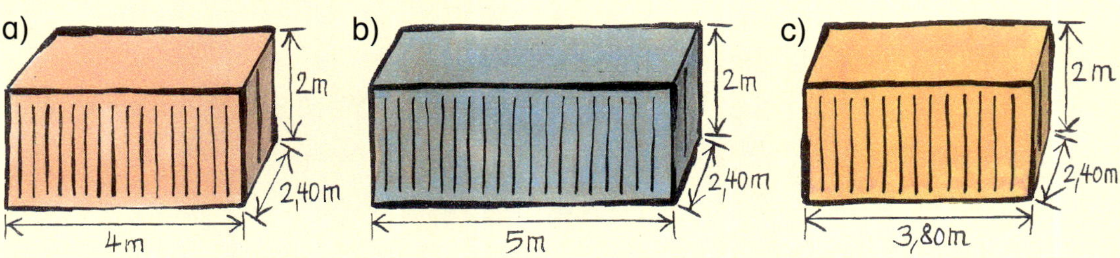

Daten und Zufall

Diagramme

1 Verkehrszählung vor der Steinschule

Uhrzeit	8–9	9–10	10–11	11–12
Pkw	110	90	70	100
Busse/ Lkw	30	45	25	40
Motor- räder	20	15	35	50

a) Wie viele Busse oder Lkw wurden zwischen 9 Uhr und 10 Uhr gezählt?

b) Wie viele Motorräder wurden zwischen 10 Uhr und 11 Uhr gezählt?

c) Wie viele Pkw wurden insgesamt an diesem Vormittag gezählt?

2 Findet eigene Fragen zur Tabelle und schreibt sie auf Kärtchen. Notiert die Antwort auf der Rückseite. Tauscht die Kärtchen untereinander aus.

Wann wurden 40 Busse und Lkw gezählt?

3 Gerd hat die Ergebnisse für zwei Fahrzeugarten in Säulendiagrammen dargestellt. Zu welchen Fahrzeugarten gehören die Diagramme?

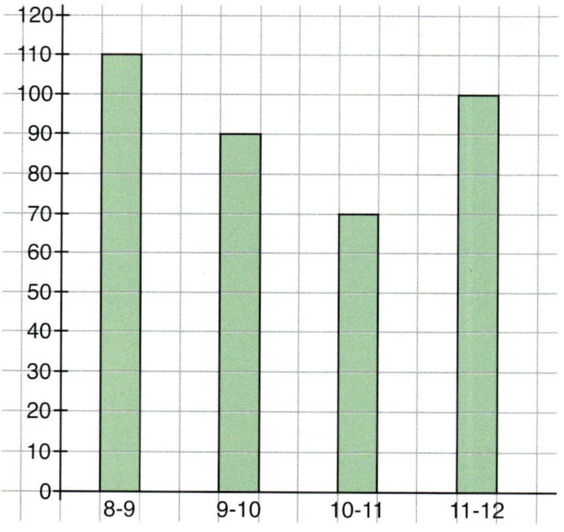

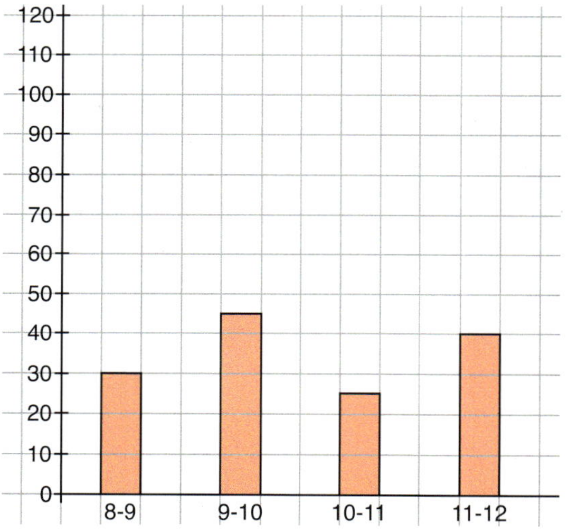

4 Zeichne zur fehlenden Fahrzeugart ein Säulendiagramm.

5 Abdan hat zu Zahlen in der Tabelle von Aufgabe 1 ein anderes Säulendiagramm gezeichnet. Welche Zahlen hat Abdan dargestellt?

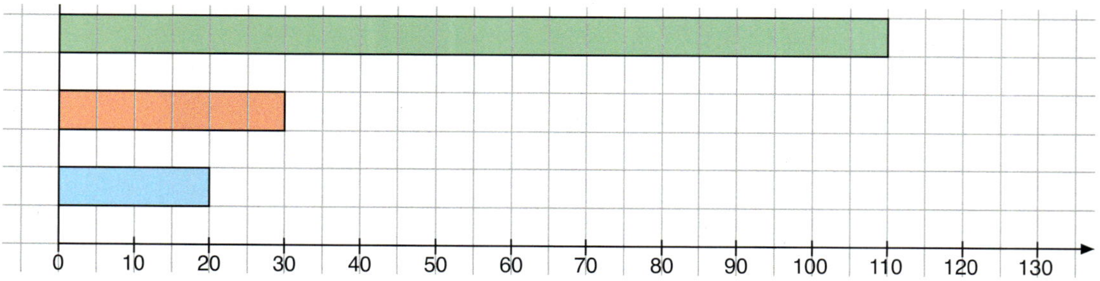

1

Uhrzeit	8–9	9–10	10–11	11–12	insgesamt
Pkw	130	110	80	100	
Busse/Lkw	20	35	45	50	
Motorräder	10	5	25	40	

In der Tabelle stehen die Ergebnisse der Verkehrszählung vom Dienstag.

a) Übertrage die Tabelle in dein Heft. Ergänze die Zahlen in der letzten Spalte.

b) Wie viele Fahrzeuge wurden insgesamt zwischen 9 Uhr und 12 Uhr gezählt?

c) Übertrage das Säulendiagramm in dein Heft.
Vervollständige es so, dass du ablesen kannst, wie viele Fahrzeuge jeder Fahrzeugart zwischen 9 Uhr und 12 Uhr gezählt wurden.

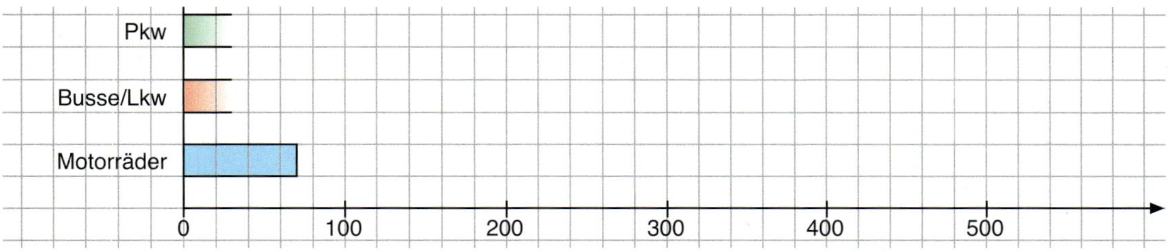

2

	Mittwoch	Donnerstag
Pkw	310	380
Busse/ Lkw	150	140
Motor-räder	80	25

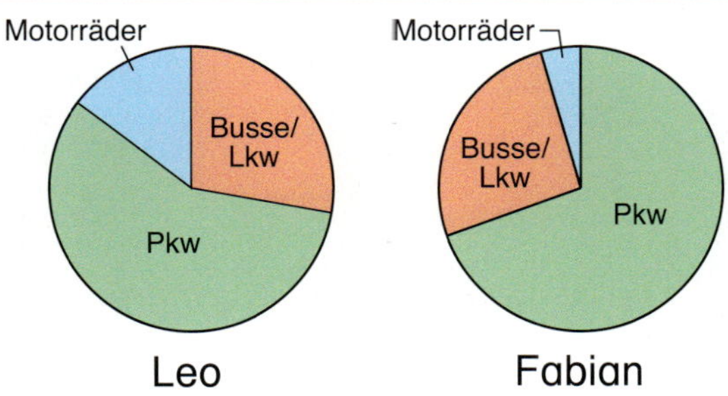

In der Tabelle stehen die Ergebnisse der Verkehrszählung für Mittwoch und Donnerstag.

a) Fabian und Leo präsentieren je einen Wochentag in einem Kreisdiagramm.
Welchen Tag präsentiert Fabian und welchen Tag präsentiert Leo?

b) Michaela und Steffi haben eine andere Art der Darstellung gewählt.
Welchen Tag präsentiert Michaela, welchen Tag Steffi?

Steffi

Michaela

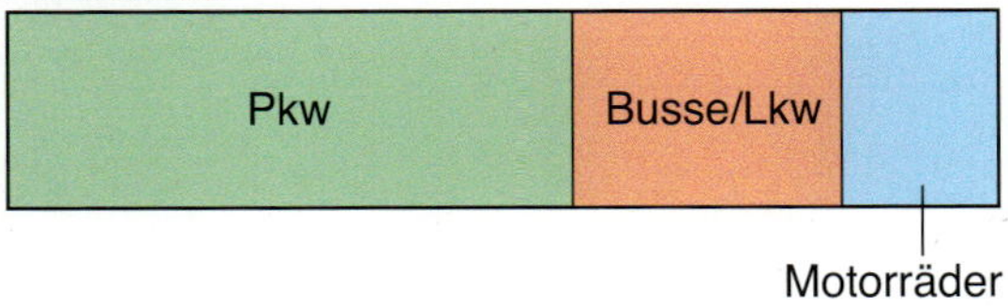

3 Führt eine eigene Verkehrszählung durch und präsentiert eure Ergebnisse in geeigneter Form.

Diagramme am Computer

1 Mehrere benachbarte Schulen führen ein Sportturnier durch.
Jede Schule meldet, wie viele Schüler an den einzelnen Wettbewerben teilnehmen.
Die Ergebnisse werden am Computer in ein Rechenblatt eingetragen.
Übertrage die Ergebnisse auf ein Rechenblatt an deinem Computer.

	A	B	C	D	E
1	Umfrageergebnis Sportturnier				
2					
3	Sportart	Schüler			
4	Fußball	125			
5	Volleyball	85			
6	Basketball	56			
7	Völkerball	153			
8					

2 So kannst du auf deinem Computer zu den Ergebnissen ein Diagramm erstellen:

1. Schritt: Markiere deine Tabelle und klicke anschließend auf diese Schaltfläche des Diagramm-Assistenten:

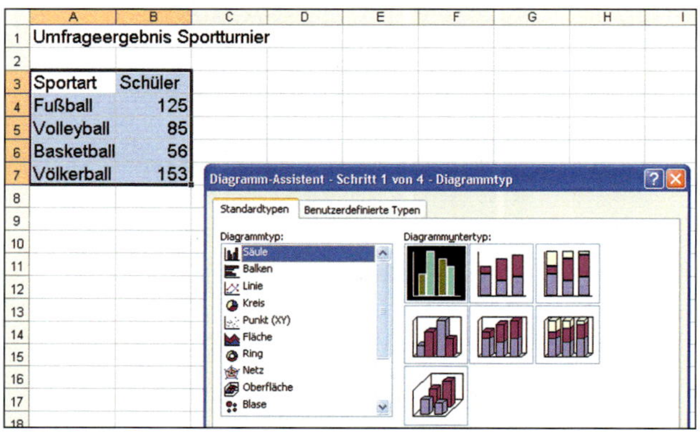

2. Schritt: Wähle den Standardtyp *Säule*, dann klicke auf > Weiter .
Du erhältst eine Vorschau.

3. Schritt: Klicke noch einmal auf > Weiter . In der Zeile *Diagrammtitel* kannst du eine Überschrift für dein Diagramm eintragen.

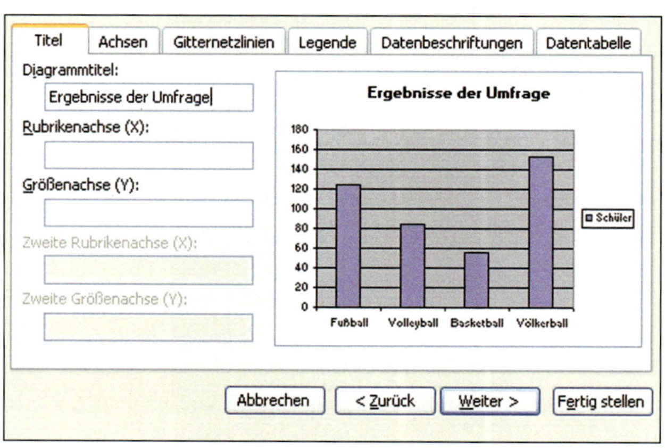

4. Schritt: Klicke auf > Weiter .

5. Schritt: Klicke auf Fertig stellen , um das fertige Diagramm zu erhalten. Wenn du etwas verändern willst, klicke auf Zurück .

1 In der Schulversammlung wird das Ergebnis der Umfrage zum Sportturnier in einem Kreisdiagramm präsentiert.
So kannst du ein Kreisdiagramm auf deinem Computer erstellen:

1. Schritt: Markiere deine Tabelle und klicke anschließend auf diese Schaltfläche

des Diagramm-Assistenten.

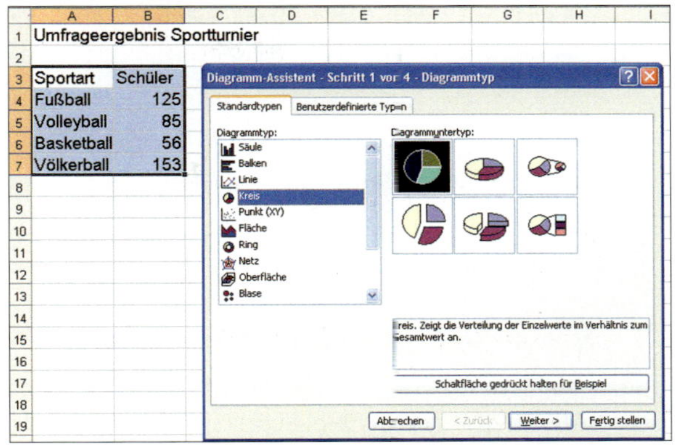

2. Schritt: Wähle den Standardtyp *Kreis*, dann klicke auf > Weiter .
Du erhältst eine Vorschau.

3. Schritt: Klicke noch einmal auf > Weiter . Wähle im Diagramm-Assistenten *Datenbeschriftung* und setze einen Haken bei *Wert.*

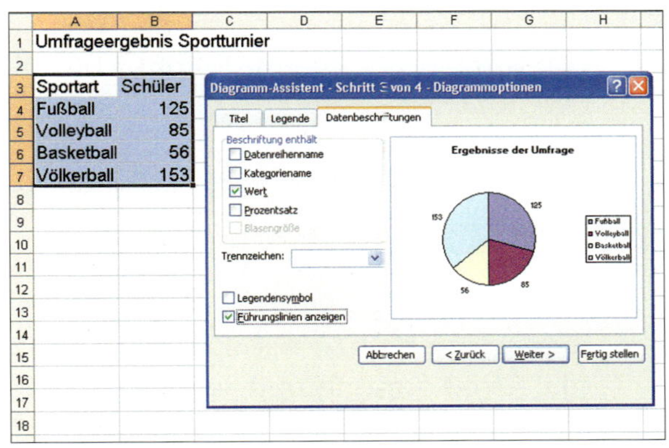

4. Schritt: Klicke auf > Weiter .

5. Schritt: Klicke auf Fertig stellen, um das fertige Diagramm zu erhalten.

2 Im Streifendiagramm sind die Zahlen für das Vorjahr dargestellt.

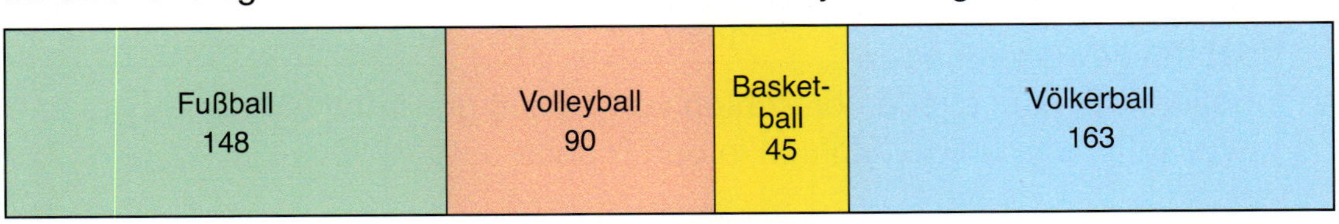

Erstelle auch zu diesen Zahlen verschiedene Diagramme.

3 Eine Schule meldet verspätet, wie viele Schüler an den einzelnen Wettbewerben teilnehmen wollen. Dadurch ergeben sich neue Zahlen für die Sportarten.

Fußball: 169 Volleyball: 97 Basketball: 74 Völkerball: 158

Ändere die Werte in dem Rechenblatt auf deinem Computer. Ändert sich das Kreisdiagramm von selbst mit?

Zufallsversuche

1 Ben und Hannah werfen eine Münze und notieren die Ergebnisse in einer Strichliste.

Kopf	𝍸 𝍸 𝍸 𝍸 𝍸 𝍸 𝍸 𝍸 𝍸 𝍸 𝍸 ||
Zahl	𝍸 𝍸 𝍸 𝍸 𝍸 𝍸 𝍸 𝍸 |||

a) Welche Ergebnisse sind möglich?

b) Wie oft zeigte die Münze Kopf, wie oft zeigte sie Zahl?

c) Wie oft haben Ben und Hannah die Münze insgesamt geworfen?

2 Ben meint: „Es ist möglich, dass die Münze bei 100 Würfen jedesmal Zahl zeigt."
Hannah sagt: „Das ist zwar möglich, aber unwahrscheinlich."
Was meinst du?

3 Ist das Ereignis bei 100 Würfen mit einer Münze möglich, wahrscheinlich, unwahrscheinlich oder sicher?

A Die Münze zeigt häufiger Kopf als Zahl.

B Die Münze zeigt nie Zahl.

C Die Münze zeigt Kopf oder Zahl ungefähr gleich häufig.

D Die Münze zeigt entweder Kopf oder Zahl.

4 Werft eine Münze mindestens 100 mal. Tragt die Ergebnisse in eine Strichliste ein. Stellt danach fest, wie oft die Münze Kopf gezeigt hat und wie oft Zahl.

Beim Münzwurf gibt es zwei verschiedene Ergebnisse (Kopf oder Zahl). Die Wahrscheinlichkeit für Kopf ist so groß wie die Wahrscheinlichkeit für Zahl. Man sagt, die Wahrscheinlichkeit ist $\frac{1}{2}$.

5 Die Schüler aus Julias Klasse haben mit einem Würfel gewürfelt und notiert, wie häufig jede der Zahlen von 1 bis 6 gewürfelt wurde. Was fällt euch an den Zahlen in der Tabelle auf?

Zahl	1	2	3	4	5	6
Häufigkeit	92	96	94	101	104	99

6 Würfelt selbst mit einem Würfel mindestens 600 mal. Tragt die Ergebnisse in eine Strichliste ein.
Stellt danach fest, wie oft jede Zahl gewürfelt wurde.

Beim Würfeln gibt es sechs verschiedene Ergebnisse (1, 2, 3, 4, 5 oder 6). Die Wahrscheinlichkeit ist für jede Zahl gleich groß. Man sagt, die Wahrscheinlichkeit ist $\frac{1}{6}$.

1 Aus einem der vier Stapel soll eine Karte gezogen werden, ohne dass man die Farbe der Karten sieht. Man darf den Stapel, aus dem die Karte gezogen werden soll, wählen.
Alex meint:
„Ich wähle den Stapel 2. Für diesen ist die Wahrscheinlichkeit, dass die gezogene Karte rot ist, am größten."
Hat Alex recht, oder sollte er lieber Stapel 3 wählen?

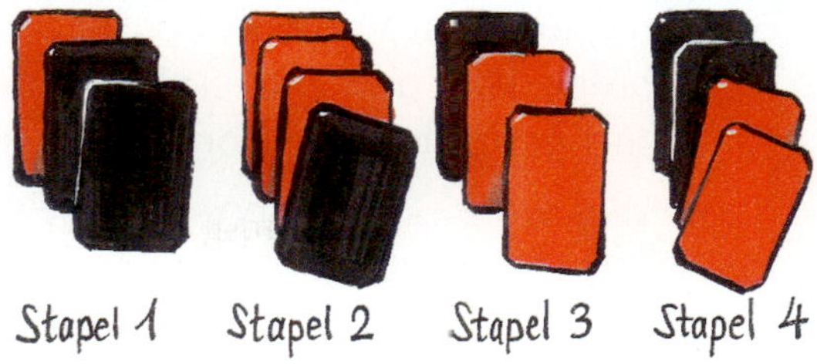

Du gewinnst, wenn die gezogene Karte rot ist.

2 a) Für welchen Stapel ist die Wahrscheinlichkeit am kleinsten, dass die gezogene Karte rot ist?

b) Für welchen Stapel ist die Wahrscheinlichkeit am kleinsten, dass die gezogene Karte schwarz ist?

c) Für welchen Stapel ist die Wahrscheinlichkeit für eine rote Karte genauso groß wie die Wahrscheinlichkeit für eine schwarze Karte?

3 Laura und Mesut würfeln mit einem roten und einem grünen Würfel. Sie addieren jeweils die gewürfelten Zahlen.

a) Welche Summen sind möglich?

b) Laura darf eine Karte mit einer Gewinnregel auswählen.
Für welche Gewinnregel ist die Wahrscheinlichkeit am größten?
Was vermutest du?

Die Summe der gewürfelten Zahlen ist 2.

Die Summe der gewürfelten Zahlen ist 8.

Die Summe der gewürfelten Zahlen ist 3.

4 Würfelt selbst mindestens 100 mal mit zwei Würfeln und addiert immer die beiden gewürfelten Zahlen. Stellt mit einer Strichliste fest, wie oft die verschiedenen Summen vorkommen.
Welche Summe kommt bei euch am häufigsten vor?

5 Trage in eine Tabelle die Summe der gewürfelten Zahlen ein.
Welche Summe tritt am häufigsten auf, welche Summe gibt es nur einmal in der Tabelle?

+	1	2	3	4	5	6
1	2	3	4	5	6	7
2	3	4	5	6	7	8
3	4	5	6			

Wiederholen und Üben

1 Bei einer Umfrage wurden die Schülerinnen und Schüler der Tannwald-Schule nach ihrem Lieblingsessen gefragt. Jeder konnte nur eine Antwort geben.

a) Wie viele Schülerinnen und Schüler haben an der Umfrage teilgenommen?

b) Stelle das Ergebnis der Umfrage in einem Säulendiagramm dar.

Ergebnisse der Umfrage	
Fleisch	25
Geflügel	35
Gemüse	55
Obst	45

2 Bei der Wahl des Schulsprechers der Brunnen-Schule haben sich 4 Schülerinnen und Schüler zur Wahl gestellt.
So war das Ergebnis der Wahl:

Adrian 30	Fred 22	Mareike 45	Olesja 23

a) Hat Mareike mehr als ein Drittel der Stimmen bekommen oder weniger?

b) Wer hat ein Viertel der Stimmen bekommen?

c) Welches der Diagramme stellt das Ergebnis der Wahl richtig dar?

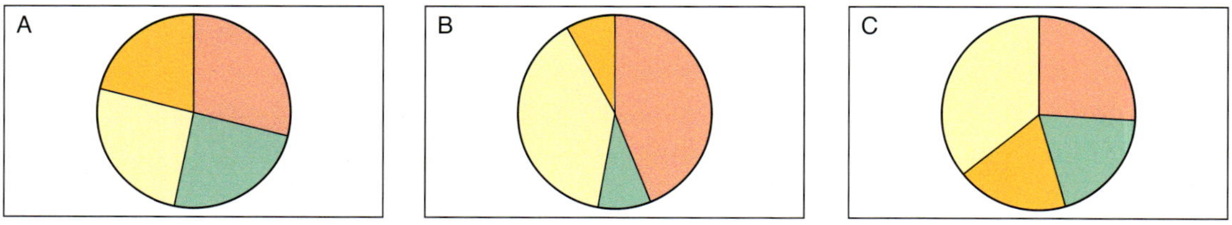

3 Bei dem Würfel haben die gegenüberliegenden Flächen die gleiche Farbe.

a) Welche Farben können nach dem Würfeln oben liegen?

b) Wie groß ist die Wahrscheinlichkeit, dass nach dem Würfeln eine rote Fläche oben liegt?

4 Beim Schulfest werden Lose verkauft. In jedem Eimer sind 24 Lose:

a) Bei welchem Eimer ist die Wahrscheinlichkeit am größten, dass du einen Gewinn ziehst?

b) Bei welchem Eimer ist die Gewinnwahrscheinlichkeit am kleinsten?

c) Bei welchem Eimer sind die Wahrscheinlichkeit für einen Gewinn und die Wahrscheinlichkeit für eine Niete gleich groß?

Säulen erkennen

1 Schüler der Klasse 9b haben Körper aus Ton geformt.

a) Auf welchem Tisch stehen die Säulen? Begründe.

b) Beschreibe die Säulen. Welche Form hat jeweils die Grundfläche?

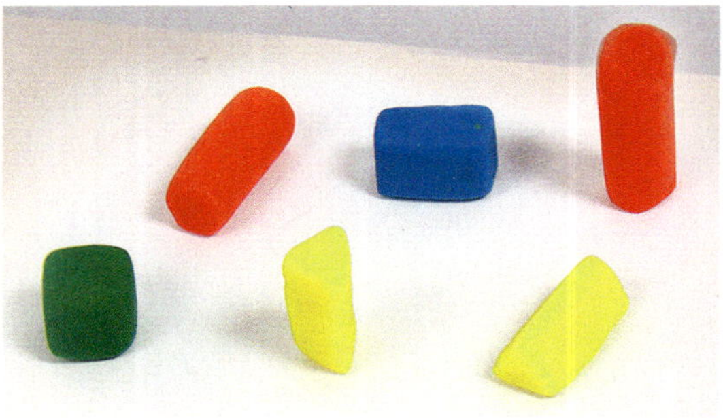

Säulen

2 Ein Körper passt nicht dazu. Begründe.
Was haben die anderen vier Körper gemeinsam?

a)

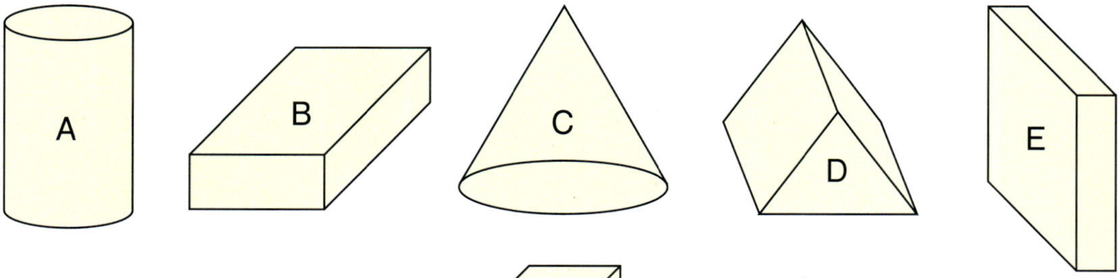

b)

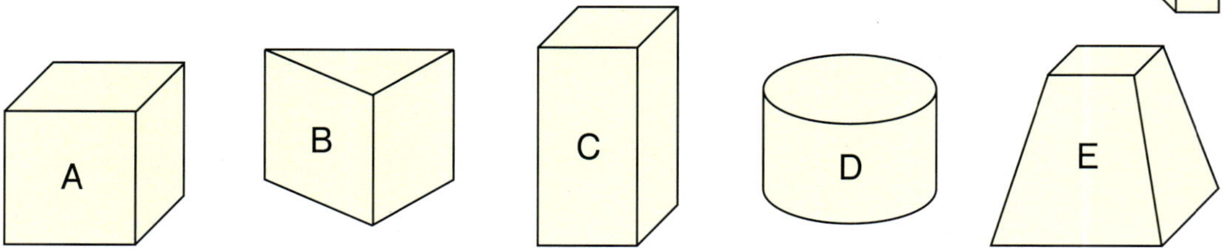

3 Welche Säule ist gemeint?

Petra: Die Säule hat nur 2 Kanten.

Alex: Die Säule hat 6 Flächen.

Nicole: Die Säule hat 9 Kanten.

Fatma: Die Säule hat 5 Flächen.

Eike: Die Säule hat 12 Kanten.

Roman: Die Säule hat 3 Flächen.

Volumen des Quaders

1 Kai und Jessi berechnen das Volumen eines Quaders.
Vergleiche die beiden Rechenwege.

Kai

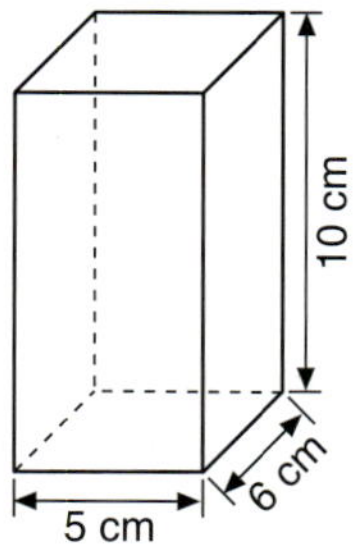

Volumen = Länge · Breite · Höhe

$V = a \cdot b \cdot c$

$V = 5 \cdot 6 \cdot 10$

$V = 300\ cm^3$

Jessi

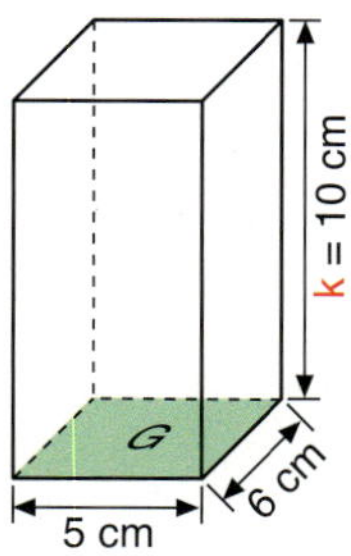

Volumen = Grundfläche · Körperhöhe

$V = G \cdot k$	$G = a \cdot b$	$k = 10\ cm$
$V = 30 \cdot 10$	$G = 5 \cdot 6$	
$V = 300\ cm^3$	$G = 30\ cm^2$	

2 Berechne das Volumen des Quaders.

a)

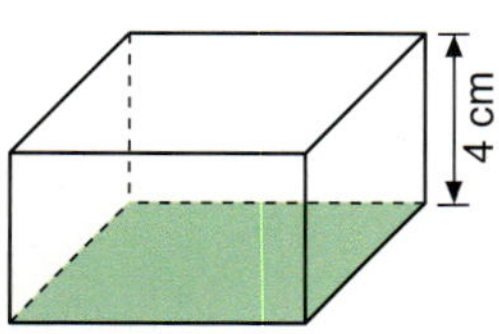

$G = 55\ cm^2$

b)

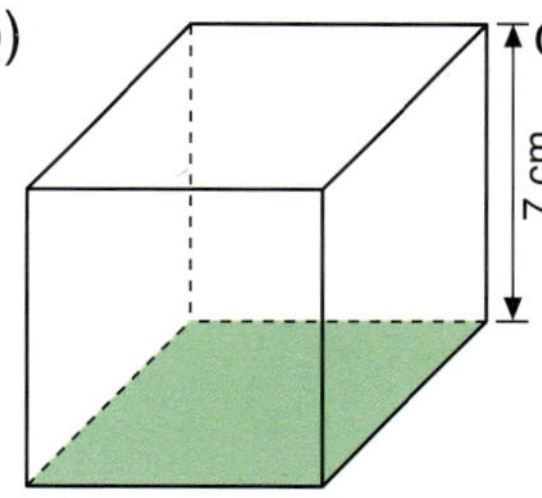

$G = 78\ cm^2$

c)

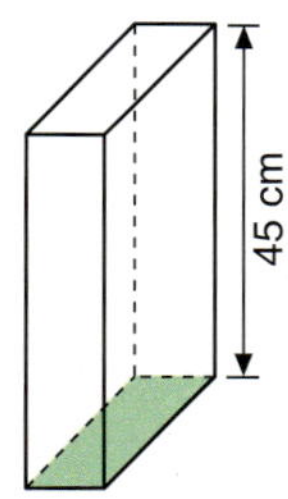

$G = 400\ cm^2$

d)

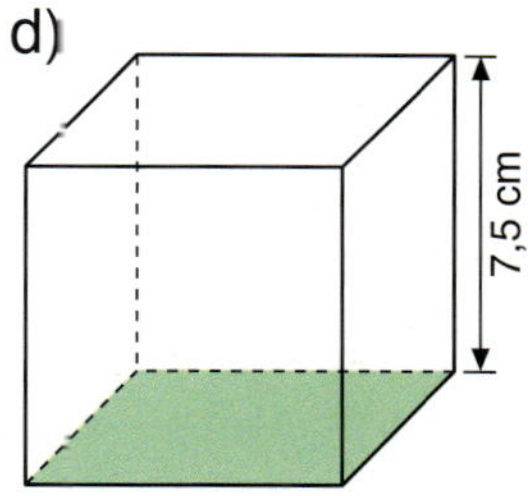

$G = 56{,}25\ cm^2$

3 Berechne den fehlenden Wert für den Quader.

	a)	b)	c)	d)	e)	f)
Grundfläche G	$126\ cm^2$	$25\ cm^2$	$60\ cm^2$			$25\ cm^2$
Körperhöhe k	10 cm	6 cm	7 cm	12 m	5 m	
Volumen V				$60\ m^3$	$90\ m^3$	$500\ cm^3$

4 Berechne das Volumen des Quaders. Wähle deinen Rechenweg.

a)

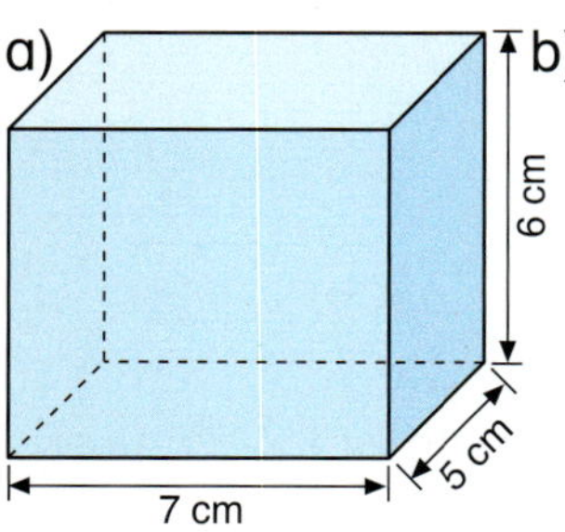

b)

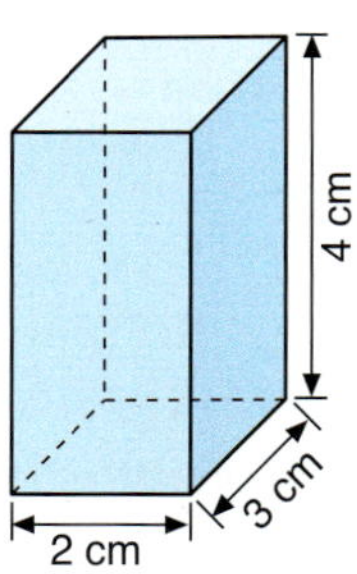

c)

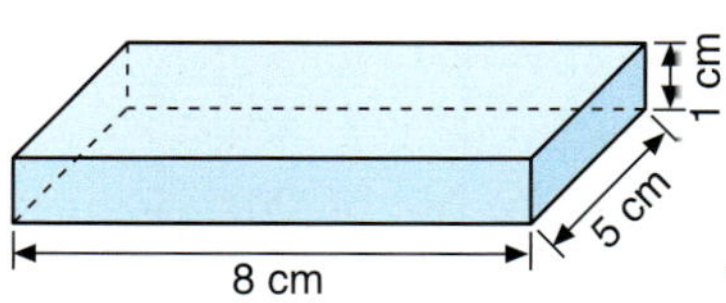

d)

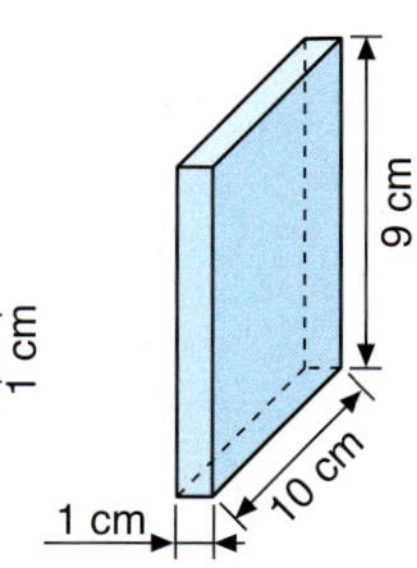

Volumen der Dreieckssäule

1 Ilona berechnet das Volumen einer Dreieckssäule.
Vervollständige die Rechnung.

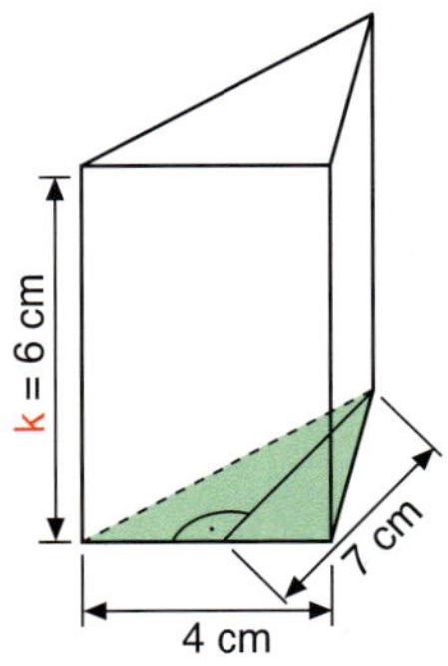

Volumen = Grundfläche · Körperhöhe

$V = G \cdot k$ $\qquad G = \frac{g \cdot h}{2}$ $\qquad k = 6$ cm

$V = ■ \cdot ■$ $\qquad G = \frac{4 \cdot 7}{2}$

$V = ■ \text{ cm}^3$ $\qquad G = 14 \text{ cm}^2$

2 Berechne das Volumen der Dreieckssäule.

a)

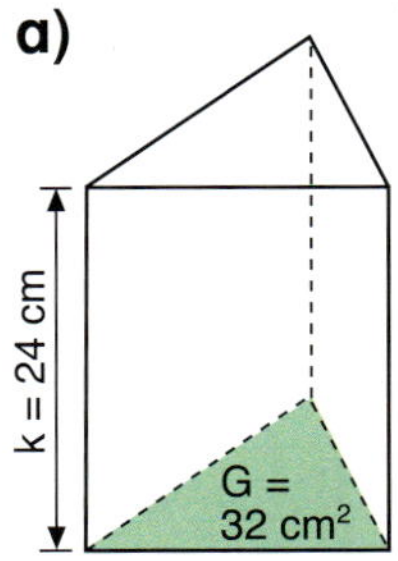

b)

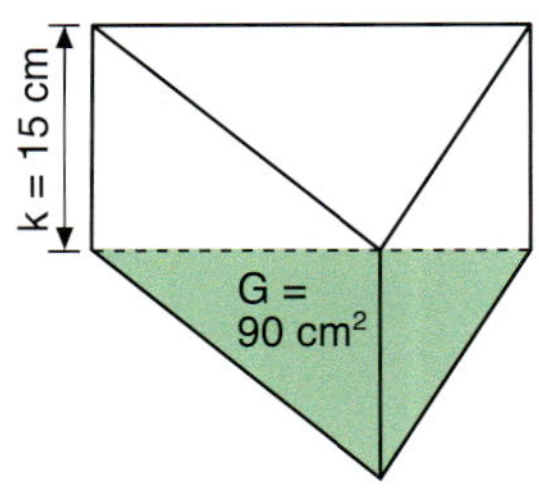

c)

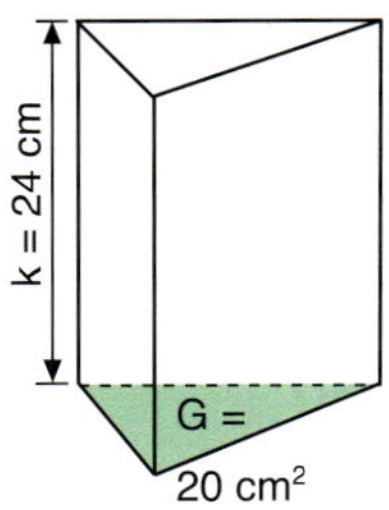

d)

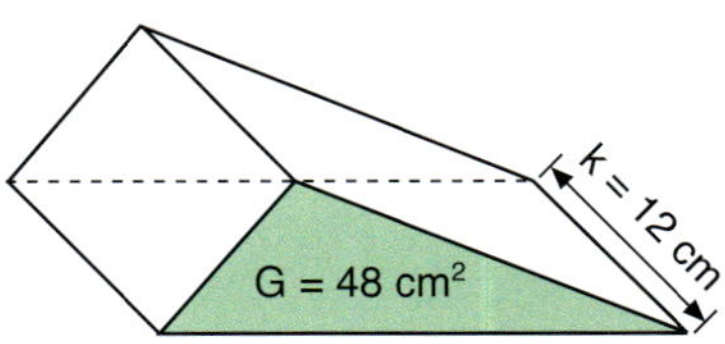

3 Berechne den fehlenden Wert für die Dreieckssäule.

	a)	b)	c)	d)	e)	f)
Grundfläche G	50 cm²	150 cm²	8 cm²	72 cm²		60 cm²
Körperhöhe k	20 cm	30 cm		5 cm	4 cm	
Volumen V			40 cm³		30 cm³	540 cm³

4 Berechne das Volumen der Dreieckssäule.

a)

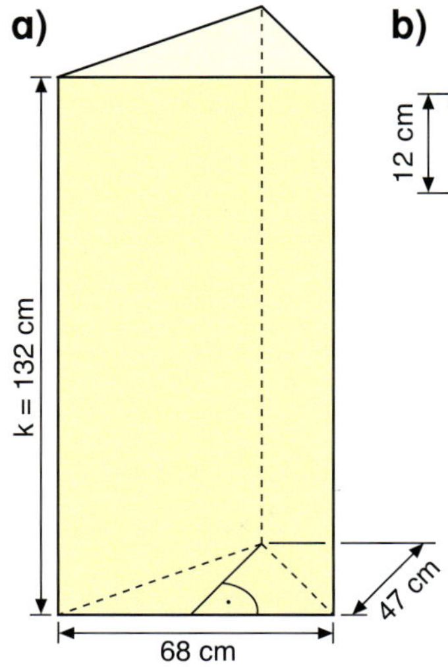

b)

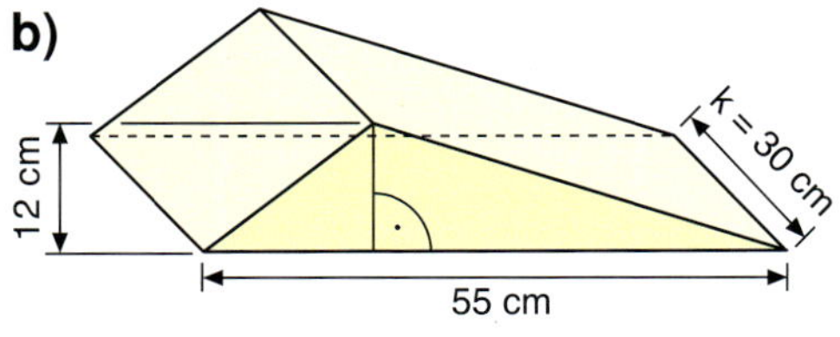

c)

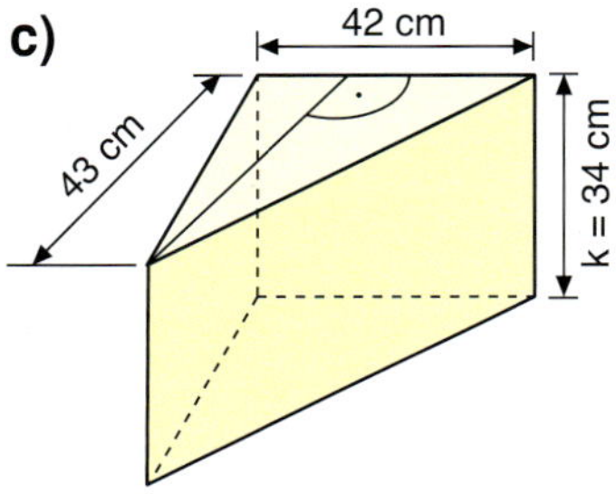

d)

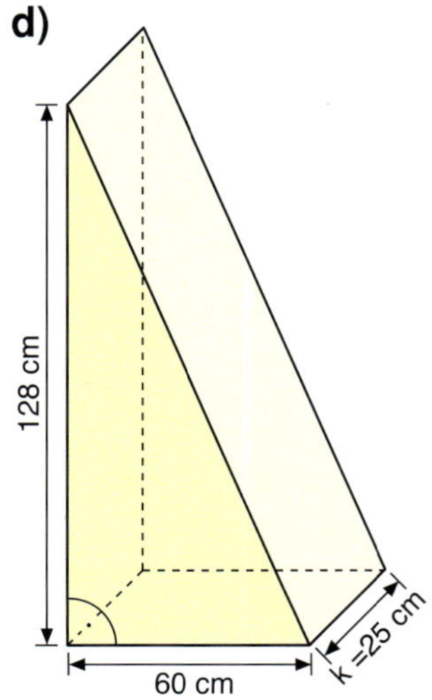

1 Kemal berechnet das Volumen eines Zylinders.
Vervollständige die Rechnung.

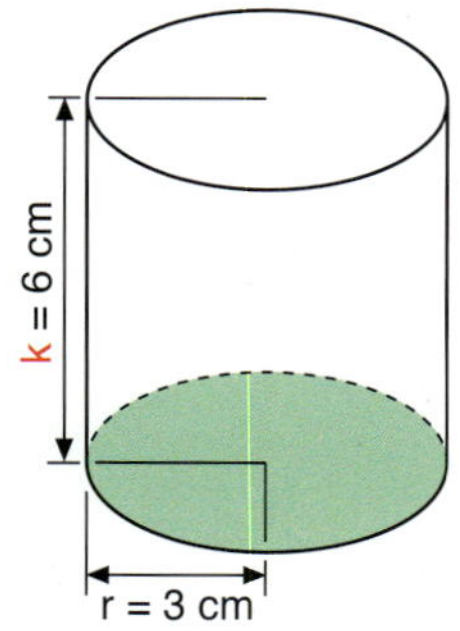

Volumen = Grundfläche · Körperhöhe

$V = G \cdot k$	$G = \pi \cdot r^2$	$k = 6$ cm
V = ■ · ■	$G = 3{,}14 \cdot 3 \cdot 3$	
V = ■ cm^3	$G = 28{,}26\ cm^2$	

2 Berechne das Volumen des Zylinders.

a)

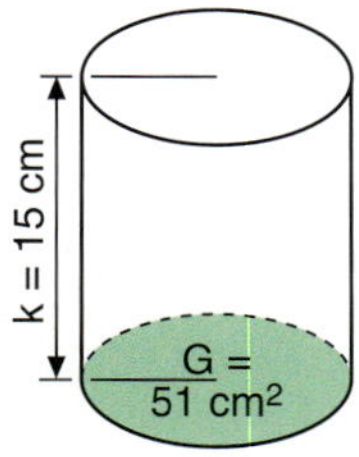

b)

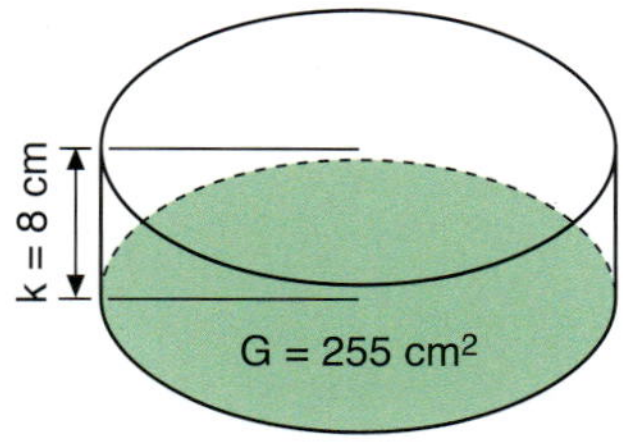

c)

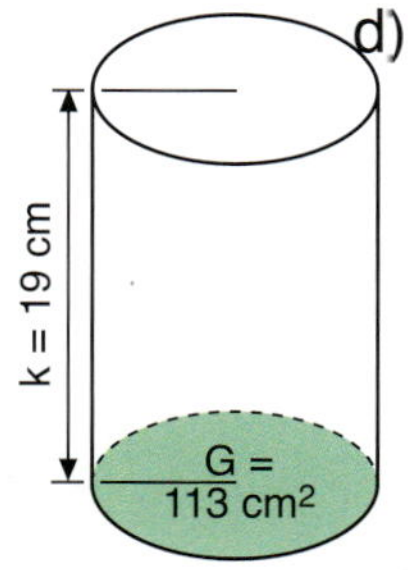

d)

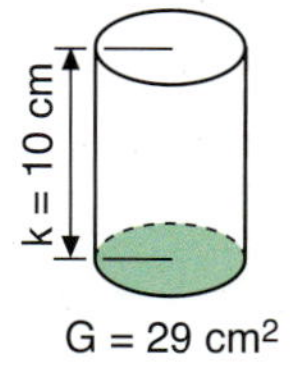

3 Berechne den fehlenden Wert für den Zylinder.

	a)	b)	c)	d)	e)	f)
Grundfläche G	50 cm^2	28 m^2	38 cm^2		314 m^2	114 cm^2
Körperhöhe k	16 cm	5 m	3 cm	8 cm		
Volumen V				400 cm^3	9420 m^3	513 cm^3

Für alle Säulen gilt:
Volumen = Grundfläche · Körperhöhe.

4 Berechne das Volumen der Säule.

a)

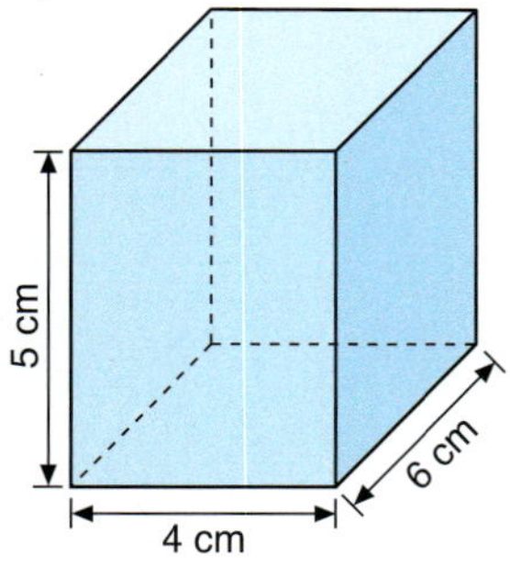

b)

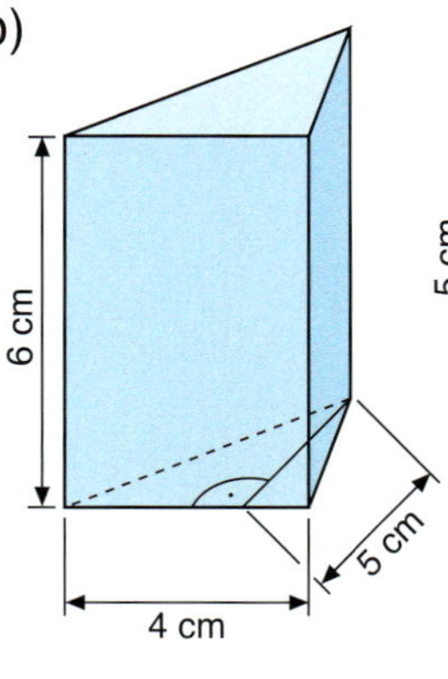

c)

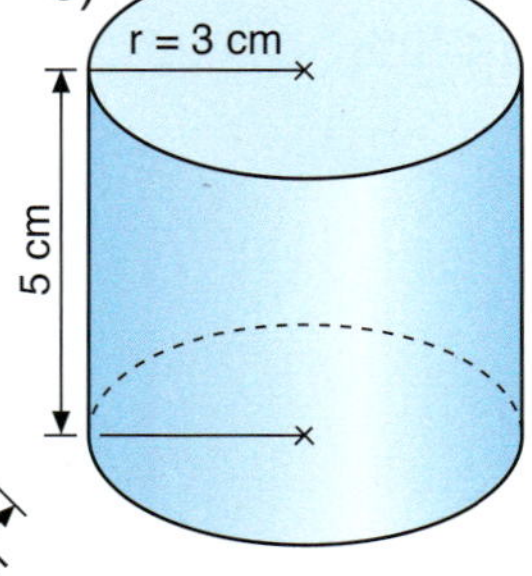

d)

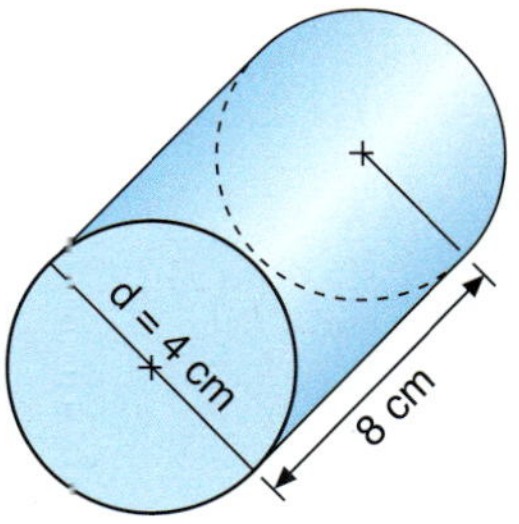

Oberfläche des Quaders

1 Erkläre, wie Carina die Oberfläche eines Quaders berechnet.

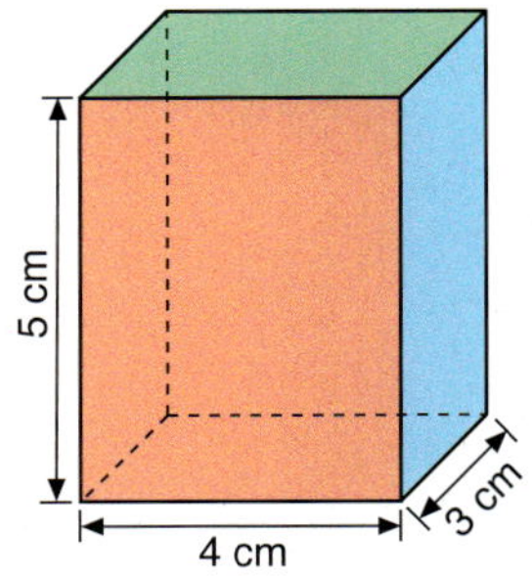

Oberfläche = 2 · Grundfläche + 2 · Vorderfläche + 2 · Seitenfläche

O = 2 · 12 + 2 · 20 + 2 · 15

O = 94

O = 94 cm²

Grundfläche: 4 · 3 = 12

Vorderfläche: 4 · 5 = 20

Seitenfläche: 3 · 5 = 15

Die Oberfläche eines Körpers ist die Summe seiner Einzelflächen.

2 a) Zeichne das Netz des Quaders in dein Heft. Färbe gegenüberliegende Flächen mit der gleichen Farbe.

b) Berechne die Oberfläche des Quaders.

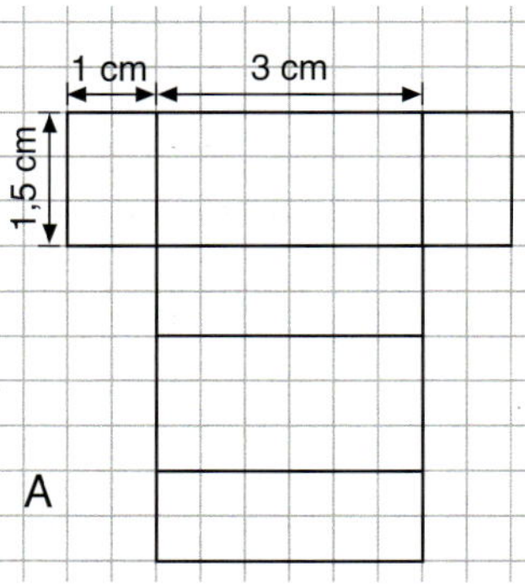

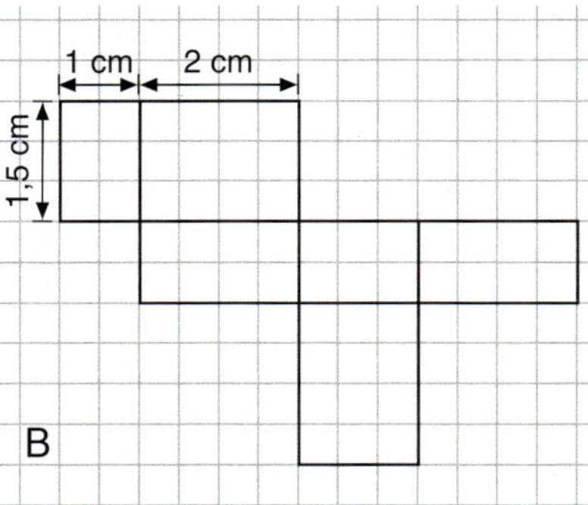

3 Berechne die Oberfläche des Quaders.

a)

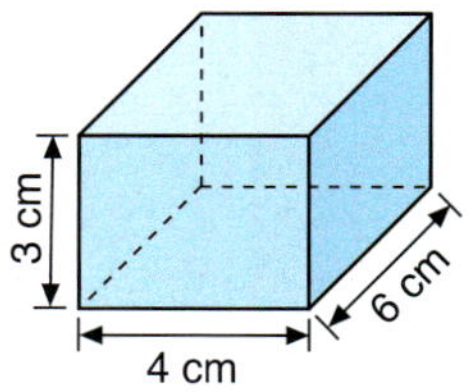

b)

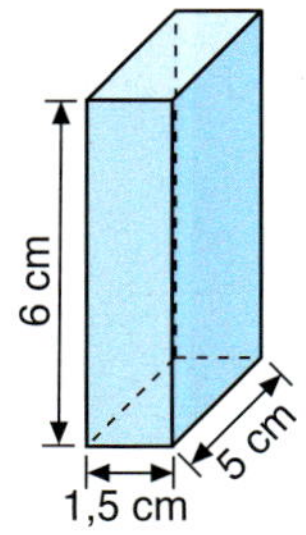

c)

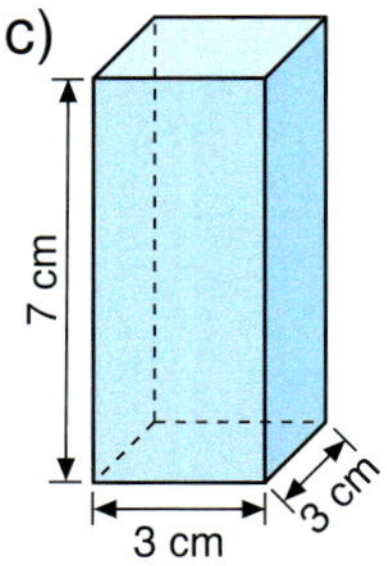

d)

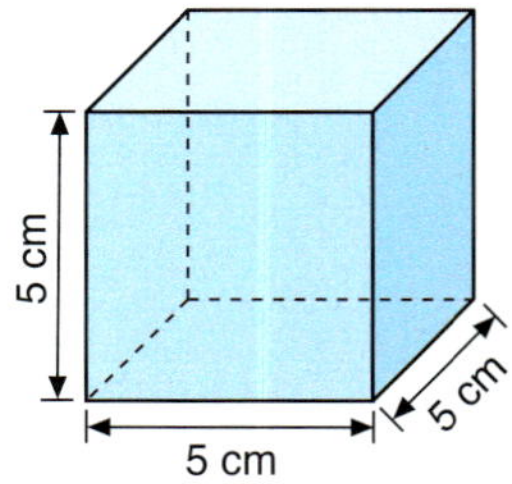

Oberfläche der Dreieckssäule

1 Erkläre, wie Lukas die Oberfläche einer Dreieckssäule berechnet.
Vervollständige die Rechnung.

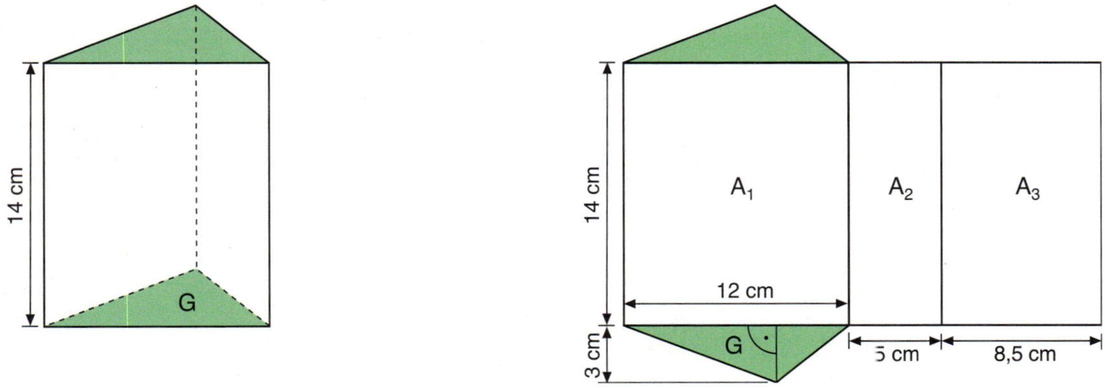

$O = 2 \cdot G + A_1 + A_2 + A_3$

O = ______________

O = ____________ cm^2

$G = \frac{12 \cdot 3}{2}$

$G = 18$

$A_1 = 12 \cdot 14$ $A_2 = 5 \cdot 14$ $A_3 = 8{,}5 \cdot 14$

$A_1 = 168$ $A_2 = 70$ $A_3 = 119$

2 Zeichne das Netz in der angegebenen Größe in dein Heft.
Berechne die Oberfläche der Dreieckssäule.

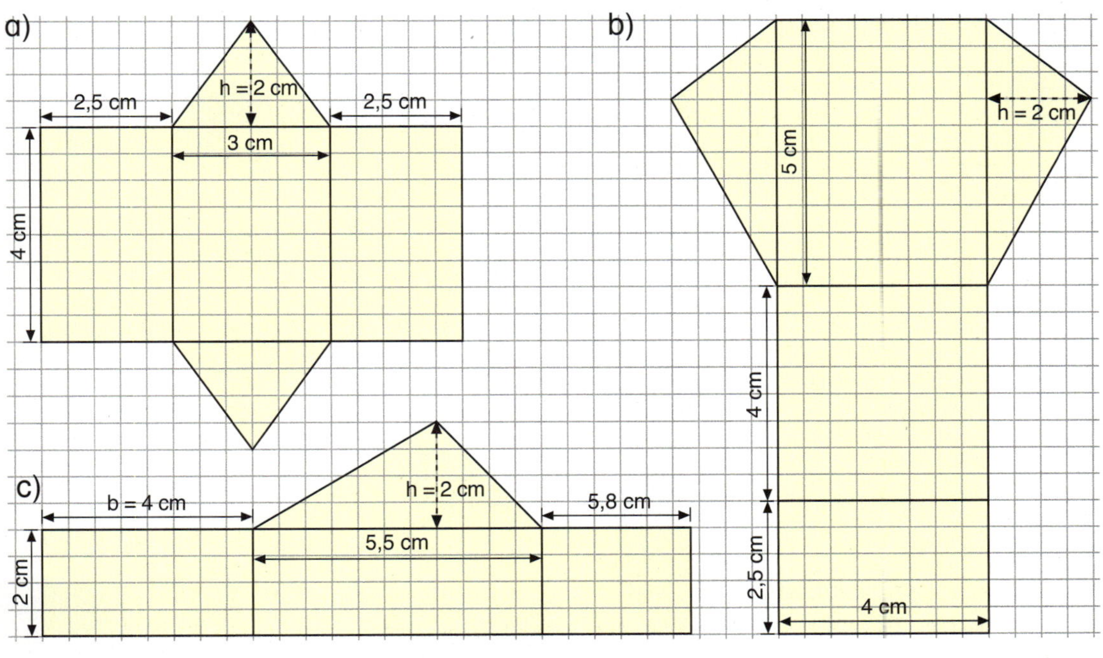

3 Wie viel cm^2 Pappe wird mindestens für die Verpackung benötigt?

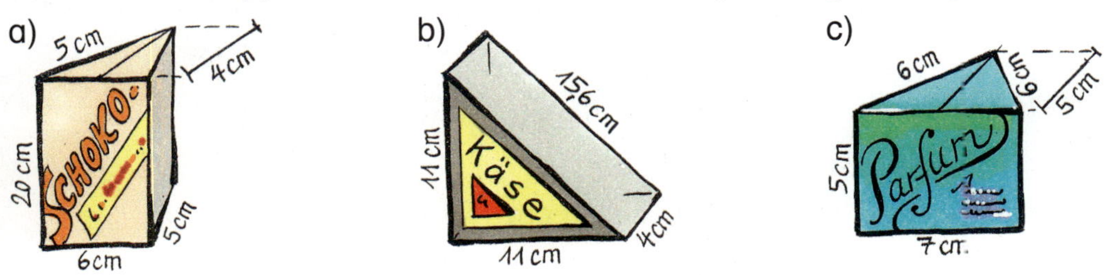

Oberfläche des Zylinders

1 Erkläre, wie Fatime die Oberfläche des Zylinders berechnet. Vervollständige die Rechnung.

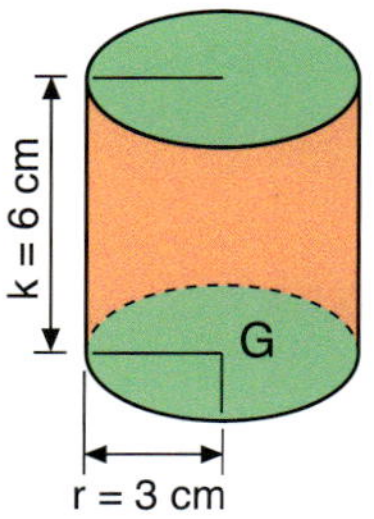

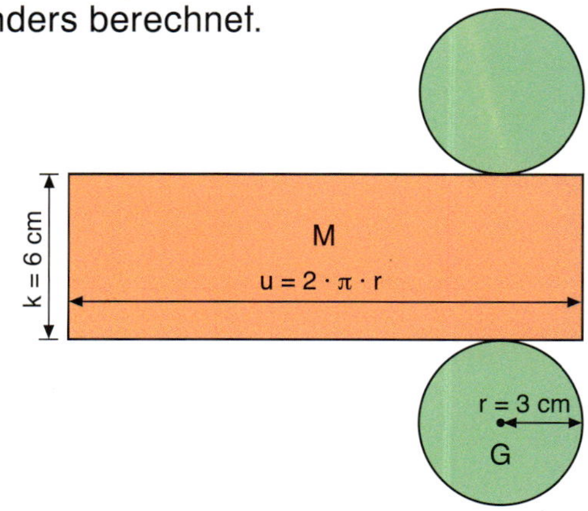

Oberfläche = 2 · Grundfläche + Mantelfläche

$O = 2 \cdot G + M$	$G = \pi \cdot r^2$	$M = 2 \cdot \pi \cdot r \cdot k$
$O = 2 \cdot 28{,}26 + 113{,}04$	$G = 3{,}14 \cdot 3 \cdot 3$	$M = 2 \cdot 3{,}14 \cdot 3 \cdot 6$
O = ____________	$G = 28{,}26$	$M = 113{,}04$
O = ____________ cm^2		

2 Zeichne das Netz des Zylinders in der angegebenen Größe in dein Heft. Berechne die Oberfläche des Zylinders.

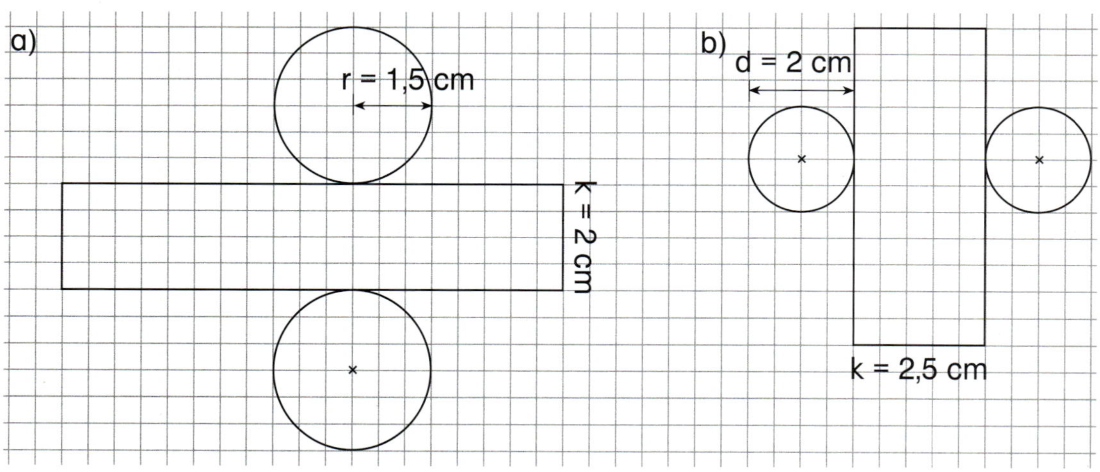

3 a) Wie viel Quadratzentimeter Blech braucht man mindestens für die Dose?

b) Wie groß ist die Fläche, die beklebt werden kann?

a)

r = 5 cm
k = 13 cm

b)

1 Ali hat eine Idee. Er notiert:
Oberfläche einer Säule   O = 2 · Grundfläche + Mantelfläche

a) Zeige in jedem Netz die Mantelfläche und die Grundfläche.
Erkläre Alis Idee.

b) Berechne für den Quader Grundfläche, Mantelfläche und Oberfläche.

c) Berechne für die Dreieckssäule Grundfläche, Mantelfläche und Oberfläche.

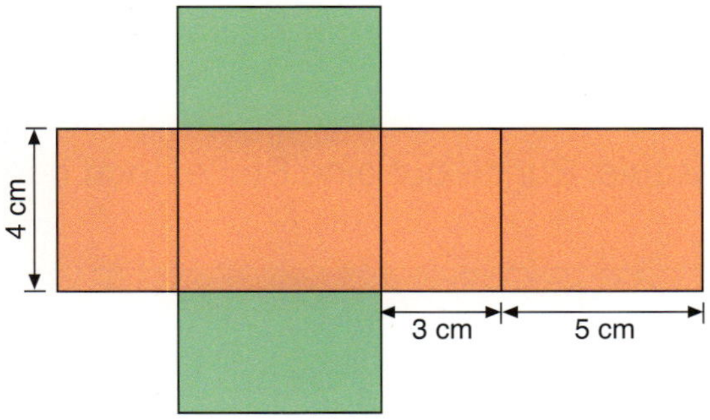

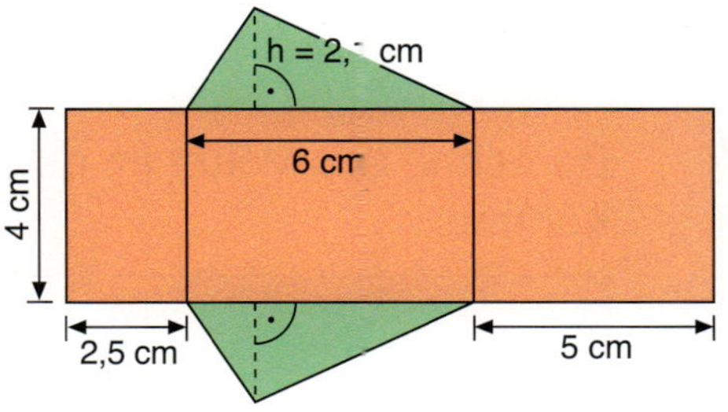

2 Berechne zuerst die Mantelfläche der Säule, dann die Oberfläche.

a)

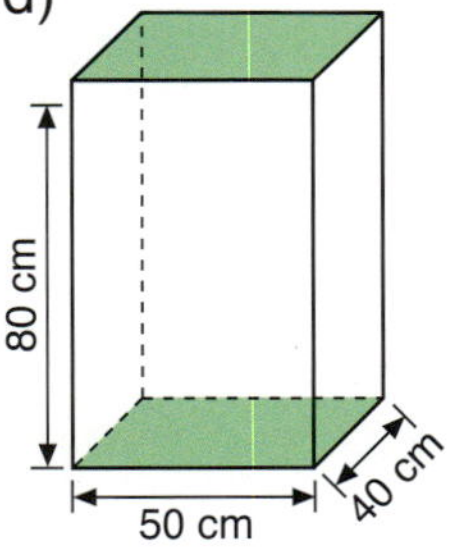

b)

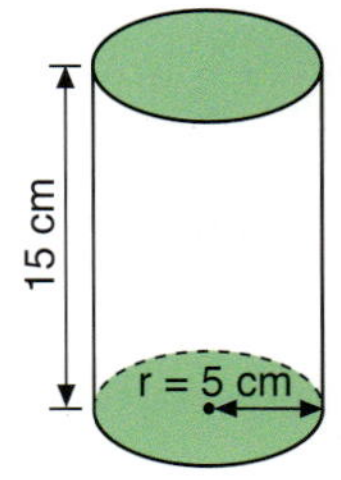

c)

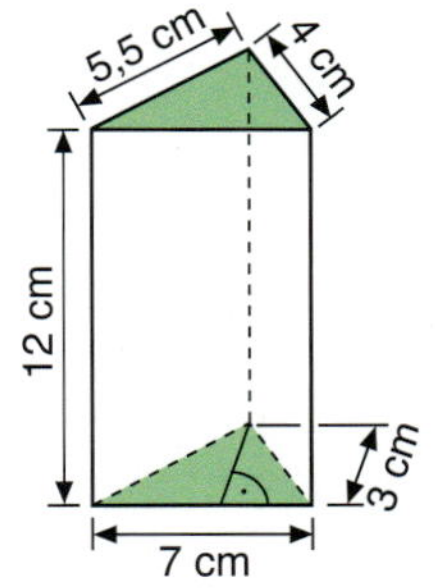

3 Die zylinderförmige Verpackung der Kartoffelchips ist 18 cm hoch. Der Durchmesser der Grundfläche beträgt 4 cm.
Die Mantelfläche ist bedruckt.
Wie groß ist die bedruckte Fläche?

4 Eine Fabrik stellt säulenförmige Verpackungen her.
Wie viel Quadratzentimeter Pappe werden mindestens für eine Schachtel gebraucht?

a) Quader
a = 15 cm
b = 20 cm
k = 35 cm

b) Zylinder
r = 7 cm
k = 45 cm

c) Dreieckssäule
a = 14 cm
b = 14 cm
c = 14 cm
k = 30 cm
Dreieckshöhe: 12,1 cm

1 Das Schwimmbecken ist 25 m lang, 12 m breit und 2,5 m tief.

a) Boden und Wände des Beckens werden neu gefliest. Wie viel m^2 Fliesen werden benötigt?

b) Das Schwimmbecken wird mit Wasser gefüllt. Wie viel m^3 Wasser passen hinein?

2 Berechne das Volumen der Dreieckssäule. Runde auf eine Stelle nach dem Komma.

	a)	b)	c)	d)	e)	f)	g)
g	4 cm	4 cm	4 cm	5 cm	10 cm	10 cm	10 cm
h	3 cm	3 cm	3 cm	6 cm	12 cm	12 cm	12 cm
k	5 cm	10 cm	15 cm	8 cm	8 cm	16 cm	32 cm

3 (1)

Die Verpackung einer Schokoladenstange hat die Form einer Dreieckssäule.

a) Wie viel cm^3 Schokolade passen in die Schachtel?

b) Auf der Mantelfläche stehen der Name der Schokolade und Informationen. Wie groß ist die Mantelfläche?

(2)

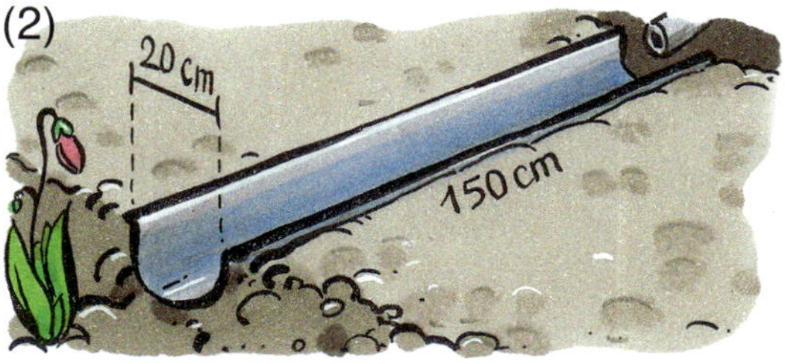

Die Wasserrinne mit der Form eines halben Zylinders wurde mit Blech ausgekleidet.

a) Wie viel Kubikzentimeter Wasser fasst die Rinne. Wie viel Liter sind das?

b) Wie viel Quadratzentimeter Blech wurden für das Auskleiden benötigt?

4 Berechne das Volumen des Körpers.

a)

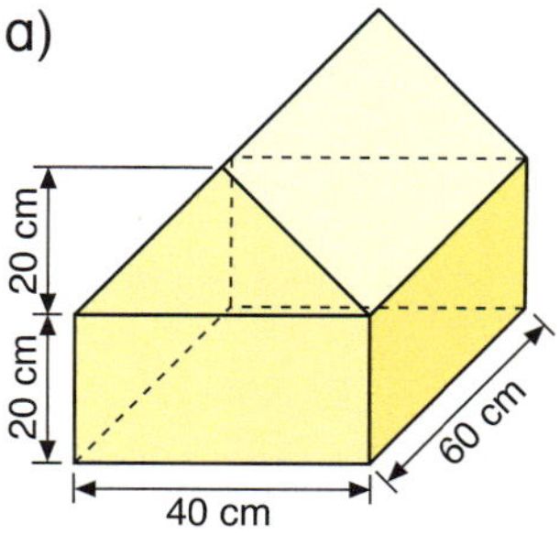

b)

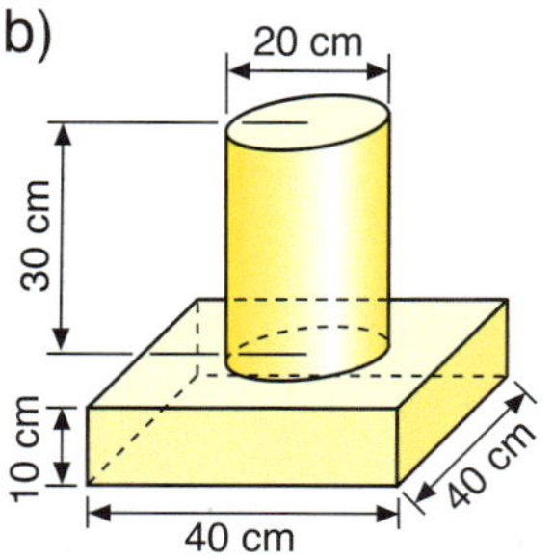

c)

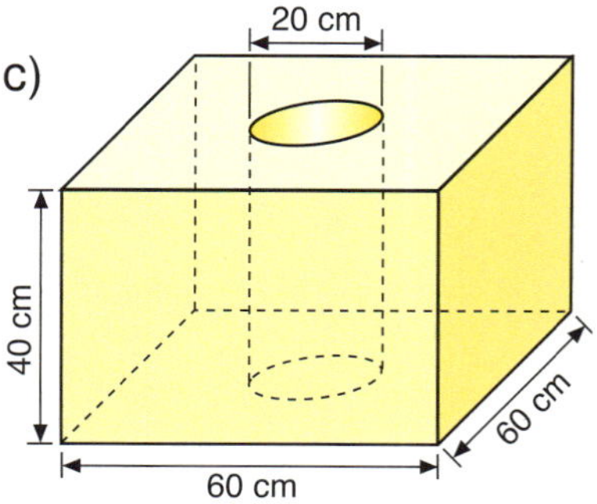

1 Warum neigt sich die Balkenwaage?

Material	1 cm^3 wiegt
Aluminium	2,7 g
Eisen	7,9 g
Kupfer	8,9 g
Blei	11,3 g
Gold	19,3 g
Platin	21,4 g

Die Dichte eines Stoffes gibt in Gramm an, wie schwer 1 cm^3 dieses Stoffes ist.

2 Berechne den fehlenden Wert.

a) Kupfer

cm^3	g
5	

b) Blei

cm^3	g
8	

c) Platin

cm^3	g
25	

3 Wie schwer ist der Gegenstand aus Metall?

a) 

b) 

c) 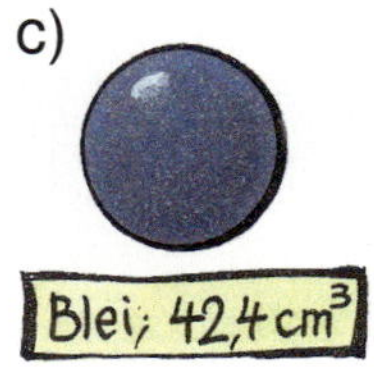

d) 

4 Wie schwer ist 1 cm^3 des Materials?

a) Silber

cm^3	g
2	21
1	

b) Zink

cm^3	g
5	35,5
1	

c) Styropor

cm^3	g
10	0,3
1	

d) Benzin

cm^3	g
20	13,8
1	

5 Ein Eiswürfel mit dem Volumen 4 cm^3 wiegt 3,6 g. Wie schwer ist 1 cm^3 Eis?

6 Ein Liter Wasser wiegt 1 kg.
Wie schwer ist 1 cm^3 Wasser?

1 l = 1 000 cm^3

7 a) Berechne das Volumen des Würfels.

b) Der Würfel ist aus Kupfer.
Wie schwer ist der Würfel?

c) Ein Würfel mit den gleichen Maßen wiegt 213,3 g.
Ist dieser Würfel aus Eisen oder aus Blei?

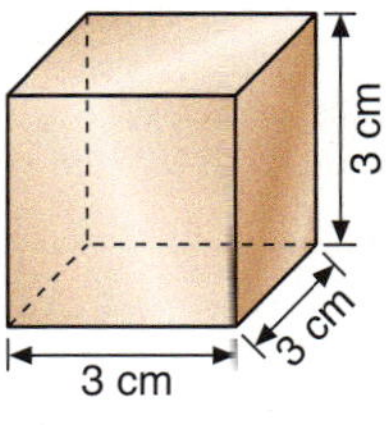

Wiederholen und Üben

1 Berechne das Volumen der Säule.

a)

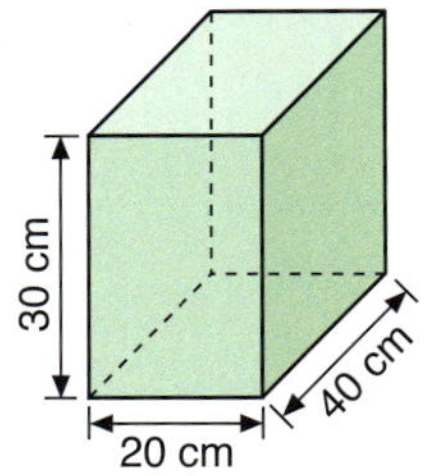

b)

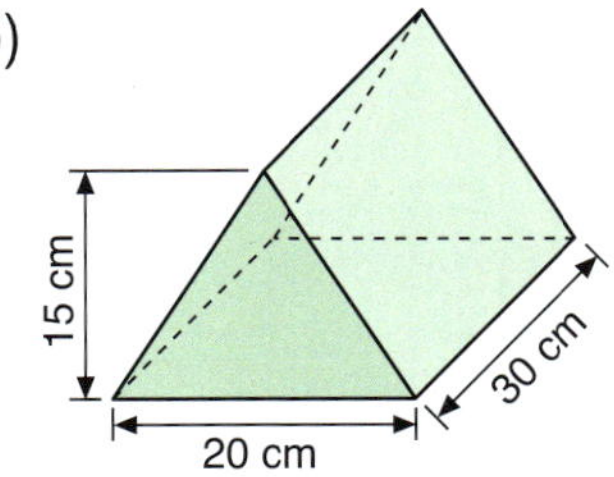

c)

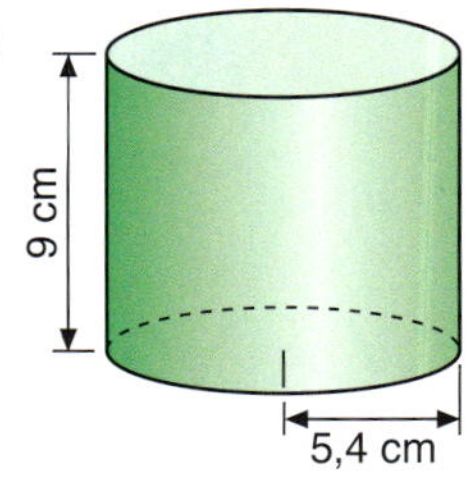

2 Berechne den fehlenden Wert für die Säule.

	a)	b)	c)	d)	e)	f)
Grundfläche G	500 cm²	45 cm²	23 m²	180 cm²		124 m²
Körperhöhe k	20 cm	20 cm	7 m		8 m	
Volumen V				900 cm³	1 000 m³	620 m³

3 Wie viel Quadratzentimeter Buntpapier brauchst du mindestens zum Bekleben?

a)

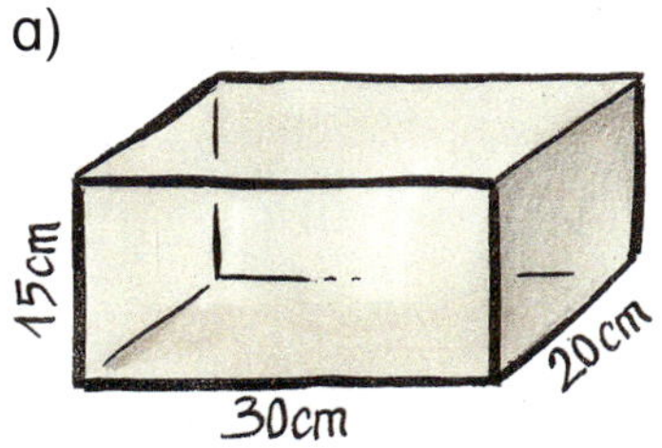

b)

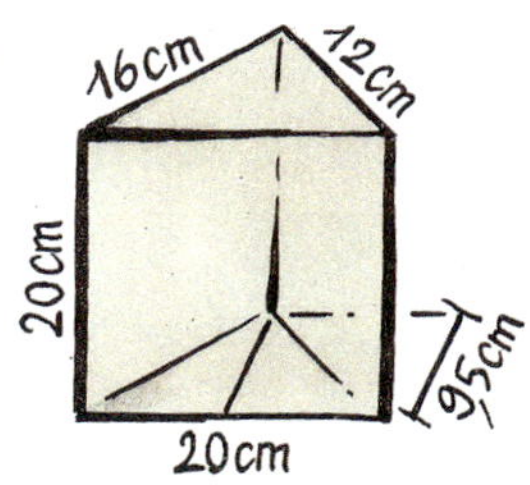

c)

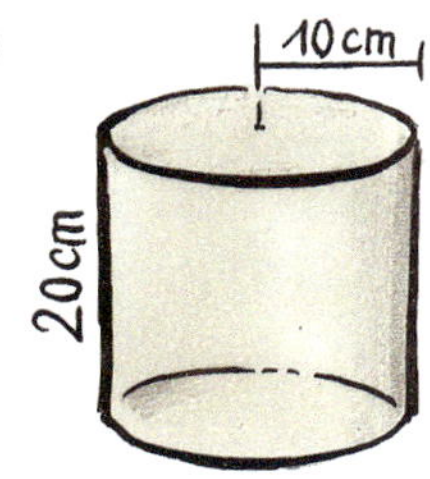

4 Die Seitenwände bestehen aus Glas.

a) Berechne die Mantelfläche.

b) Berechne das Volumen.

5 Berechne das Volumen des Körpers.

a)

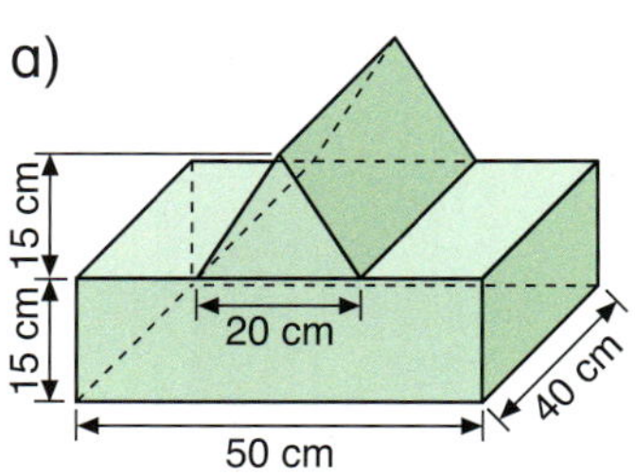

b)

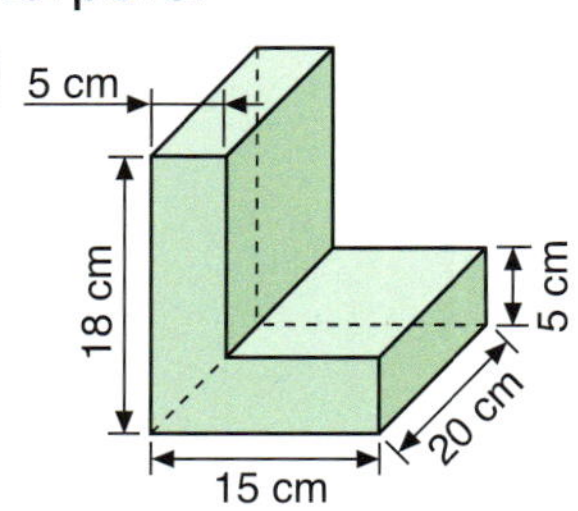

c)

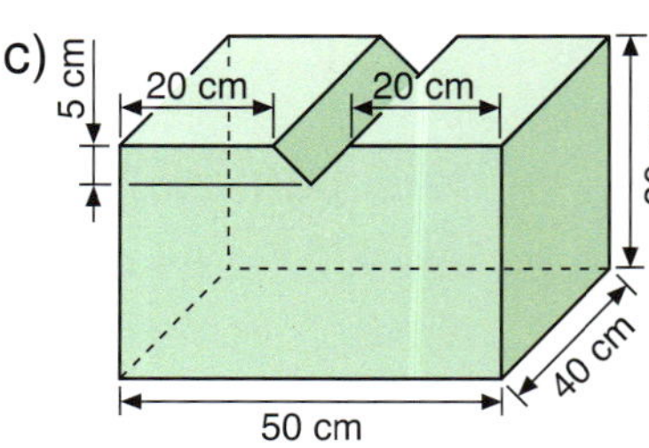

Zuordnungen

1

Der Lohn von Klaus wurde in einer Tabelle berechnet und dann in einem Schaubild dargestellt. Verfahre ebenso für die Löhne von Murat und Steve.

Klaus	
Stunden	€
1	4,50
2	9,00
4	18,00
6	27,00
8	36,00
10	45,00

Proportionale Zuordnung

Zum Doppelten einer Größe gehört das Doppelte der anderen Größe.

Zur Hälfte einer Größe gehört die Hälfte der anderen Größe.

Kalk (· 2 ↓ ... ↓ · 2)

kg	€
5	2
10	4

Zement (: 2 ↓ ... ↓ : 2)

kg	€
6	3
3	1,50

2 Berechne den fehlenden Preis.

a) **Kalk**

kg	€
1	0,40
3	

b) **Fugenmörtel**

kg	€
2	7,90
4	

c) **Spezialkleber**

kg	€
1	4,44
2,5	

d) **Wandfarbe**

Liter	€
5	18,50
1	

e) **Eimer**

Stück	€
6	9,30
1	

f) **Farbroller**

Stück	€
8	68,00
4	

1 Reicht die Farbe zum Streichen der 15 m² großen Mauer?

Farbe

	Liter	m²	
	2	6	
: 2 ↓	1		↓ : 2
· 5 ↓	5		↓ · 5

2

a) **Farbe**

	Liter	m²	
	4	10	
: 4 ↓	1		↓ : 4
· 6 ↓	6		↓

b) **Tapete**

	Rollen	m²	
	8	48	
↓	1		↓
↓	6		↓

c) **Tapete**

	Rollen	€	
	5	19,75	
↓	1		↓
↓	4		↓

3 Erkläre die Rechnungen. Erhalten beide das gleiche Ergebnis?

12 l Farbe kosten 46,80 €. Herr Beck kauft 60 l dieser Farbe.

Hella: **Farbe**

	Liter	€	
	12	46,80	
: 12 ↓	1		↓
· 60 ↓	60		↓

Robin: **Farbe**

	Liter	€	
	12	46,80	
· 5 ↓	60		↓

4 Im Kopf oder schriftlich?

a) **Kalk**

Säcke	€
5	32
10	

b) **Wasser**

Eimer	Liter
3	15
5	

c) **Kleber**

Tuben	€
9	9,30
3	

5 Sophie bekommt für 6 Stunden Arbeit in einem Malerbetrieb 36 €. Wie viel Euro würde sie für 10 Arbeitsstunden erhalten?

6 Welche Fehler wurden gemacht? Berichtige.

a) **Ziegel**

Stück	kg
200	80
100	4

b) **Rohre**

Stück	cm
3	240
10	8 000

c) **Holzleisten**

m	€
2	1,90
5	9,50

Umgekehrt proportionale Zuordnungen

1 Wie viele Stunden brauchen 2 Bagger?

Umgekehrt proportionale Zuordnung
Zum Doppelten einer Größe gehört die Hälfte der anderen Größe.
Zur Hälfte einer Größe gehört das Doppelte der anderen Größe.

Bagger

	Anzahl	h	
· 2 ↓	2	40	↓ : 2
	4	20	

Radlader

	Anzahl	h	
: 2 ↓	6	5	↓ · 2
	3	10	

2 Wie viele Stunden benötigen die Maschinen zur Erledigung der Arbeit?

a) Bagger

	Anzahl	h	
· 5 ↓	1	25	↓ :5
	5		

b) Lastwagen

	Anzahl	h	
↓	1	2	↓
	4		

c) Mischer

	Anzahl	h	
↓	1	20	↓
	8		

d) Radlader

	Anzahl	h	
: 2 ↓	6	24	↓ · 2
	3		

e) Bohrgeräte

	Anzahl	h	
↓	4	10	↓
	1		

f) Pumpen

	Anzahl	h	
↓	7	5	↓
	1		

3 Wenn 2 Radlader eingesetzt werden, ist das Baugrundstück nach 6 Tagen vorbereitet.

a) Wie lange dauert die Vorbereitung des Baugrundstücks, wenn nur ein Radlader zur Verfügung steht?

b) Wie viele Tage würden 4 Radlader für die Arbeit benötigen?

c) Wie viele Radlader müssten eingesetzt werden, um die Arbeit an einem Tag zu erledigen?

1 Ein Baustoffhändler hat 4 Lastkraftwagen. Um Steine zu einer Baustelle zu bringen, muss jeder Lkw 6-mal fahren.
Da ein Fahrer krank ist, können nur 3 Lkw eingesetzt werden.
Wie oft muss jeder Lkw fahren?

	Lkw	Fahrten	
: 4 ↓	4	6	↓ · 4
· 3 ↓	1	24	↓ : 3
	3		

2 Wie viele Fahrten sind notwendig?

a) **Ziegel**

	Lkw	Fahrten	
: 4 ↓	4	12	↓ · 4
· 6 ↓	1		↓ : 6
	6		

b) **Zement**

Lkw	Fahrten
3	24
1	
4	

c) **Pflastersteine**

Lkw	Fahrten
8	14
1	
14	

3 Wie viele Stunden benötigen die Maschinen zur Erledigung der Arbeit?

a) **Lastwagen**

Anzahl	h
4	12
1	
6	

b) **Bagger**

Anzahl	h
2	10
1	
5	

c) **Bautrockner**

Anzahl	h
10	18
1	
3	

4 Ein Firmengebäude kann von 3 Personen in 6 Stunden aufgeräumt werden.
Wie viele Stunden brauchen 2 Personen für das Aufräumen?

5 Ein Lkw muss 12-mal fahren, um Kies zu einer Baustelle zu bringen.

a) Wie oft müssen 4 Lkw fahren, um den Kies zu transportieren?

b) Für den Transport werden 3 Lkw eingesetzt. Wie oft muss jeder Lkw fahren?

6 In der Neubausiedlung stehen zur Bepflanzung der Randbeete insgesamt 30 Ziersträucher zur Verfügung.

a) Die Sträucher sollen auf 6 Beete verteilt werden. Wie viele Sträucher kommen auf jedes Beet?

b) Auf Wunsch des Architekten werden 10 Beete angelegt.
Wie viele Sträucher kommen auf jedes Beet?

Umgekehrt proportionale Zuordnungen

1 Für die Vorbereitung eines Baugebietes können mehrere Planierraupen eingesetzt werden. In der Tabelle steht, wie viele Stunden die Arbeiten jeweils dauern. Die Werte sind im Schaubild dargestellt.

Anzahl	h
1	120
2	60
3	40
4	30
5	24
6	20

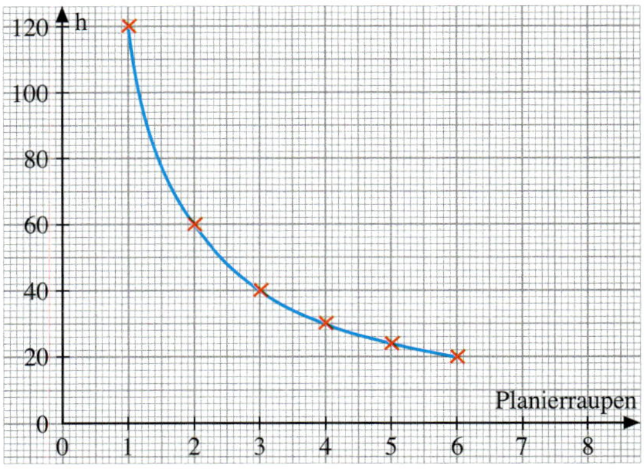

a) Wird eine Planierraupe eingesetzt, dauern die Arbeiten 120 Stunden. Zeige, wo du das im Schaubild abliest.

b) Vergleiche die übrigen Werte der Tabelle mit der Darstellung im Schaubild.

c) Sibel sagt: „In der Tabelle gehört zur doppelten Anzahl immer die halbe Zeit. Die Zuordnung ist umgekehrt proportional."
Hat sie recht?

2 Lies im Schaubild die Werte zu den markierten Punkten ab und trage sie in eine Tabelle ein.
Die Zuordnung ist umgekehrt proportional. Prüfe nach.

a)

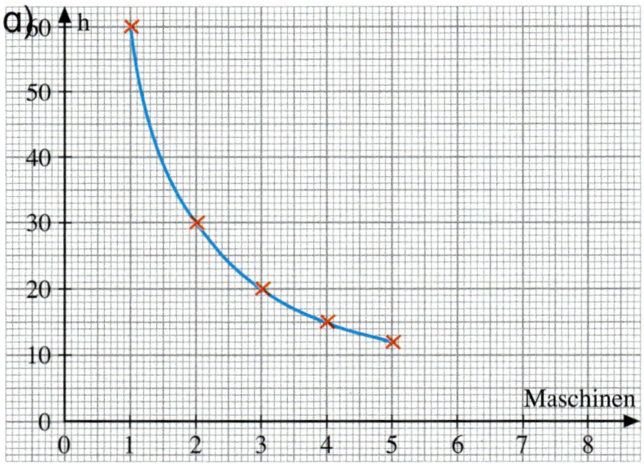

b)

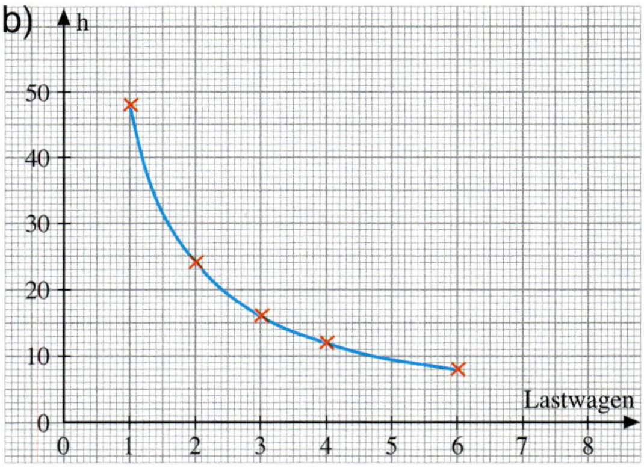

3 Vervollständige die Tabelle der umgekehrt proportionalen Zuordnung.
Zeichne dazu ein Schaubild.

a) **Transporter**

Anzahl	h
1	36
2	
3	12
4	
6	

b) **Maschinen**

Anzahl	h
1	180
2	
3	
4	
6	

c) **Pumpen**

Anzahl	h
1	240
2	120
3	
4	
6	

1 Der Malerbetrieb Flott plant Renovierungsarbeiten. Die Firma hat 6 Mitarbeiter. Jeder Beschäftigte arbeitet täglich 8 Stunden.

a) Wie viele Stunden werden insgesamt für die Renovierung eingeplant?

b) Wie viele Arbeitstage würde ein Maler zur Erledigung aller Arbeiten benötigen?

c) Die Firma setzt 2 Maler ein. Wie viele Arbeitstage brauchen sie?

d) Wie viele Maler könnten alle Renovierungsarbeiten an einem Tag erledigen?

2 Welche Fehler wurden gemacht? Berichtige.

a) **Tapezieren**

Maler	Tage
3	12
6	24

b) **Streichen**

Maler	Tage
6	6
2	2

c) **Lackieren**

Maler	Tage
5	10
1	5

3 Im Kopf oder schriftlich?

a) **Steine**

Lkw	Fahrten
5	24
6	

b) **Beton**

Lkw	Fahrten
2	6
1	

c) **Sand**

Lkw	Fahrten
3	12
2	

4 Eine Baugrube kann von 2 Baggern in 10 Stunden ausgehoben werden.
In welcher Zeit könnten 5 Bagger die Baugrube ausheben?

5 Eine Arbeit kann von 5 Maurern in 10 Stunden ausgeführt werden.
Loredano und Susan haben Schaubilder dazu angefertigt.
Welches Schaubild ist falsch? Begründe deine Antwort.

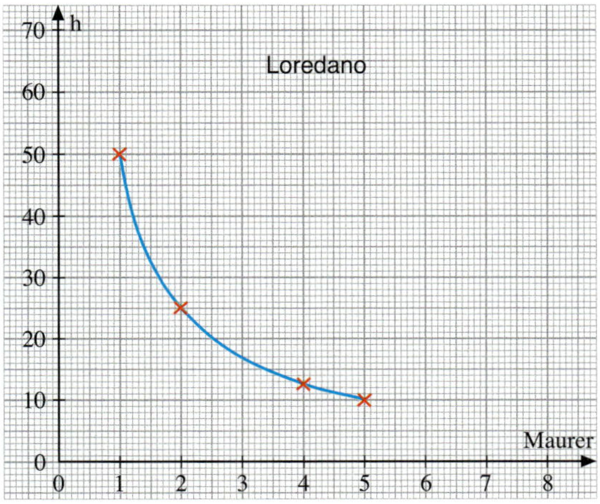

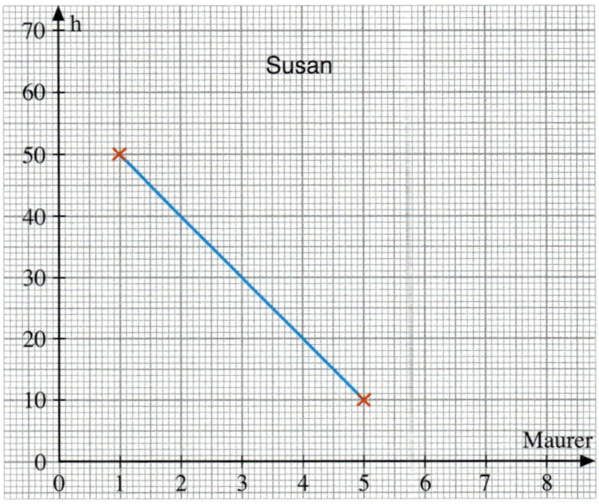

1

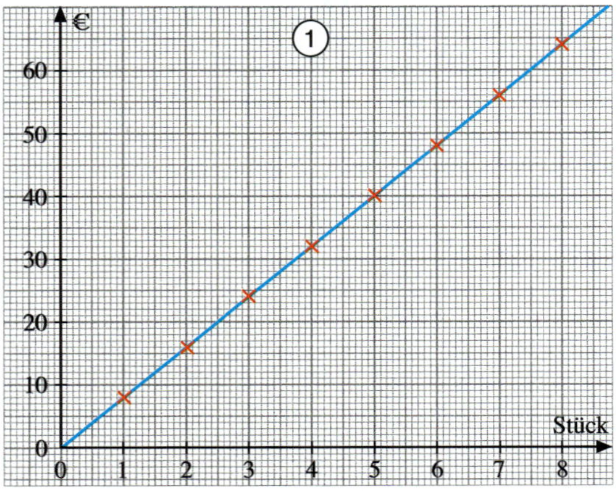

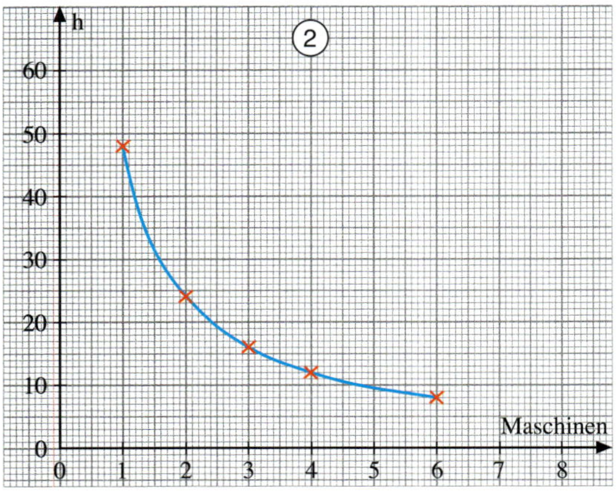

a) Erstelle zu jedem Schaubild eine Tabelle. Trage die Werte ein.

b) Welches der beiden Schaubilder gehört zu einer proportionalen Zuordnung?

2 Welche Tabelle gehört zu einer umgekehrt proportionalen Zuordnung? Schreibe auf, woran du das erkennst.

a) **Streichen**

Maler	Tage
1	12
2	6
3	4
4	3

b) **Steine**

Stück	kg
1	0,5
2	1
3	1,5
4	2

c) **Farbe**

l	€
1	3,95
2	7,90
3	11,85
4	15,80

3 Welche Tabelle gehört zu einer proportionalen Zuordnung? Fertige zu dieser Tabelle ein Schaubild an.

a) **Transport**

Lkw	Fahrten
1	60
2	30
3	20
4	15

b) **Lohn**

h	€
1	5
2	10
3	15
4	20

c) **Maurer**

Maurer	Tage
1	120
2	60
3	40
4	30

4 Welcher Text gehört zu einer umgekehrt proportionalen Zuordnung?

Am Wochenende hilft Julia im Betrieb ihrer Tante. Für jede Arbeitsstunde erhält sie 4,50 €. Wie viel Euro erhält Julia für 8 Arbeitsstunden?

Philipp fährt jeden Morgen 4 km mit dem Fahrrad zu seinem Praktikumsbetrieb. Wie viel Kilometer fährt er hin und zurück an 5 Arbeitstagen?

Ayse hat überlegt, dass sie 6 Stunden benötigt, um den Zaun vor dem Jugendhaus zu streichen.
Wie viele Stunden dauert das Streichen, wenn ihre Freundin Sarah mithilft?

1 Baukräne werden regelmäßig gewartet und auf Sicherheit überprüft. Eine Wartungsfirma veranschlagt für die Wartung von 6 Kränen 30 Tage.

a) Wie viele Tage werden für die Wartung von 3 Kränen benötigt?

b) Wie viele Tage müssen für 12 Kräne eingeplant werden?

c) Wie viele Tage dauert die Wartung von 4 Kränen?

2 Wie viele Fahrten muss jeder Lkw machen? Ergänze den fehlenden Wert.

a) **Kies**

Lkw	Fahrten
12	6
8	

b) **Sand**

Lkw	Fahrten
2	50
5	

c) **Beton**

Lkw	Fahrten
13	4
2	

3 Wie viel Euro kosten die Anschaffungen? Ergänze den fehlenden Wert.

a) **Zangen**

Stück	€
3	16,50
4	

b) **Lötkolben**

Stück	€
5	149,90
3	

c) **Schaufeln**

Stück	€
2	19,98
5	

4 Der Mietpreis für einen Bagger beträgt 65 € pro Stunde. Herr Gerdes mietet den Bagger für 8 Stunden. Wie hoch ist der Mietpreis?

5 Ein Hof kann von 8 Handwerkern in 12 Stunden gepflastert werden.

a) Wie viele Stunden würden 4 Handwerker für diese Arbeit benötigen?

b) Die Baufirma setzt 12 Handwerker ein. Wie viele Stunden benötigen sie für das Pflastern des Hofes?

c) Wie viele Stunden dauert das Pflastern des Hofes bei
6 Handwerkern 3 Handwerkern 2 Handwerkern?
Erstelle eine Tabelle.

6 Ist die Zuordnung proportional oder umgekehrt proportional? Berechne den fehlenden Wert.

a) **Balken**

Stück	€
5	340
7	

b) **Pumpen**

Anzahl	h
3	10
5	

c) **Lohn**

h	€
10	89,50
21	

Vermischte Übungen

1 Eine Gemeinde stellt ein 12 000 m^2 großes Baugebiet zur Verfügung. Der Preis pro Quadratmeter beträgt 45 €.

a) Das Baugebiet soll in Bauplätze von 500 m^2 aufgeteilt werden. Wie viele Bauplätze werden es?

b) Wie viel Euro kostet ein 500 m^2 großer Bauplatz?

c) Wie viele Bauplätze von 600 m^2 könnten aus dem Baugebiet entstehen?

d) Wie viel Euro wären für einen 600 m^2 großen Bauplatz zu bezahlen?

2 Mirko hilft manchmal im Bauunternehmen seines Onkels. Er erhält pro Stunde 4,90 €. Am Samstag erhöht sich der Stundenlohn um 50 Cent. Am Mittwoch hat Mirko 3 Stunden mitgeholfen, am Samstag waren es 6 Stunden.
Wie viel Euro hat er insgesamt verdient?

3 Welcher Text passt zum Schaubild? Ordne zu.

(1) Die Temperatur steigt im Laufe des Tages an und sinkt dann wieder.

(2) Je mehr Pumpen eingesetzt werden, desto kürzer ist die Zeit für das Auspumpen einer Grube.

(3) Je mehr Steine gekauft werden, desto höher ist der Rechnungsbetrag.

(A)
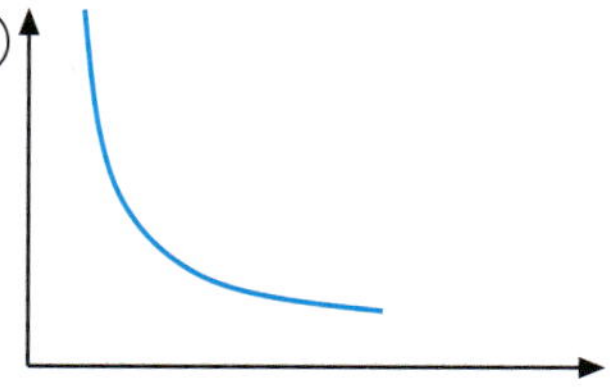

(B)
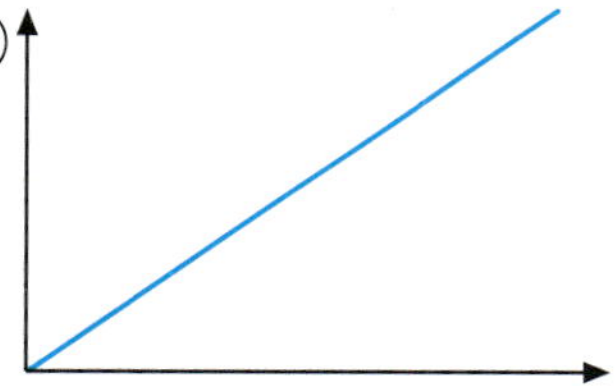

(C)
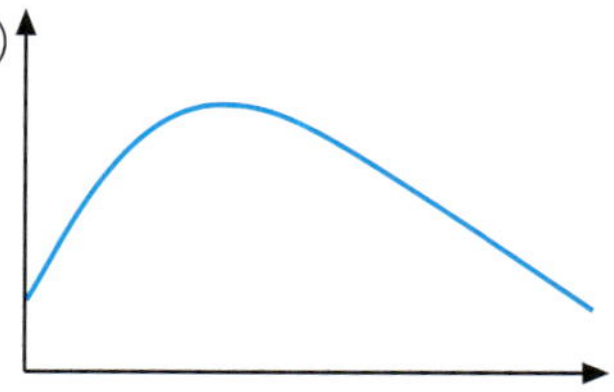

4 Ein Radlader verbraucht in einer Arbeitsstunde 19 Liter Diesel. Erstelle eine Tabelle und trage den Verbrauch an Diesel für bis zu 10 Stunden ein.

5 Entscheide zuerst, ob die Zuordnung proportional oder umgekehrt proportional ist. Prüfe dann, ob ein Fehler gemacht wurde, und berichtige.

a) **Leisten**

Stück	€
2	0,98
6	5,88

b) **Balken**

Lkw	Fahrten
1	4
2	8

c) **Bretter**

Pakete	€
5	60
1	300

1

2 Drei Handwerker benötigen für den Aufbau einer Küche 5 Stunden.
Wie lange dauert der Aufbau, wenn nur zwei Handwerker eingesetzt werden?

3 Übertrage die Tabelle in dein Heft. Trage die fehlenden Werte ein.

a) Pumpen

Anzahl	h
1	120
2	
3	
4	
5	24

b) Pumpen

Anzahl	h
1	180
2	
3	
6	
12	15

c) Pumpen

Anzahl	h
1	36
2	
3	
4	
6	6

4 Mayrem hilft in der Gärtnerei ihrer Tante. Sie erhält einen Stundenlohn von 5 €.

a) Erstelle eine Tabelle für 1, 2, 3, ..., 8, 9, 10 Arbeitsstunden.

b) Zeichne ein Schaubild zu deiner Tabelle. Wähle 1 cm für 1 Arbeitsstunde und 1 cm für 5 €.

5 In die Gefäße läuft gleichmäßig Wasser ein.
Die Schaubilder zeigen, wie die Füllhöhe mit der Zeit steigt.
Ordne die Schaubilder den Gefäßen zu.

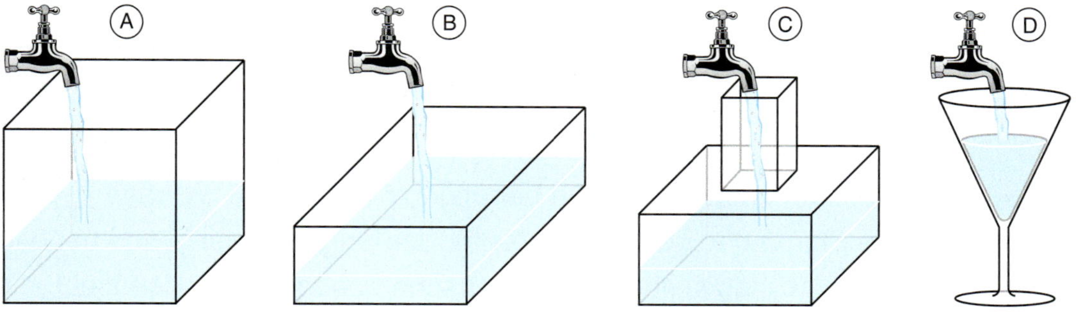

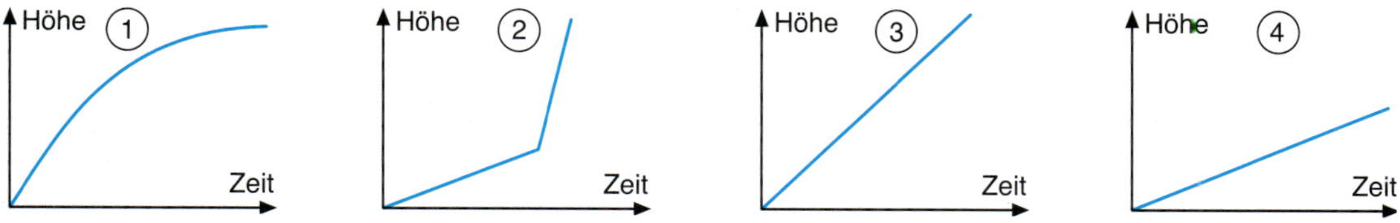

Wiederholen und Üben

1 Übertrage die Tabelle in dein Heft. Trage die fehlenden Werte ein.

a) **Lack**

Liter	m^2
2	7
1	3,5
5	

b) **Fliesen**

Pakete	m^2
10	100
1	
19	

c) **Kleber**

Tuben	ml
6	750
1	
4	

2 Übertrage die Tabelle in dein Heft. Trage ein, wie viele Stunden für die Ausführung der Arbeiten benötigt werden.

a) **Radlader**

Anzahl	h
2	24
1	
8	

b) **Lastwagen**

Anzahl	h
10	3
1	
6	

c) **Pumpen**

Anzahl	h
3	25
1	
5	

3 In den Sommerferien hilft Rieke auf dem Ponyhof aus. Sie erhält 60 € für 12 Arbeitsstunden.

a) Wie hoch ist der Stundenlohn, den Rieke erhält?

b) Wie viel Euro würde Rieke für 40 Arbeitsstunden verdienen?

c) In den letzten zwei Wochen hat Rieke 150 € verdient.
Wie viele Stunden hat sie dafür gearbeitet?

4 Herr Berg benötigt für das Streichen eines Zaunes allein 5 Stunden.
In welcher Zeit könnte der Anstrich beendet sein, wenn sein Sohn Timo mithilft?

5 Ist die Zuordnung proportional oder umgekehrt proportional?
Berechne die fehlende Größe.

a) **Steine**

Pakete	Stück
3	750
8	

b) **Maschinen**

Anzahl	Tage
4	8
1	

c) **Leisten**

Pakete	kg
9	36
5	

6 Für das Errichten einer Hauswand benötigen 6 Maurer 48 Stunden.

a) Wie viele Stunden würden 4 Maurer für das Errichten der Wand benötigen?

b) Der Bauherr wünscht, dass die Mauer schon nach 36 Stunden steht.
Wie viele Maurer muss die Baufirma einsetzen?

7 Ein Teich kann von zwei Pumpen in 18 Stunden leergepumpt werden.
Der Teich soll schon in 9 Stunden leergepumpt sein.
Wie viele Pumpen werden dafür benötigt?

Lösen von Gleichungen

1 Die Mandarinen im Netz und die einzelnen Mandarinen sind alle gleich schwer.
Erkläre, wie die Anzahl der Mandarinen im Netz bestimmt wird.

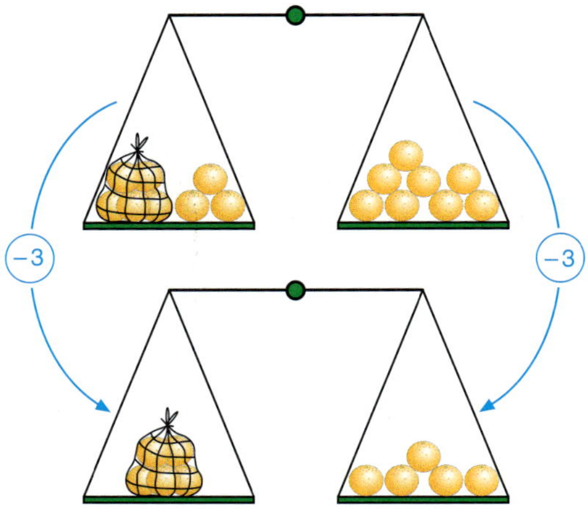

Anzahl der Mandarinen im Netz: x

Gleichung: $x + 3 = 8$

Lösen der Gleichung:
$$x + 3 = 8 \quad | -3$$
$$x + 3 - 3 = 8 - 3$$
$$x = 5$$

Probe:
Die Lösung für x einsetzen.
$$x + 3 = 8$$
$$5 + 3 = 8$$
$$8 = 8$$

Zum Lösen einer Gleichung führst du auf beiden Seiten dieselben Rechnungen durch.

2 Bestimme die unbekannte Zahl durch Lösen der Gleichung.
Mache die Probe.

a) $x + 2 = 7$
$x + 5 = 8$
$x + 7 = 9$

b) $15 + x = 23$
$32 + x = 58$
$28 + x = 63$

c) $340 = x + 120$
$400 = x + 375$
$920 = x + 410$

d) $250 = 120 + x$
$410 = 380 + x$
$520 = 170 + x$

3 In den drei Beuteln sind gleich viele Kugeln.
Wie viele Kugeln sind in jedem Beutel? Erkläre den Lösungsweg.

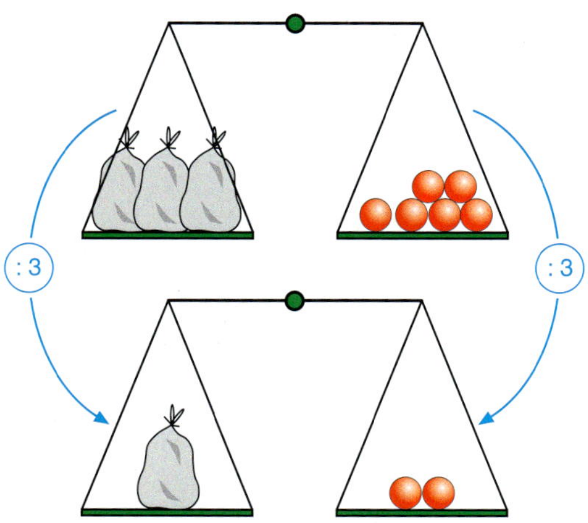

Anzahl der Kugeln in jedem Beutel: x

Gleichung: $3 \cdot x = 6$

Lösen der Gleichung:
$$3 \cdot x = 6 \quad | : 3$$
$$3 \cdot x : 3 = 6 : 3$$
$$x = 2$$

Probe:
$$3 \cdot x = 6$$
$$3 \cdot 2 = 6$$
$$6 = 6$$

4 Bestimme die unbekannte Zahl. Mache die Probe.
Beachte: $3x = 3 \cdot x$

a) $3x = 12$
$4x = 24$
$5x = 45$

b) $20z = 160$
$90y = 450$
$70a = 210$

c) $11x = 660$
$30u = 900$
$12y = 600$

d) $120 = 4x$
$240 = 6t$
$150 = 5y$

1 Lea hat Tims Lösungsweg zum Bestimmen des unbekannten Gewichts x verkürzt. Vergleiche die Lösungswege. Mache die Probe.

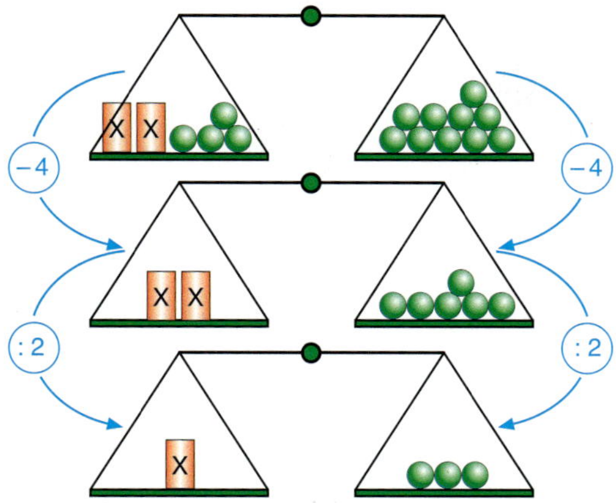

Tim

$$\begin{aligned} 2x + 4 &= 10 \quad | -4 \\ 2x + 4 - 4 &= 10 - 4 \\ 2x &= 6 \quad | :2 \\ x &= 3 \end{aligned}$$

Lea

$$\begin{aligned} 2x + 4 &= 10 \quad | -4 \\ 2x &= 6 \quad | :2 \\ x &= 3 \end{aligned}$$

2

a) $3x + 6 = 18$; $2x + 5 = 21$

b) $2 + 5a = 17$; $4 + 9a = 22$

c) $33 = 4x + 5$; $37 = 6y + 7$

d) $7z + 8 = 64$; $8z + 9 = 81$

3 Ordne zuerst und fasse zusammen. Dann löse die Gleichung durch Umformen. Zur Probe musst du die Lösung in die Ausgangsgleichung einsetzen.

$$\begin{aligned} 6x + 5 + 3x &= 41 \\ 6x + 3x + 5 &= 41 \\ 9x + 5 &= 41 \end{aligned}$$

a) $6x + 5 + 3x = 41$; $3x + 4 + 2x = 24$; $9x + 8 - 3x = 32$

b) $4a + 3 - 2a = 27$; $9a + 7 - 4a = 42$; $8y + 8 - 3y = 53$

c) $10b - 5 - 3b = 19$; $15x + 7 - 3x = 19$; $10a + 8 - 9a = 80$

4 Erkläre die Umformungen der Gleichung mit Hilfe der Waagebilder. Mache die Probe.

$$\begin{aligned} 2x + 3 &= x + 9 \quad | -x \\ 2x + 3 - x &= x + 9 - x \\ x + 3 &= 9 \quad | -3 \\ x &= 6 \end{aligned}$$

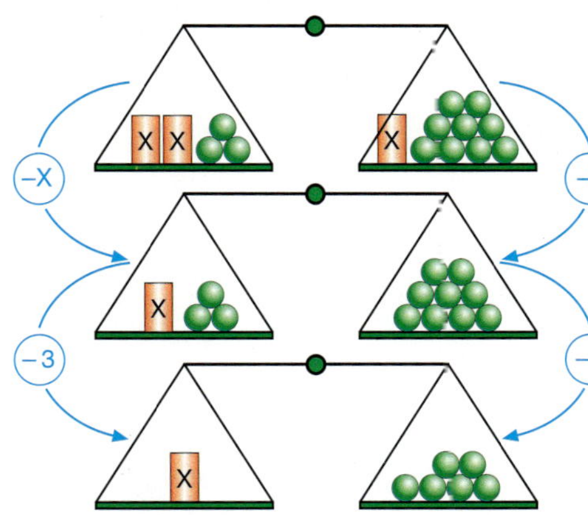

5

a) $7x + 3 = 2x + 18$; $4y + 3 = y + 15$; $9x + 4 = 4x + 29$

b) $12a + 14 = 9a + 44$; $10b + 11 = 6b + 51$; $13x + 15 = 4x + 60$

c) $3x + 34 = 9x + 10$; $2y + 18 = 7y + 13$; $7a + 39 = 9a + 17$

6 Die Lösung ist nicht immer eine ganze Zahl.

a) $2x = 1$; $3x = 5$

b) $5y + 3 = 4y + 3$; $5x + 2 = 2x + 3$

c) $12a + 13 = 17$; $10b + 8 = 18$

d) $6y + 6 - 2y = 18$; $6a + 1 + 4a = 10$

Aufstellen von Gleichungen

1

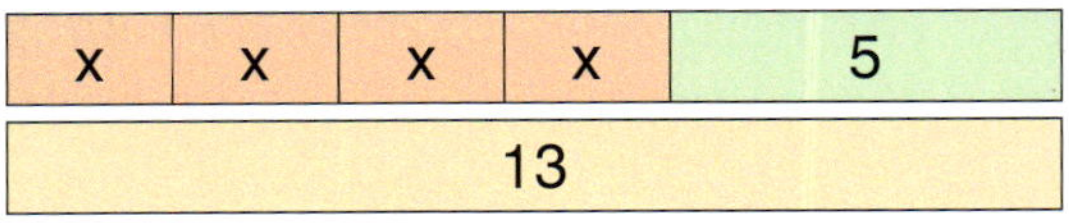

$$4x + 5 = 13 \quad | -5$$
$$4x = 8 \quad | :4$$
$$x = 2$$

a) Passt das Streckenbild zu Leos Zahlenrätsel?

b) Erkläre, wie Fatma zu Leos Rätsel eine Gleichung aufstellt. Prüfe die Lösung.

2 Wie heißt die gedachte Zahl? Stelle zum Rätsel eine Gleichung auf und löse sie.

a) Ich denke mir eine Zahl, multipliziere sie mit 6, addiere 8 und erhalte 38.

b) Ich denke mir eine Zahl, verdopple sie, addiere 12 und erhalte 24.

c) Ich denke mir eine Zahl, multipliziere sie mit 12, addiere 13 und erhalte 37.

3 Jan und Karin haben Geld gespart. Karin hat 9 € mehr gespart als Jan. Zusammen haben sie 73 €. Wie viel Euro hat Jan gespart, wie viel Karin?

Jan hat gespart:	x
Karin hat gespart:	$x + 9$
Zusammen:	73

Aufstellen einer Gleichung
(1) Bezeichne eine der unbekannten Zahlen mit x.
(2) Drücke alle anderen unbekannten Zahlen mit Hilfe von x aus.
(3) Schreibe dann eine Gleichung auf.

4 Tim hat 18 € mehr gespart als seine Freundin Lea. Zusammen haben sie 128 € gespart. Wie viel Euro hat jeder der beiden gespart?

5 Herr Liek ist dreimal so alt wie sein Sohn Ben. Zusammen sind sie 56 Jahre alt. Wie alt ist Ben, wie alt ist sein Vater? Tipp: Bezeichne Bens Alter mit x.

6

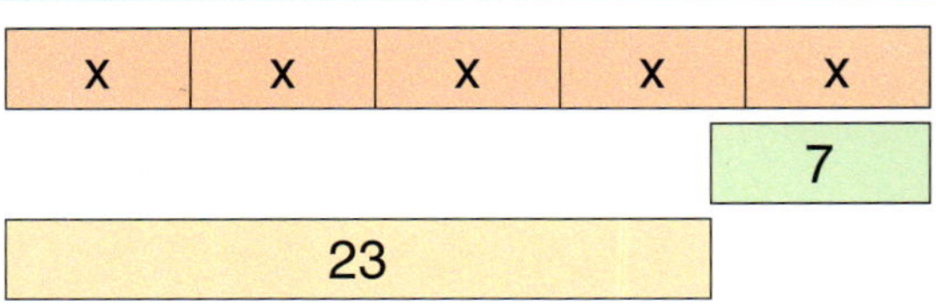

$$5x - 7 = 23 \quad | +7$$
$$5x = 30 \quad | :5$$
$$x = 6$$

a) Passt das Streckenbild zu Tinas Zahlenrätsel?

b) Erkläre, wie Robert zu Tinas Rätsel eine Gleichung aufstellt. Prüfe die Lösung.

7 a) $3x - 12 = 12$ b) $10x - 9 = 61$ c) $11x - 12 = 65$ d) $12x - 6 = 90$

1 Stelle eine Gleichung auf.

a) Wie schwer ist die Melone?

b) Wie teuer ist eine Flasche Apfelsaft?

c) Wie alt ist jedes Mädchen?

d) Wie viel Euro zahlt ein Erwachsener?

2 Welche Gleichung gehört zur Aufgabe? Löse sie. Schreibe einen Antwortsatz.

Die Klasse 9a besucht den Zoo. Der Eintritt kostet 12 € pro Schüler.
Eine Führung kostet 20 €. Insgesamt bezahlt die Klasse 152 €.
Wie viele Schüler der Klasse 9a besuchen den Zoo?

$20x + 12 = 152$	$20x - 12 = 152$	$12x + 20 = 152$	$12x - 20 = 152$

3 Für eine Computerausstattung bezahlt Frau Wende 920 €. Der Rechner kostet dreimal so viel wie der Monitor. Der Drucker kostet 30 € weniger als der Monitor. Wie viel Euro kostet jedes Gerät?
Bezeichne den Preis des Monitors mit x. Stelle eine Gleichung auf und löse sie.

4 Ordne jedem Text eine Gleichung zu. Löse sie. Schreibe einen Antwortsatz.

Anna möchte einen City-Roller für 63 € kaufen. Wenn sie 6 Monate lang ihr Taschengeld spart und dann den Roller kauft, behält sie 9 € übrig.

Im Supermarkt hat Lukas an 6 Tagen immer gleich viel Geld verdient. Nun fehlen ihm noch 9 € zum Kauf eines Hockeyschlägers für 63 €.

$6x + 9 = 63$	$6x - 63 = 9$

Gleichungen in der Geometrie

1 Ein rechteckiger Garten hat einen Umfang von 120 m. Der Garten ist 25 m breit. Wie lang ist der Garten?

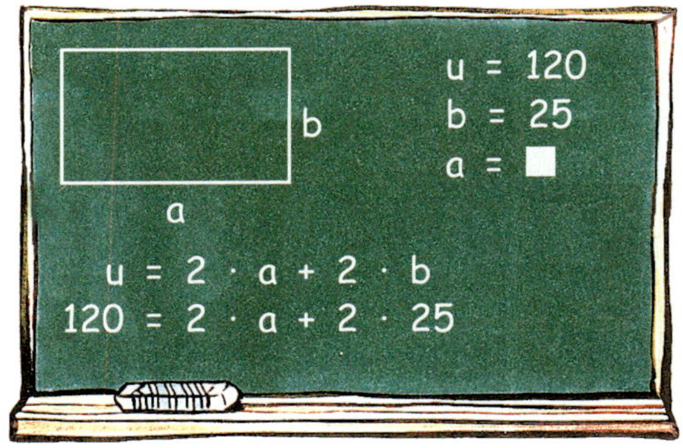

2 Ein rechteckiges Wildgehege ist von 840 m Zaun umgeben. Das Gehege ist 240 m lang. Bestimme die Breite des Geheges mit einer Gleichung.

3 Bestimme den fehlenden Wert für das Rechteck mit einer Gleichung.

Seite a	a) 23 m	b) 30 m	c)	d) 13 cm	e) 15 cm	f) 20 cm
Seite b	18 m		7 m	5,5 cm		
Umfang u		80 m	36 m		48 cm	87 cm

4 Der Umfang eines Parallelogramms beträgt 108 cm. Die Seite a ist 35 cm lang. Wie lang ist die Seite b?

5 Aus einem 64 cm langen Draht wird ein Quadrat gebogen. Wie lang ist jede Seite des Quadrats?

6 Stelle zuerst eine Gleichung für die Berechnung des Umfangs auf. Bestimme dann die unbekannte Seitenlänge.

a)

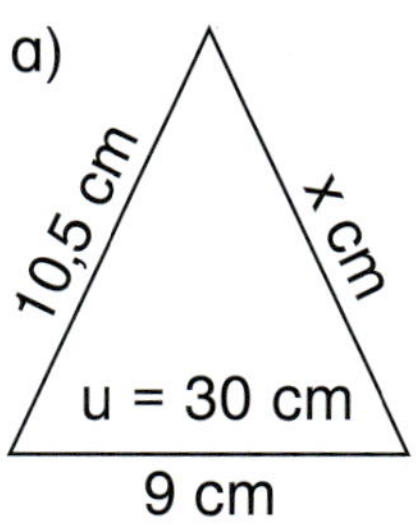

b)

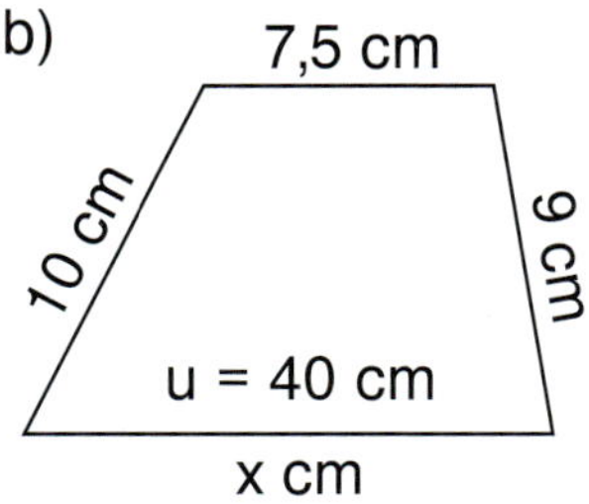

c)

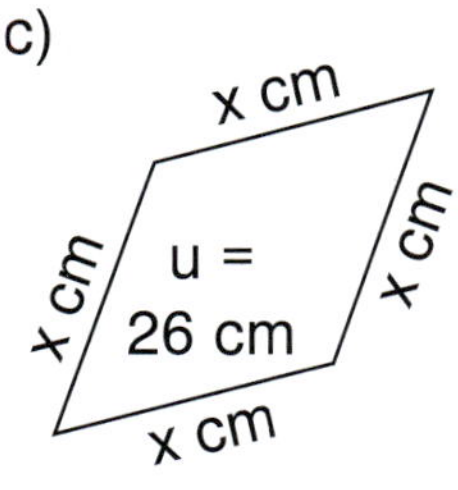

d)

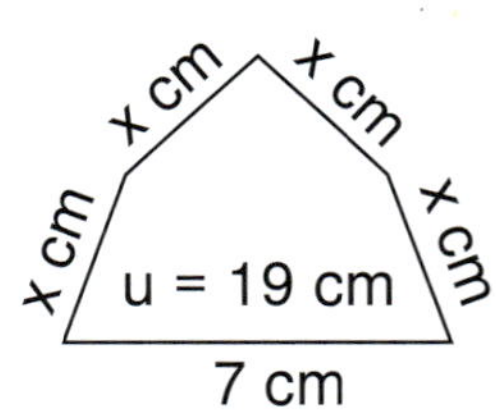

7 Der Umfang eines Dreiecks beträgt 34 cm. Die Seite a ist 8,5 cm lang, die Seite b ist 12,5 cm lang. Wie lang ist die Seite c?

8 Zum Umfang u der Figur gehören mehrere Seiten.

a) Schreibe eine Gleichung für den Umfang u der Figur auf.

b) Der Umfang beträgt 70 cm. Berechne die Länge x.

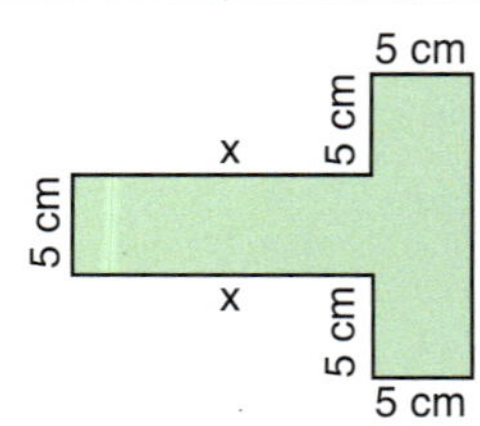

1 Ein rechteckiges Grundstück hat eine Fläche von 420 m^2.
Das Grundstück ist 30 m lang.
Wie breit ist das Rechteck?

2 Ein 198 m^2 großer Garten hat die Form eines Rechtecks. Der Garten ist 9 m breit.
Wie lang ist der Garten?

3 Bestimme den fehlenden Wert für das Rechteck mit einer Gleichung.

	a)	b)	c)	d)	e)	f)
Seite a	6 m	7 cm	3,5 cm		9 m	12 cm
Seite b	12 m		4 cm	8 m		
Flächeninhalt A		98 cm^2		128 m^2	216 m^2	66 cm^2

4 Ein Reklameschild hat die Form eines Parallelogramms. Die Fläche des Schildes beträgt 1200 cm^2. Die Grundseite ist 25 cm lang.
Berechne die Höhe des Parallelogramms mit der Gleichung $A = g \cdot h$.

5 a) Der dreieckige Giebel eines Hauses hat eine Fläche von 30 m^2. Die Grundseite des Giebeldreiecks ist 15 m lang.
Wie hoch ist der Giebel?

b) Der Giebel eines Hauses hat die Form eines gleichschenkligen Dreiecks. Das Dreieck ist 4 m hoch Die Fläche des Giebels beträgt 14 m^2.
Wie lang ist die Grundseite des Dreiecks?

6 Stelle zuerst eine Gleichung für die Bestimmung des Flächeninhalts auf. Dann bestimme die unbekannte Größe.

a)
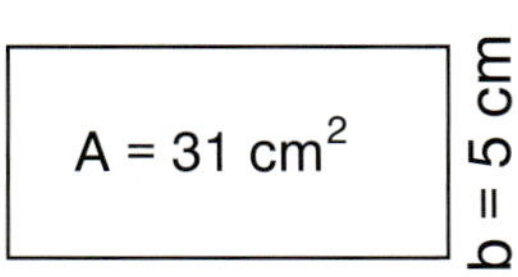

Länge a = ■ cm

b)
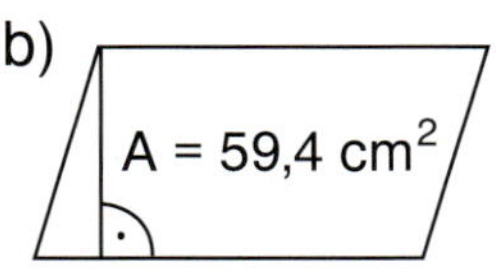

g = 9 cm

Höhe h = ■ cm

c)
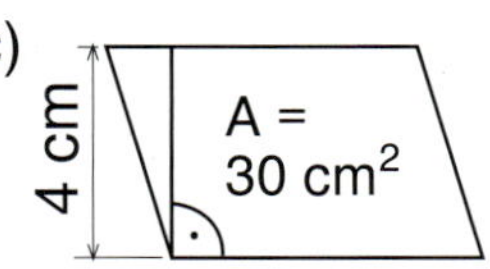

Grundseite
g = ■ cm

d)
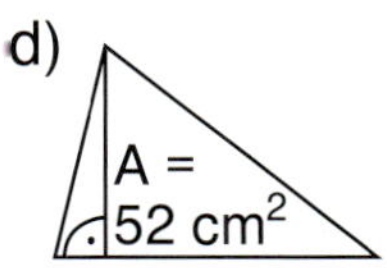

g = 8 cm

Höhe
h = ■ cm

Gleichungen mit dem Computer lösen

1 Mattis hat die Gleichung zur Berechnung des Umfangs von Rechtecken auf ein Rechenblatt an seinem Computer übertragen.
Übertrage das Rechenblatt auf deinen Computer.

	A	B	C
1	Umfang eines Rechtecks		
2			
3	a=		
4	b=		
5	u	=2*B3+2*B4	

2 Berechne durch Einsetzen am Computer den Umfang des Rechtecks.

a) a = 7 cm
b = 6 cm

b) a = 12 cm
b = 7,8 cm

c) a = 6,2 cm
b = 8,7 cm

d) a = 34 cm
b = 5,3 cm

3 Berechne mit einem Rechenblatt den Umfangs des Dreiecks.

a) a = 5 cm
b = 7 cm
c = 4 cm

b) a = 13 cm
b = 7,5 cm
c = 8,9 cm

c) a = 7,3 cm
b = 11,8 cm
c = 13,7 cm

d) a = 5,9 cm
b = 4,7 cm
c = 3,4 cm

4 Du kannst den Flächeninhalt eines Parallelogramms wie im Beispiel berechnen. Berechne durch Einsetzen.

a) g = 7 cm
h = 3,7 cm

b) g = 6,3 cm
h = 5,4 cm

c) g = 13,4 cm
h = 45,8 cm

d) g = 34,6 cm
h = 27,9 cm

	A	B	C
1	Fläche eines Parallelogramms		
2			
3	g=		
4	h=		
6	A	=B3*B4	

5 Auch von Dreieck, Quadrat und Rechteck kannst du den Flächeninhalt berechnen. Ordne jeder Figur das passende Rechenblatt zu.

	A	B
1	Fläche 1	
2		
3	a=	
4	b=	
5	A	=B3*B4

	A	B
1	Fläche 2	
2		
3	a=	
4		
5	A	=B3*B3

	A	B
1	Fläche 3	
2		
3	g=	
4	h=	
5	A	=B3*B4/2

6 Die Seite a eines Rechtecks ist 12 cm lang.
Wie lang muss die Seite b sein, wenn u = 38 cm sein soll?
Du findest die Lösung durch Probieren mit dem Rechenblatt.

	A	B	C
1	Umfang eines Rechtecks		
2			
3	a =	12	
4	b =		
5	u	=2*B3+2*B4	

1 a) $9x + 26 = 206$
$7x + 25 = 102$
$8x + 34 = 242$

b) $12z - 7 = 89$
$15z - 8 = 82$
$25z - 7 = 93$

c) $15y + 17 = 5y + 87$
$12y + 24 = 4y + 96$
$11y + 35 = 2y + 98$

2 Wie heißt die gedachte Zahl? Stelle eine Gleichung auf und löse sie.

a) Ich addiere 17 zu meiner Zahl und erhalte 48 als Ergebnis.

b) Ich addiere 14 zum Doppelten meiner Zahl und erhalte 24 als Ergebnis.

c) Ich multipliziere meine Zahl mit 6, subtrahiere vom Ergebnis 7 und erhalte 41.

3 Auf ihrem MP3-Player hat Olga 52 Pop-Songs gespeichert. Es sind dreimal so viele Songs in englischer Sprache wie Songs in deutscher Sprache. Wie viele Songs in deutscher Sprache sind es, wie viele in englischer Sprache?

4 Zu jeder Aufgabe gehört eine Gleichung. Ordne zu. Löse die Gleichung und schreibe einen Antwortsatz zur zugehörigen Aufgabe.

a) Simon bezahlt zwei T-Shirts mit einem 20-€-Schein und bekommt 2 € zurück. Wie viel Euro kostet ein T-Shirt?

b) Aus einem Regal mit 20 Büchern werden zweimal zwei Bücher entnommen. Wie viele Bücher sind noch im Regal?

c) Sarah und Ayse trinken je eine Limo für 2 € und essen je eine Pizza Sole. Zusammen zahlen sie 20 €. Wie viel Euro kostet eine Pizza Sole?

$20 - 2 \cdot 2 = x$ | $20 - 2 \cdot x = 2$ | $2 \cdot 2 + 2 \cdot x = 20$

5 a) Wie teuer ist ein Eis?

b) Wie teuer ist eine Flasche Saft?

6 a) Wenn Niko sein Alter verdreifacht und noch 8 Jahre addiert, erhält er das Alter seines Vaters. Sein Vater ist 50 Jahre alt.
Stelle eine Gleichung für Nikos Alter auf und löse sie. Wie alt ist Niko?

b) Carina und ihre Mutter sind zusammen 55 Jahre alt. Die Mutter ist 25 Jahre älter als Carina. Wie alt sind Carina und ihre Mutter?

7 Das Rechteck hat den Umfang 80 cm.
Die Länge des Rechtecks ist 10 cm größer als die Breite. Wie lang sind die Seiten des Rechtecks?

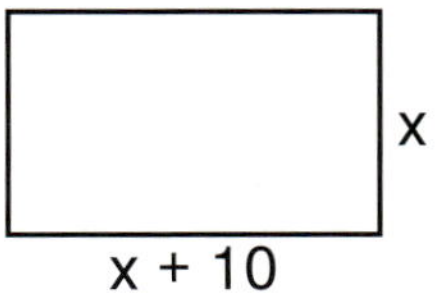

Wiederholen und Üben

1 Löse die Gleichungen. Mache die Probe.

a) $2x + 34 = 144$
$4y + 20 = 104$
$8a + 24 = 264$
$7z + 25 = 193$

b) $7z - 6 = 50$
$5u - 5 = 80$
$9x - 7 = 56$
$8b - 9 = 87$

c) $10y + 11 = 5y + 61$
$13x + 19 = 2x + 63$
$55x - 44 = 9x + 48$
$21x - 17 = 9x + 31$

2 Wie heißt die Zahl?

a) Wenn du zum Fünffachen der Zahl 12 addierst, erhältst du 57.

b) Die Summe aus dem Siebenfachen und dem Dreifachen der Zahl ist 140.

c) Wenn du vom Achtfachen der Zahl 9 subtrahierst, erhältst du 39.

3 Frau Meißner ist 12-mal so alt wie ihr Enkel Jan. Zusammen sind sie 65 Jahre alt. Wie alt ist Jan? Wie alt ist Frau Meißner?

4 a) Wie teuer ist ein Stift?

b) Wie teuer ist der City-Roller?

5 Frau Koschinski kauft eine Zeitschrift für 3,90 € und 8 Aktenordner. An der Kasse bezahlt sie 13,50 €. Wie viel Euro kostet ein Aktenordner?

6 Bestimme die unbekannte Größe x.

a)

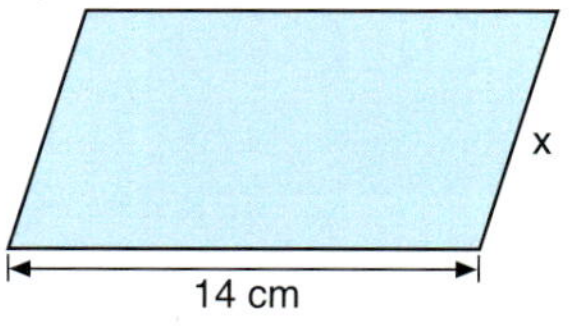

$u = 42\text{ cm}$

b)

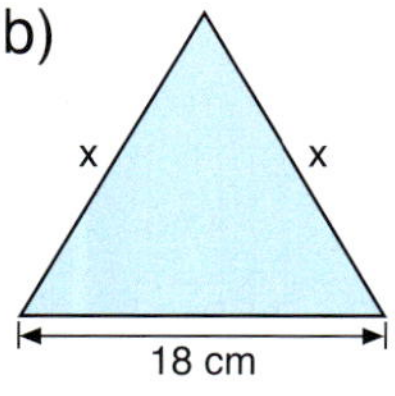

$u = 52\text{ cm}$

c)

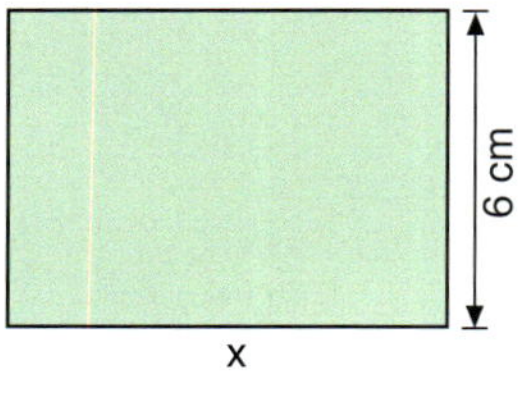

$A = 51\text{ cm}^2$

d)

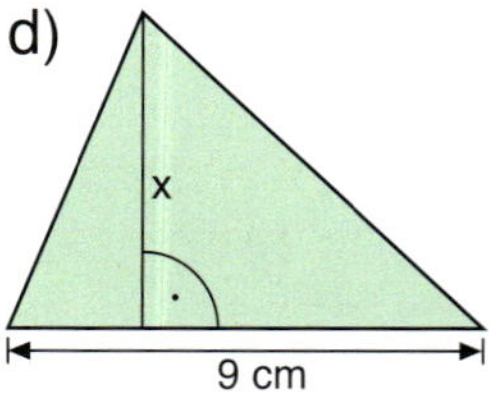

$A = 54\text{ cm}^2$

7 Lukas biegt aus einem 100 cm langen Draht ein Sechseck mit gleich langen Seiten.
Dabei bleiben 10 cm Draht übrig. Wie lang sind die Seiten des Sechsecks?

8 Der Giebel eines Hauses hat die Form eines gleichschenkligen Dreiecks.
Das Dreieck ist 3 m hoch. Die Fläche des Giebels beträgt 12 m².
Wie lang ist die Grundseite des Dreiecks?

Alles Paletti

1 Schreibe als Dezimalzahl.

a) $\frac{1}{4}$ b) $\frac{2}{10}$ c) $\frac{3}{100}$ d) $\frac{3}{4}$ e) $\frac{1}{5}$ f) $\frac{2}{5}$ g) $\frac{1}{8}$ h) $\frac{3}{8}$

2 Im Kopf oder schriftlich?

a) 2,7 + 0,24
14,83 + 9,7
13,52 – 7,6
38 – 23,89

b) 31,53 · 12
20 · 14,24
83,7 · 48
48 · 1,5

c) 5,54 · 1,2
3,8 · 4,72
8 · 0,25
0,2 · 6,15

d) 7,5 : 0,5
9,6 : 0,3
13,72 : 0,4
8,4 : 0,02

3 Ein rechteckiger Hof (14 m lang und 9 m breit) wird mit Platten ausgelegt.

a) Immer 4 Platten passen auf 1 m². Wie viele Platten werden benötigt?

b) Die Platten kosten 12,98 € pro m². Wie teuer sind die Platten für den Hof?

4 Ein kreisrundes Blumenbeet hat den Radius 2,40 m.

a) Wie groß ist die Fläche des Blumenbeetes?

b) Das Beet wird mit Blumen bepflanzt. Der Gärtner rechnet mit 6 Pflanzen pro m². Wie viele Pflanzen werden für das Beet benötigt?

5 Berechne den neuen Kontostand.

a)

	(1)	(2)	(3)
Kontostand	456 €	–78 €	–48 €
Einzahlung	43 €	120 €	138 €

b)

	(1)	(2)	(3)
Kontostand	37 €	68 €	–13 €
Auszahlung	55 €	127 €	69 €

6

a) –30 – 40
–30 + 40
30 – 40

b) –63 + 75
63 – 75
–63 – 75

c) –230 + 330
–120 – 450
170 – 250

d) –115 + 116
–156 – 48
123 – 254

7

a)

2 % von
300 €
420 €
50 €
1 400 €

b)

10 % von
480 kg
75 kg
3 kg
1 890 kg

c)

25 % von
8 km
160 km
2 km
1 200 km

d)

7 % von
300 m
40 m
2 m
1 500 m

8 Berechne die Zinsen für ein Jahr.

	a)	b)	c)	d)	e)	f)	g)	h)
Kapital	470 €	1 350 €	896 €	4 250 €	265 €	965 €	2 880 €	3 698 €
Zinssatz	2 %	3 %	3 %	5 %	11 %	13 %	2,5 %	3,5 %

1 Das Volumen der Säule beträgt 9 420 cm^3. Bestimme die fehlende Größe.

a)

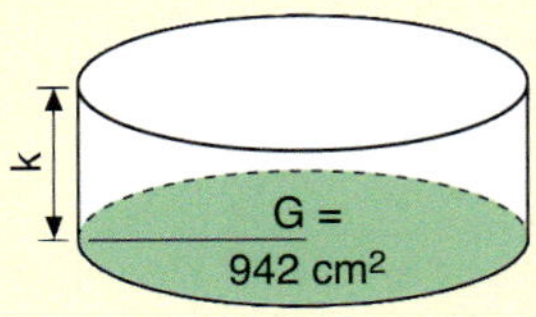

k = ▢

b)

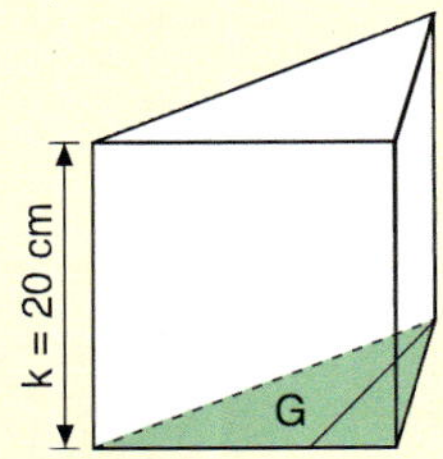

G = ▢

c)

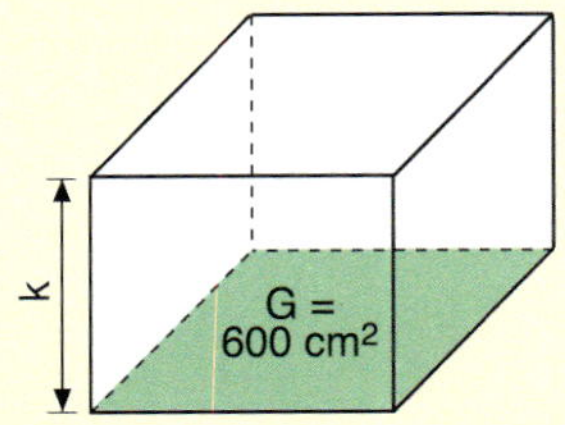

k = ▢

d)

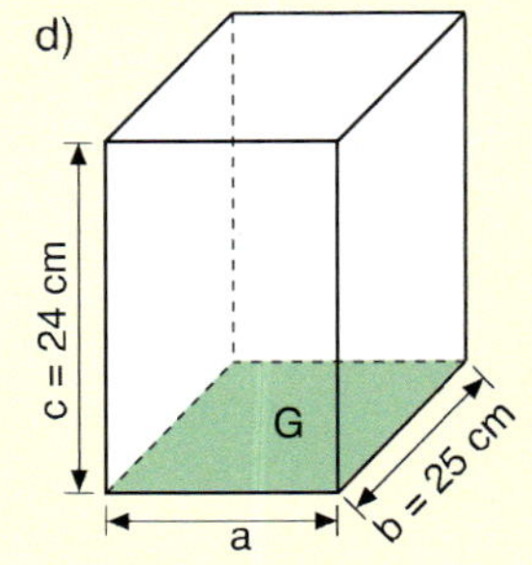

a = ▢

2 Ein Quader ist 4 cm lang, 3 cm breit und 2,5 cm hoch.

a) Berechne das Volumen.

b) Berechne die Oberfläche.

3 Berechne den fehlenden Preis.

a) **Zitronen**

Stück	€
4	2,80
8	

b) **Käse**

g	€
450	5,50
90	

c) **Apfelsaft**

Liter	€
10	12,00
2	

4 Proportional oder umgekehrt proportional? Berechne die fehlenden Werte.

a) **Benzinverbrauch**

km	Liter
200	13
400	26
100	
500	

b) **Arbeitsdauer**

Handwerker	Tage
3	12
6	6
1	
4	

c) **Lohn**

Stunden	€
8	108,00
4	54,00
1	
39	

5 In 12 Tagen können 6 Handwerker den Keller eines Neubaus fertig stellen. Der Architekt wünscht, dass der Keller schon nach 9 Tagen fertig ist. Wie viele Handwerker muss die Baufirma einsetzen?

6 Löse die Gleichung. Mache die Probe.

a) $10x - 3 = 17$
$9y + 12 = 39$
$16 + 4z = 40$

b) $3u + 5 = 2u + 8$
$7x - 2 = 3x + 6$
$12x + 14 = 44 - 3x$

c) $4z + 3 - 2z - 5 = 8$
$12x - 6 - 4x + 4 = 14$
$8y + 2y - 4 = 5y + 6$

7 Wie heißt die Zahl?

a) Wenn man die Zahl verdoppelt und zum Ergebnis 10 addiert, erhält man 42.

b) Wenn man vom Dreifachen der Zahl 7 subtrahiert, erhält man das Doppelte der Zahl.

Prozent- und Zinsrechnung II

Besucherrekord auf dem Oktoberfest
Zur Halbzeit schon 4 % mehr Besucher als die 3 Millionen im gleichen Zeitraum des Vorjahres
Auch die Zahl der verkauften Brathendl liegt deutlich über der

Prozentwert berechnen

1 In der Prozentrechnung verwendet man die Begriffe Grundwert, Prozentsatz und Prozentwert. Erkläre am Beispiel.
In diesem Jahr hatte das Volksfest in Waldstadt 252 000 Besucher. Davon waren 20 % Kinder und Jugendliche. Das sind 50 400 Besucher.

Grundwert	**Prozentsatz**	**Prozentwert**
252 000	**20 %**	**50 400**
Das Ganze		**Teil des Ganzen**

2 Am Freitag kamen 24 000 Besucher. Davon sind 20 % von auswärts angereist.

a) Was ist gegeben, was ist gesucht: Grundwert, Prozentsatz oder Prozentwert?

b) Übertrage die Tabelle in dein Heft. Berechne den fehlenden Wert.

	%	Besucher	
	100	24 000	
: 100 ↓	1	240	↓ : 100
· 20 ↓	20	■	↓ · 2

3 Wie viele der 4 500 jugendlichen Besucher am Sonntag sind mitgefahren? Der Prozentsatz ist angegeben.

a) 9 %

b) 17 %

c) 28 %

4 Von 1 600 Kindern fahren 25 % mit dem Karussell.
Jenny meint: „25 % von 1 600 = $\frac{1}{4}$ von 1 600. Das rechne ich im Kopf.“ Erkläre.
Wie viele Kinder fahren mit dem Karussell?

5 Schreibe in dein Heft. Ergänze die fehlende Zahl.

a) $\frac{1}{2}$ = ■ % b) $\frac{1}{10}$ = ■ % c) $\frac{1}{100}$ = ■ % d) $\frac{3}{4}$ = ■ %

e) $\frac{1}{5}$ = ■ % f) $\frac{9}{10}$ = ■ % g) $\frac{3}{5}$ = ■ % h) $\frac{7}{100}$ = ■ %

6 Entscheide selbst, wie du rechnest.

a) 10 % von 5 500 €
25 % von 4 400 €
11 % von 2 360 €
50 % von 6 500 €

b) 3 % von 1 200 m
5 % von 1 728 m
1 % von 2 430 m
9 % von 5 500 m

c) 75 % von 480 kg
99 % von 200 kg
13 % von 300 kg
86 % von 550 kg

7 Erfinde eine Rechengeschichte zur Skizze.
Berechne den fehlenden Wert.

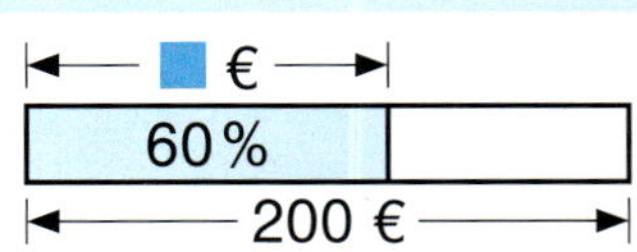

1 Ein Sportfest wird von 270 Kindern und Jugendlichen besucht. Das sind 30 % aller Besucher.
Wie viele Besucher hat das Sportfest?

	%	Besucher	
	30	270	
: 30	1	9	: 30
· 100	100	■	· 100

a) Was ist gegeben, was ist gesucht: Grundwert, Prozentsatz oder Prozentwert?

b) Übertrage die Tabelle in dein Heft. Berechne den fehlenden Wert.

2 Bei einem Stadtfest finden 3300 Besucher im großen Festzelt Platz.
Das sind 60 % aller Besucher.
Wie viele Besucher hat das Stadtfest?

3 **Konzert ohne Verkehrschaos** Ungefähr 14000 (das sind 70 % aller Besucher) kamen nicht mit dem Auto zum Rockkonzert. Das befürchtete Chaos blieb daher

Wie viele Besucher hatte das Rockkonzert?

4 Zwischenergebnisse sind nicht immer ganze Zahlen.
Ein Reisebus ist zu 80 % besetzt. Im Bus sind 44 Fahrgäste.
Wie viele Plätze hat der Bus?

5 a) Ein Versandhandel verkauft Auslaufmodelle von Fahrrädern für 85 % des Neupreises.
Berechne den Neupreis für jedes Fahrrad.

b) Von allen Fahrrädern, die der Versandhandel vorrätig hat, sind 60 % Tourenräder. Das sind 270 Fahrräder.
Wie viele Fahrräder sind vorrätig?

6 Für einen Computer zahlt Frau Arp 50 % des Kaufpreises an. Das sind 245 €.
Lea meint: „50 % bedeutet die Hälfte des Kaufpreises. Das rechne ich im Kopf."
Erkläre. Wie hoch ist der Kaufpreis des Computers?

7 Für einen Laserdrucker zahlt Herr Benz 25 % des Kaufpreises an. Das sind 55 €.
Berechne des Kaufpreis.

8 Entscheide selbst, wie du rechnest.

a)	b)	c)
50 % von ■ € = 450 €	13 % von ■ kg = 260 kg	3 % von ■ m = 27 m
10 % von ■ € = 380 €	25 % von ■ kg = 350 kg	7 % von ■ m = 91 m
15 % von ■ € = 600 €	20 % von ■ kg = 720 kg	1 % von ■ m = 78 m
70 % von ■ € = 840 €	37 % von ■ kg = 370 kg	2 % von ■ m = 48 m

Prozentsatz berechnen

1 An der Mofa-Prüfung nehmen 20 Jugendliche teil. Von ihnen bestehen 16. Wie viel Prozent der Jugendlichen bestehen die Prüfung?

a) Was ist gegeben, was ist gesucht: Grundwert, Prozentsatz oder Prozentwert?

b) Übertrage die Tabelle in dein Heft. Berechne den fehlenden Wert.

	Teilnehmer	%	
	20	100	
: 20 ↓	1	5	↓ : 20
· 16 ↓	16	■	↓ · 16

2 Zur Theatergruppe der Burgschule gehören 25 Schülerinnen und Schüler. Davon sind 9 jünger als 13 Jahre. Wie viel Prozent der Theatergruppe sind das?

3 Zwischenergebnisse sind nicht immer ganze Zahlen. An einem Geschicklichkeitswettbewerb mit dem Fahrrad nehmen 80 Jugendliche teil. Von diesen fahren 28 ohne Fehlerpunkte. Wie viel Prozent der Jugendlichen sind das?

4 Ein Reiseveranstalter berechnet den Preis für eine Reise nach Rom.

a) Berechne den Gesamtpreis.

b) Wie viel Prozent des Gesamtpreises entfallen auf die einzelnen Kosten?

Fahrtkosten	160 €
Unterbringung	352 €
Verpflegung	272 €
Versicherung	16 €
Gesamtpreis	■ €

5 Eine Reise nach Paris kostet 240 €. Davon entfallen 120 € auf die Unterbringung. Kemal meint: „120 € ist die Hälfte von 240 €. Also weiß ich, wie viel Prozent von 240 € die 120 € sind.“ Erkläre. Wie viel Prozent des Gesamtpreises entfallen auf die Unterbringung?

6 Entscheide selbst, wie du rechnest.

a)
■ % von 25 kg = 5 kg
■ % von 20 kg = 7 kg
■ % von 10 kg = 9 kg
■ % von 4 kg = 3 kg

b)
■ % von 40 € = 16 €
■ % von 50 € = 26 €
■ % von 80 € = 12 €
■ % von 25 € = 17 €

c)
■ % von 100 m = 35 m
■ % von 800 m = 200 m
■ % von 500 m = 390 m
■ % von 400 m = 270 m

7 Erfinde eine Rechengeschichte zur Skizze. Berechne den fehlenden Wert.

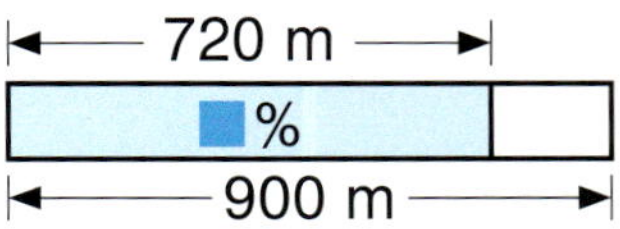

1 Berechne die fehlenden Angaben.

	a)	b)	c)	d)	e)	f)
Grundwert G	520 kg	800 kg	■ kg	400 kg	■ kg	1 285 kg
Prozentsatz p	15 %	■ %	35 %	■ %	32 %	27 %
Prozentwert P	■ kg	40 kg	630 kg	72 kg	2 720 kg	■ kg

2 Bis zum Jahresende zahlt Familie Grünberg monatlich 580 € Miete. Im Januar wird die Miete um 3 % erhöht. Wie viel Euro beträgt die Mieterhöhung?

3 Herr Altenau muss ab 1. März 18 € mehr Miete bezahlen. Das sind 4 % seiner bisherigen Miete. Wie hoch war die Miete bisher?

4 Für ein Modegeschäft waren bisher monatlich 8 000 € Miete zu bezahlen. Die Miete wird um 840 € erhöht. Um wie viel Prozent wird die Miete erhöht?

5 Deutschland hat eine Fläche von 357 000 km².

a) Das Diagramm zeigt, wie die Fläche genutzt wird. Berechne die Größe der Flächen. Runde auf tausend km².

b) Naturparks nehmen 19 % der Fläche Deutschlands ein. Wie viel km² groß sind alle Naturparks zusammen?

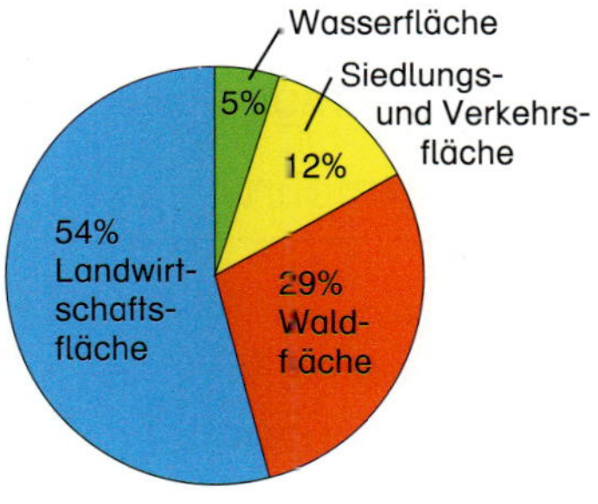

6 Erfinde eine Rechengeschichte zur Skizze. Berechne den fehlenden Wert.

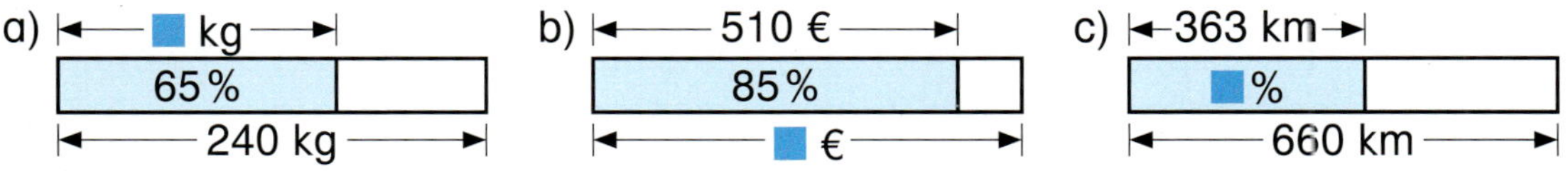

7 Kleine Prozentsätze werden häufig in Promille (Tausendstel) angegeben. Das Zeichen für Promille ist ‰. Schreibe in Promille.

$0{,}1\,\% = 1\,‰$
$\frac{1}{1000} = 1\,‰$

a) 0,2 %   0,4 %   0,5 %   0,8 %

b) $\frac{3}{1000}$ $\frac{7}{1000}$ $\frac{5}{1000}$ $\frac{9}{1000}$

8
a) Jakob meint: „2 ‰ von 3000 € sind $\frac{2}{1000}$ von 3000 €. Das sind 6 €." Prüfe.

b) Berechne: 2 ‰ von 4000 €   3 ‰ von 5000 €   4 ‰ von 30 000 €

9 Frau Bunde hat eine Hausratversicherung abgeschlossen. Die Versicherungssumme beträgt 60 000 €. Dafür zahlt sie 2 ‰ der Versicherungssumme als Jahresbeitrag. Wie hoch ist der Jahresbeitrag?

Vermehrter Grundwert

1 Der Wochenpreis für eine Ferienwohnung im Harz beträgt 280 €.
In der Hauptsaison ist der Preis 25 % höher.
Erkläre, wie Ali und Jana den Wochenpreis in der Hauptsaison berechnen.
Erhalten beide das gleiche Ergebnis?

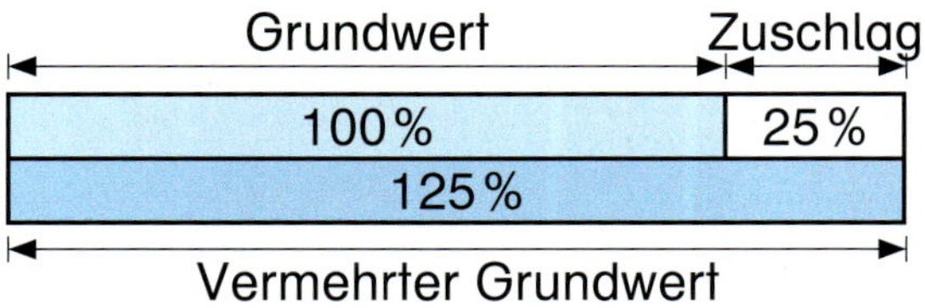

Ali sagt:
„In der Hauptsaison zahlt man Grundwert plus Zuschlag."

Grundwert: 280 €

Zuschlag: 25 % von 280 € = 70 €

Vermehrter Grundwert: ■ €

Jana meint:
„In der Hauptsaison zahlt man 25 % mehr, also 125 % des Grundwerts."

	%	€	
	100	280	
: 100 ↓	1	2,80	↓ : 100
· 125 ↓	125	■	↓ · 125

2 Hier sind Wochenpreise für andere Ferienwohnungen. Berechne die Preise in der Hauptsaison. Der Zuschlag beträgt immer 15 %.

a) 310 € b) 420 € c) 220 € d) 250 € e) 660 €

3 Ein Sportverein hatte im letzten Jahr 480 Mitglieder. Durch eine Werbeaktion konnte die Mitgliederzahl innerhalb eines Jahres um 15 % erhöht werden.
Wie viele Mitglieder hat der Verein in diesem Jahr?

4 Ein Autohersteller erhöht alle Preise um 4 %. Berechne die neuen Preise.

5 Eine Bäckerei erhöht den Preis für ein Mischbrot um 10 % auf 3,30 €.
Wie viel Euro kostete das Brot vor der Preiserhöhung: 2,97 € oder 3,00 €?
Begründe deine Antwort.

1 Ein Notebook kostet 680 €. Wegen eines Schadens am Gehäuse wird das Notebook 20 % billiger angeboten. Erkläre, wie Irina und Lukas den ermäßigten Preis berechnen. Erhalten beide das gleiche Ergebnis?

Grundwert

100 %	
80 %	20 %

Verminderter Grundwert | Nachlass

Irina sagt:
„Der ermäßigte Preis ist Grundwert minus Nachlass."

Grundwert: 680 €

Nachlass: 20 % von 680 € = 136 €

Verminderter Grundwert: ■ €

Lukas meint:
„Man zahlt 20 % weniger, also 80 % des Grundwerts."

	%	€	
: 100 ↓	100	680	↓ : 100
· 80 ↓	1	6,80	↓ · 80
	80	■	

2 Hier sind Preise für andere Computer. Wegen Geschäftsaufgabe werden alle Geräte mit 15 % Nachlass verkauft. Berechne die ermäßigten Preise.

a) 520 € b) 610 € c) 850 € d) 710 € e) 980 €

3 Vor fünf Jahren hatte ein Ort noch 9850 Einwohner. Mittlerweile sind viele Menschen in die benachbarte Großstadt gezogen, so dass die Einwohnerzahl um 6 % gesunken ist. Wie viele Einwohner hat der Ort heute?

4 Ein Modehaus gewährt 35 % Nachlass. Berechne die ermäßigten Preise.

5 Nach 21 Uhr gibt es in einer Pizzeria alle Pizzen 25 % günstiger. Eine Pizza Deliziosa kostet dann nur 6 €. Wie hoch ist der Normalpreis: 7,50 € oder 8 €? Begründe deine Antwort.

1 Der Preis für einen Flug nach Spanien wurde von 350 € auf 385 € erhöht.
a) Um wie viel Euro wurde der Preis erhöht?
b) Um wie viel Prozent wurde der Preis für den Flug erhöht?

2 Die Zahl der Beschäftigten eines Betriebes stieg von 320 im letzten Jahr auf 336 in diesem Jahr. Um wie viel Prozent stieg die Zahl der Beschäftigten?

3 Berechne die fehlenden Angaben.

Grundwert	a) 600 €	b) 350 €	c) 500 €	d) 420 €	e) 750 €
Zuwachs	15 %	7 %	■ %	■ %	■ %
Vermehrter Grundwert	■ €	■ €	600 €	462 €	1 050 €

4 Ein Dönerhaus bietet in der Zeit von 15 Uhr bis 17 Uhr einen großen Grill-Teller für 6,40 € an. Der normale Preis ist 8 €.
Wie viel Prozent beträgt der Preisnachlass von 15 Uhr bis 17 Uhr?

5 Weil er einige Gebrauchtwagen seit längerer Zeit nicht verkaufen konnte, ermäßigt ein Autohändler die Preise.
a) Wie viel Euro beträgt für jeden Wagen der Preisnachlass?
b) Um wie viel Prozent wird der Preis jedes Wagens vermindert?

6 Das Gewicht von Frischobst verringerte sich wegen unsachgemäßer Lagerung von 120 kg auf 114 kg.
Um wie viel Prozent verringerte sich das Gewicht?

7 **Massive Kontrollen führen zu Rückgang um 30 %.**
Die Zahl der festgestellten Geschwindigkeitsüberschreitungen in der Talstraße ist von 150 im Vorjahr auf 120 in diesem Jahr zurückgegangen.

Welchen Fehler enthält die Überschrift der Zeitungsmeldung? Berichtige.

8 Berechne die fehlenden Angaben.

Grundwert	a) 400 €	b) 700 €	c) 500 €	d) 650 €	e) 960 €
Nachlass	35 %	9 %	■ %	■ %	■ %
Verminderter Grundwert	■ €	■ €	450 €	520 €	720 €

Die Schokoladenseite

Für die Herstellung von Schokolade braucht man Kakaomasse und Kakaobutter, die aus den Früchten des Kakaobaumes gewonnen werden, und außerdem Zucker und Milchpulver. Die erste Ess-Schokolade, wie wir sie kennen, wurde 1848 hergestellt. Der Siegeszug der Schokolade begann aber erst nach 1900.

1 Im Jahr 1902 wurden in Deutschland 20700 t Kakaobohnen verarbeitet. Im Jahr 1904 lag der Verbrauch schon 30 % höher.
Wie viel t Kakaobohnen wurden in Deutschland 1904 verbraucht?

2 Im Jahr 2008 wurden 327000 t Kakao nach Deutschland eingeführt.
Wie viel t Kakao wurden aus den angegebenen Ländern eingeführt?

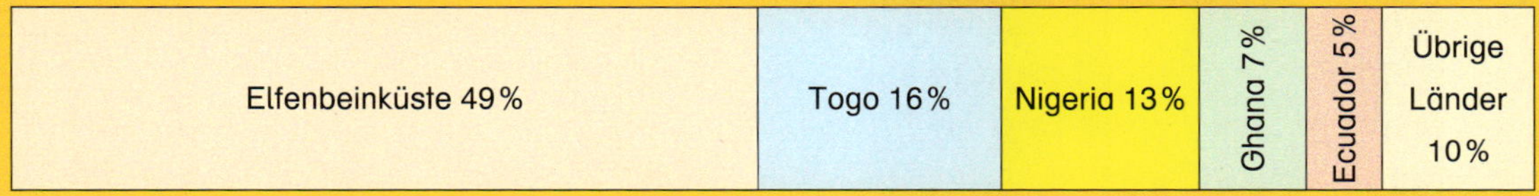

3 In 100 g Milchschokolade sind 50 g Zucker enthalten.

a) Dunkle Schokolade enthält 20 % weniger Zucker als Milchschokolade. Wie viel Gramm Zucker sind in 100 g dunkler Schokolade enthalten?

b) Weiße Schokolade enthält 10 % mehr Zucker als Milchschokolade. Wie viel Gramm Zucker sind in 100 g weißer Schokolade enthalten?

4 Im Jahr 2008 verbrauchte jeder Einwohner Deutschlands durchschnittlich 9,3 kg Schokolade und Schokoladenwaren.
Wie viel kg der einzelnen Schokoladenerzeugnisse verbrauchte jede Person in Deutschland durchschnittlich?
Runde auf Zehntel.

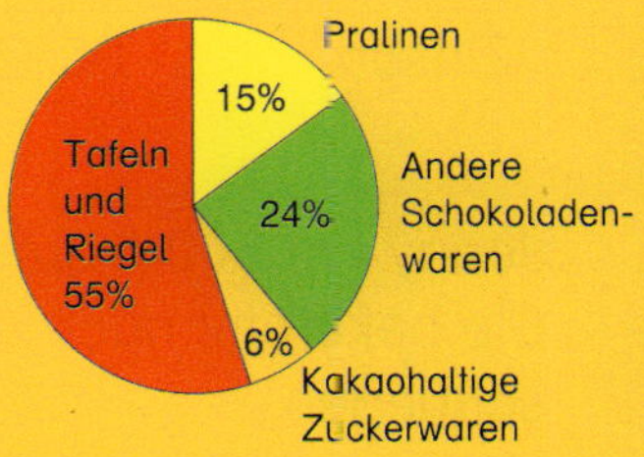

5 Der Preis für eine 100-g-Tafel Schokolade beträgt im Durchschnitt 69 Cent. In der Tabelle steht, wie der Preis sich aufteilt. Übertrage die Tabelle in dein Heft. Berechne die Anteile in Cent. Runde auf volle Cent. Trage ein.

	Preis	Zutaten	Produktion	Handel	Verpackung	Steuer
Anteil in %	100 %	25 %	18 %	43 %	6 %	8 %

Zinsrechnung

1 Frau Strank zahlt bei der Bank 2500 € ein. Die Bank zahlt ihr Zinsen zu einem Zinssatz von 3%. Wie hoch sind die Zinsen nach einem Jahr?

Prozentrechnung:	**Grundwert G**	**Prozentsatz p**	**Prozentwert P**
	2500 €	**3%**	**■ €**
Zinsrechnung:	**Kapital**	**Zinssatz**	**Zinsen**

2 Herr Yildirim leiht bei der Bank 3200 € zu einem Zinssatz von 9%.
Wie viel Euro Zinsen zahlt er in einem Jahr?

3 Berechne die Jahreszinsen.

Kapital	a) 2000 €	b) 1400 €	c) 1400 €	d) 80000 €	e) 40000 €
Zinssatz	9%	3%	1,5%	4%	8%

4 Auf Mehmets Sparbuch werden am Jahresende 36 € Zinsen gutgeschrieben.
Die Bank zahlte ihm 4% Zinsen.
Wie hoch war Mehmets Guthaben vor einem Jahr?

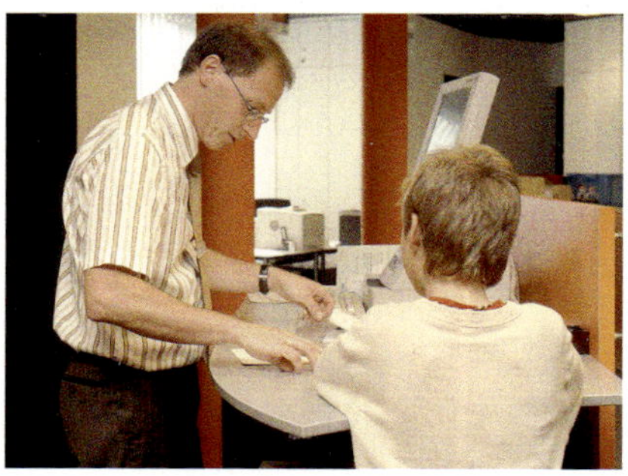

%	€
4	36
1	9
100	■

5 Die Zinsen für ein Jahr sind angegeben. Berechne das Kapital.

Zinssatz	a) 2%	b) 4%	c) 13%	d) 6%	e) 1,5%
Zinsen	30 €	60 €	260 €	4200 €	15 €

6 Jenny hat 500 € auf dem Sparkonto.
Sie bekommt nach einem Jahr 10 € Zinsen gutgeschrieben.
Wie viel Prozent beträgt der Zinssatz?

€	%
500	100
1	0,2
10	■

7 Schreibe Frage, Rechnung und Antwort auf.

a) Frau Becker hat 4800 € in Sparbriefen angelegt. Der Zinssatz beträgt 2,5%.

b) Herr Roglu leiht Geld zum Zinssatz 9%. In einem Jahr zahlt er 180 € Zinsen.

c) Timo hat 800 € auf dem Sparkonto. In einem Jahr bekommt er 24 € Zinsen.

1 Laura richtet ein Sparkonto mit 750 € ein. Der Zinssatz für ein Jahr beträgt 2 %. Nach 10 Monaten löst sie das Sparkonto wieder auf.
Laura berechnet zuerst die Zinsen für ein Jahr, dann die Zinsen für 10 Monate. Prüfe nach.
Wie viel Euro Zinsen bekommt Laura?

Zinsen für ein Jahr berechnen

%	€
100	750
1	7,50
2	15,00

Zinsen für 10 Monate berechnen

Monate	€
12	15,00
1	1,25
10	■

2 Fatih konnte in den Ferien im Geschäft seines Onkels aushelfen. Die 420 €, die er verdient hat, legt er zum Zinssatz 2 % auf ein Sparkonto. Nach 9 Monaten hebt er das Geld ab. Wie viel Euro Zinsen bekommt Fatih?

3 Frau Gerdes überzieht ihr Konto bei der Bank um 570 €. Die Bank rechnet mit dem Jahreszinssatz 9 %. Nach 4 Monaten kann Frau Gerdes das Konto wieder ausgleichen. Wie viel Euro Zinsen berechnet die Bank?

4 Der Zinssatz gilt für ein Jahr. Berechne die Zinsen für den angegebenen Zeitraum.

Kapital	a) 600 €	b) 4000 €	c) 2700 €	d) 15000 €
Zinssatz	4 %	9 %	8 %	6 %
Zeitraum	5 Monate	6 Monate	11 Monate	2 Monate

5 Ein Möbelhaus bietet verschiedene Zahlungsmöglichkeiten an.

a) Wie viel Euro sind bei Ratenzahlung insgesamt zu bezahlen?

b) Wie viel Euro fallen in 8 Monaten an Zinsen an?

c) Wie hoch ist der Gesamtbetrag bei Zahlung erst in 8 Monaten?

d) Wie viel Euro sparen Kunden, die sich für die günstigere der beiden Zahlungsmöglichkeiten entscheiden?

6 Um eine Rechnung über 6000 € sofort bezahlen zu können, nimmt Maurermeister Burghard einen Kredit zum Zinssatz 11 % auf. Für die sofortige Bezahlung darf er vom Rechnungsbetrag 2 % Skonto abziehen. Nach 2 Monaten zahlt Herr Burghard Kredit und Zinsen zurück.

a) Wie viel Euro kann Herr Burghard von der Rechnung abziehen?

b) Wie viel Euro Zinsen werden für die zweimonatige Überziehung verlangt?

c) Hat sich die Aufnahme des Kredits für Herrn Burghard gelohnt?

Formeln in der Prozentrechnung

Grundwert G **Prozentsatz p %** **Prozentwert P** **Formel:** $P = G \cdot \frac{p}{100}$

$G \xrightarrow{\cdot \frac{p}{100}} P$ $p\,\% = \frac{p}{100}$

1 Ein Wanderweg ist 1 800 m lang. Der Weg wird um 15 % verlängert. Um wie viel Meter wird der Weg verlängert?

a) Was ist gegeben, was ist gesucht? Grundwert, Prozentsatz oder Prozentwert?

b) Übertrage die Lösung in dein Heft. Berechne den fehlenden Wert.

G = 1 800 m p % = 15 % P = ■

Formel: $P = G \cdot \frac{p}{100}$

$P = 1\,800 \cdot \frac{15}{100}$

P = ■

2 Setze in die Formel ein und rechne.

a) Ein Radweg ist 2 500 m lang. Davon verlaufen 18 % durch einen Park. Wie viel Meter Radweg verlaufen durch den Park?

b) In einer Großstadt gibt es 220 km Radwege. Die Gesamtlänge der Radwege wird um 5 % erhöht. Wie viel Kilometer Radweg kommen hinzu?

3 In einer Fabrik arbeiten 1 240 Personen. Im Kreisbild kannst du ablesen, wie sie zur Arbeit kommen. Berechne mit der Formel, wie viele Beschäftigte so zur Arbeit kommen:

a) mit dem Auto; b) mit dem Fahrrad;

c) zu Fuß; d) mit dem Bus.

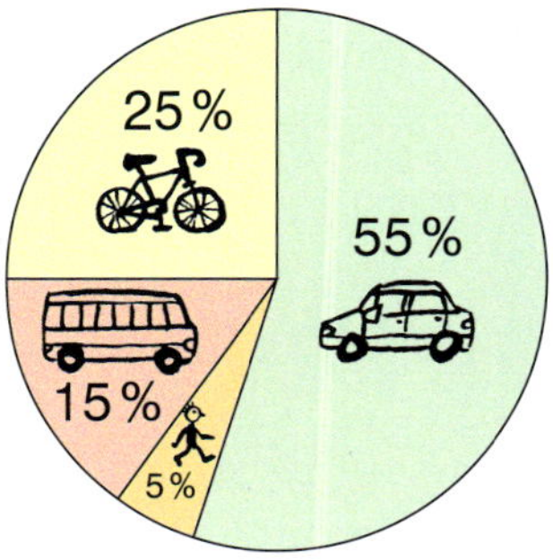

4 Berechne den Prozentwert.

a)	b)	c)
4 % von 2 700 €	9 % von 640 m	11 % von 2 750 kg
12 % von 8 200 €	17 % von 720 m	27 % von 4 210 kg
28 % von 1 900 €	39 % von 460 m	78 % von 3 720 kg
47 % von 6 400 €	84 % von 920 m	94 % von 3 010 kg

5 a) Wie viel Euro beträgt der Preisnachlass für jedes Gerät?

b) Berechne für jedes Gerät den ermäßigten Preis.

1 Der Preis eines Fernsehgerätes wird um 50 € herabgesetzt. Das sind 20 % des alten Preises.
Wie hoch war der alte Preis?

a) Was ist gegeben, was ist gesucht: Grundwert, Prozentsatz oder Prozentwert?

b) Führe die Rechnung zu Ende.

$G = \blacksquare\ €\quad p\,\% = 20\,\%\quad P = 50\ €$

$$P = G \cdot \frac{p}{100}$$

$$50 = G \cdot \frac{20}{100} \quad | \cdot 100$$

$$5000 = G \cdot 20 \quad | : 20$$

$$\blacksquare = G$$

2 Wegen eines Lackschadens wird ein Herd mit 28 € Preisnachlass verkauft. Das sind 8 % des alten Preises. Wie hoch war der alte Preis? Rechne mit der Formel.

3 Frau Yilmaz kauft eine Nähmaschine für 400 €. Sie zahlt 48 € an. Der Restbetrag ist nach 6 Monaten fällig.
Wie viel Prozent des Preises zahlt Frau Yilmaz an?

a) Was ist gegeben, was ist gesucht: Grundwert, Prozentsatz oder Prozentwert?

b) Führe die Rechnung zu Ende.

$G = 400\ €\quad p\,\% = \blacksquare\,\%\quad P = 48\ €$

$$P = G \cdot \frac{p}{100}$$

$$48 = 400 \cdot \frac{p}{100} \quad | \cdot 100$$

$$4800 = 400 \cdot p \quad | : 400$$

$$\blacksquare = p$$

4 a) Eine Flugreise kostet 625 €. Bei der Buchung müssen 250 € angezahlt werden. Wie viel Prozent des Reisepreises müssen angezahlt werden?

b) Eine Reise nach Mallorca kostet 560 €. Als Last-Minute-Angebot kostet die Reise nur 420 €. Um wie viel Prozent wurde der Preis herabgesetzt?

5 Setze in die Formel ein. Berechne den fehlenden Wert.

	a)	b)	c)	d)	e)	f)
Grundwert G	1 900 €		1 440 €	467 €		550 €
Prozentsatz p %	6 %	7 %		23 %	35 %	
Prozentwert P		693 €	216 €		273 €	66 €

6 Berechne die gesuchte Zahl mit der Formel.

a)

Gewicht: 52 g
Schale: 11 % des Gewichts
Gewicht der Schale: ■ g

b)

Gewicht: 90 g
Stärke: 18 g
Stärke: ■ % des Gewichts

c)

Gewicht: 120 g
Wassergehalt: 87 %
Wasseranteil: ■ g

Wiederholen und Üben

1 Von den 30 000 Zuschauern eines Bundesligaspiels hatten 15 % Dauerkarten. Wie viele Zuschauer hatten eine Dauerkarte?

2 An einem Sportfest beteiligten sich 96 Erwachsene als Wettkämpfer. Das waren 40 % aller Wettkämpfer.
Wie viele Personen nahmen insgesamt an den Wettkämpfen teil?

3 An einem Schwimmfest nehmen 80 Personen teil. Unter ihnen sind 48 Kinder unter 12 Jahren.
Wie viel Prozent der Teilnehmerinnen und Teilnehmer sind Kinder?

4 An einem Volkslauf nahmen 1 200 Personen teil. Es gab vier Wertungsgruppen.
Das Kreisdiagramm zeigt die Anteile.

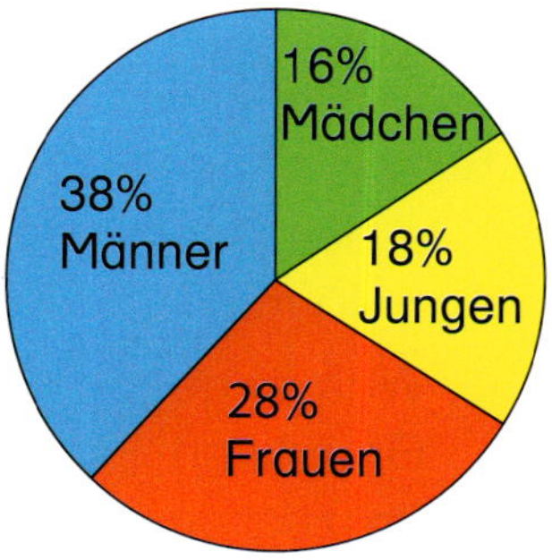

a) Wie viele Männer nahmen teil?

b) Wie viele Teilnehmer gehörten zu jeder der anderen Gruppen?

c) 400 Personen waren Mitglieder von Sportvereinen. Davon waren 180 Frauen.
Wie viel Prozent der 400 Vereinsmitglieder waren Frauen?

5 Berechne die fehlenden Werte.

a)	b)	c)
10 % von 3750 € = ■ €	19 % von ■ m = 76 m	■ % von 750 kg = 7,5 kg
13 % von 4250 € = ■ €	10 % von ■ m = 48 m	■ % von 280 kg = 2,8 kg
4 % von 2100 € = ■ €	12 % von ■ m = 96 m	■ % von 250 kg = 7,5 kg
8 % von 2100 € = ■ €	24 % von ■ m = 96 m	■ % von 350 kg = 7,7 kg

6 Auf einer Packung Müsli steht: „25 % mehr Inhalt!" Bisher waren in einer Packung immer 600 g. Wie viel Gramm Müsli sind jetzt in einer Packung?

7 Eine alte Waschmaschine verbrauchte für einen Waschgang 95 l Wasser. Ein neueres Modell benötigt 24 % weniger. Wie viel Liter benötigt das neue Modell?

8 Für einen Kredit von 2500 € muss das Ehepaar Jatzek 9 % Zinsen zahlen. Nach einem Jahr zahlen Herr und Frau Jatzek den Kredit und die Zinsen zurück.
Wie hoch ist der gesamte Rückzahlungsbetrag?

9 Wie hoch sind die Sparzinsen im angegebenen Zeitraum?

a) 1200 €
Zinssatz 3 %
für 9 Monate

b) 840 €
Zinssatz 2 %
für 7 Monate

c) 480 €
Zinssatz 3 %
für 11 Monate

Pyramide – Kegel – Kugel

Pyramiden beschreiben und herstellen

1

a) Welche Körper sind Säulen, welche Pyramiden? Woran erkennst du das?

b) Nenne Gegenstände, die die Form einer Pyramide haben.

2 Lukas meint: „Die Seitenflächen der Säulen sind Rechtecke, die Seitenflächen der Pyramiden sind Dreiecke." Stimmt das?

3

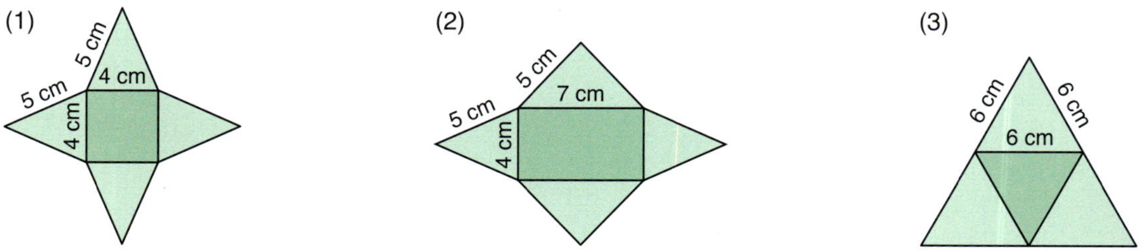

a) Zeichne die Netze der Pyramiden auf festes Papier und schneide sie aus. Falte daraus die Pyramiden. Verwende Klebefilm.

b) Zeige für jede Pyramide die Grundfläche und die Seitenflächen. Welche Form haben diese Flächen?

4 Bei dieser Pyramide sind alle Kanten gleich lang. Julia möchte das Kantenmodell der Pyramide aus einem 120 cm langen Rundholz basteln. Die Kanten sollen dabei so lang wie möglich sein. Wie lang sind die Stücke, in die sie das Rundholz zersägen muss?

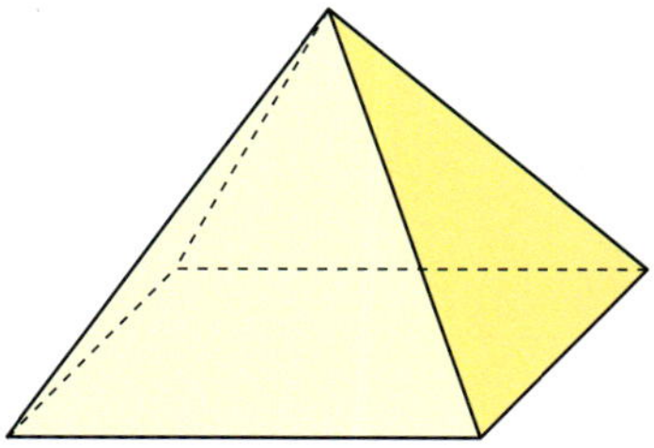

5 Welche Aussagen sind falsch? Berichtige die falschen Aussagen.

(1) Jede Pyramide hat mindestens 4 Ecken.

(2) Die Seitenflächen einer Pyramide sind Dreiecke.

(3) Es gibt eine Pyramide mit einem Quadrat als Grundfläche und nur 3 Seitenflächen.

(4) Es gibt eine Pyramide mit 4 Flächen und 7 Kanten.

(5) Wenn eine Pyramide 5 Flächen hat, hat sie 5 Ecken.

(6) Wenn die Grundfläche ein Rechteck ist, hat die Pyramide 6 Ecken.

1 Erkläre, wie Olga die Oberfläche der Pyramide berechnet. Die Grundfläche ist ein Quadrat, die Seitenflächen sind gleich groß.
Vervollständige die Rechnung.

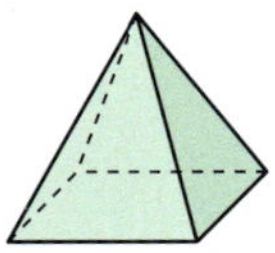

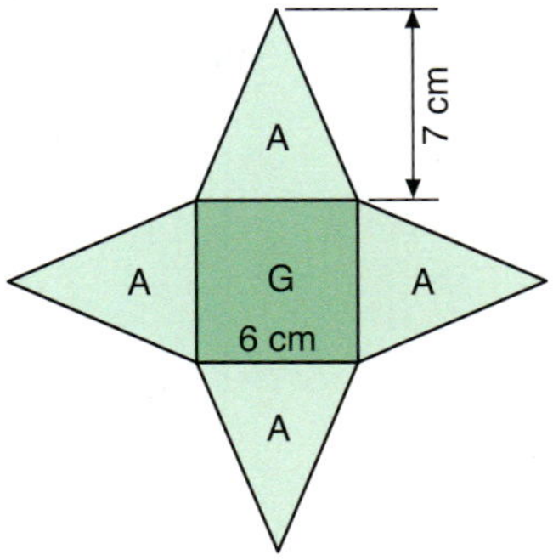

Oberfläche = G + 4 · A

$O = 36 + 4 \cdot 21$

O = ■

$G = 6 \cdot 6$

$G = 36$

$A = \frac{6 \cdot 7}{2}$

$A = 21$

2 Die Grundfläche der Pyramide ist ein Quadrat. Zeichne das Netz der Pyramide in dein Heft. Dann berechne die Oberfläche der Pyramide.

a)

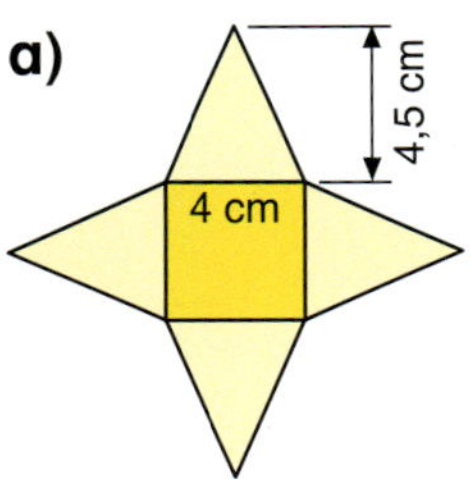

b)

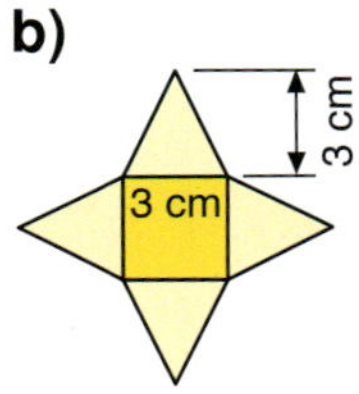

c)

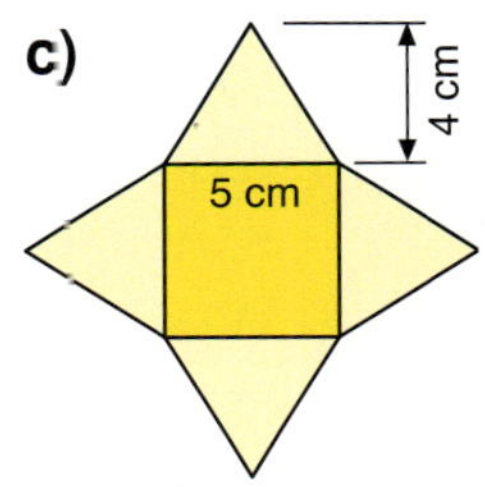

3 Die Grundfläche und alle Seitenflächen der Pyramide haben die gleichen Maße.
Berechne die Oberfläche der Pyramide.

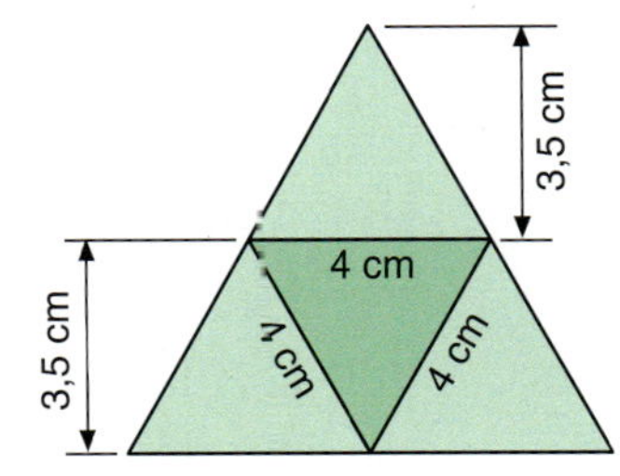

4 a)

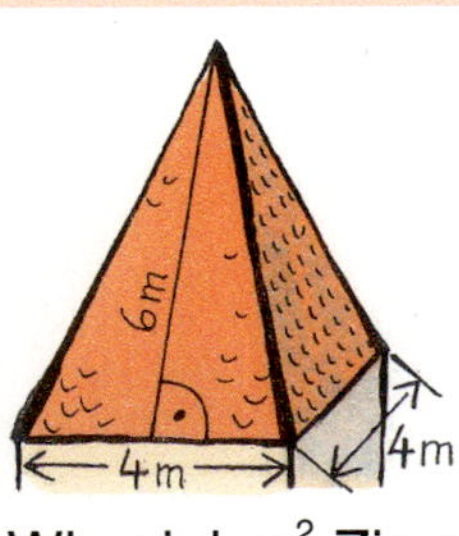

Wie viel m² Ziegel müssen für das Eindecken bestellt werden?

b)

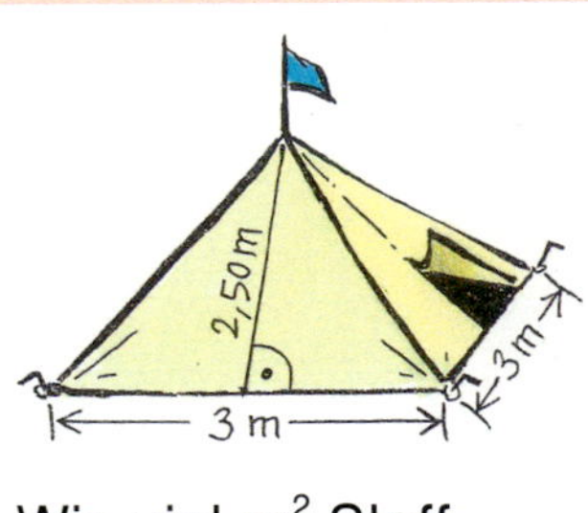

Wie viel m² Stoff wurden zum Nähen der Zeltplane benötigt?

c)

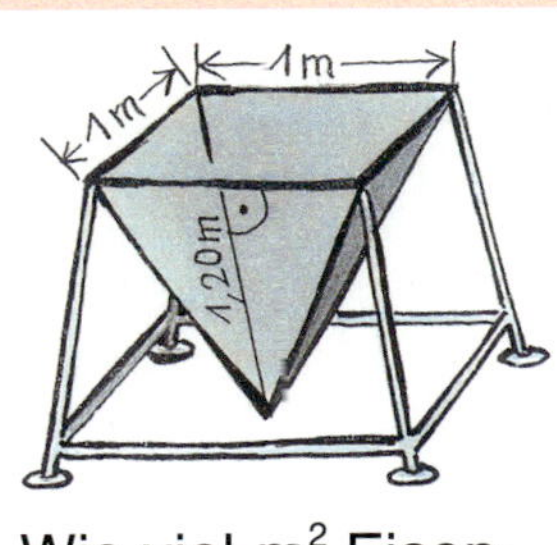

Wie viel m² Eisenblech sind zur Herstellung eines solchen Behälters nötig?

PROJEKT

Volumen von Pyramide und Quader vergleichen

1

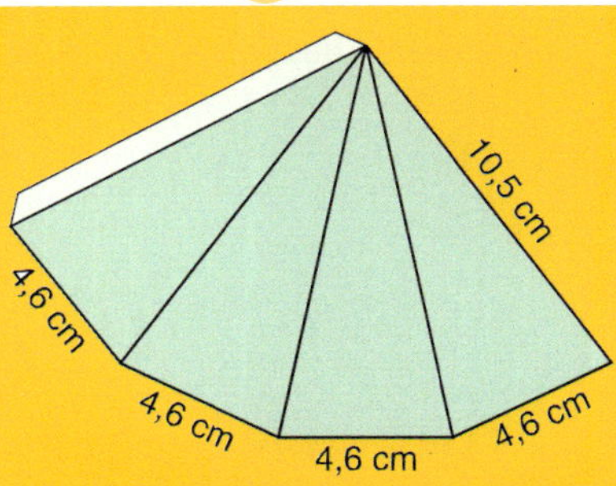

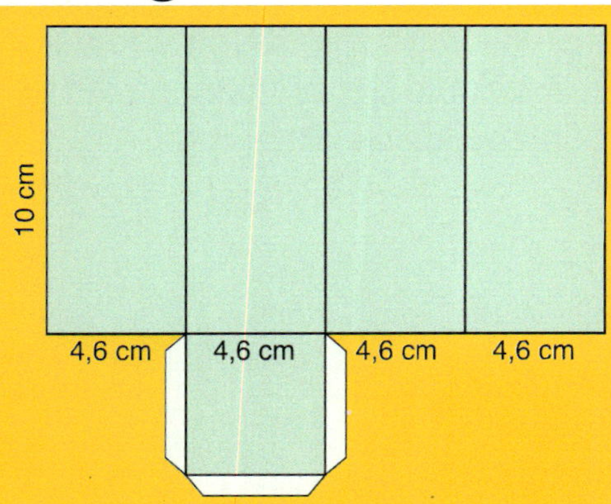

a) Zeichnet die Netze mit den Klebelaschen auf festes Papier und schneidet sie aus. Klebt daraus einen offenen Quader und eine offene Pyramide.

b) Vergleicht Grundfläche und Höhe der beiden Körper. Was stellt ihr fest?

2

a) Füllt die Pyramide mit Sand. Schüttet ihn dann aus der Pyramide in den Quader.

b) Füllt die Pyramide erneut mit Sand und schüttet in den Quader um. Wie oft könnt ihr Sand aus der vollen Pyramide in den Quader umschütten, bis dieser randvoll ist?

c) Wievielmal so groß wie das Pyramidenvolumen ist das Volumen des Quaders?

3

a) Einer von euch zeichnet das Netz des offenen Würfels auf festes Papier. Drei andere zeichnen jeweils ein Netz der offenen Pyramide. Schneidet die Netze aus und klebt daraus einen offenen Würfel und drei Pyramiden.

b) Vergleicht die Grundfläche und die Höhe der Pyramiden mit der Grundfläche und der Höhe des Würfels. Was stellt ihr fest?

c) Mit den drei Pyramiden könnt ihr den Würfel genau ausfüllen. Vergleicht das Volumen einer Pyramide mit dem Volumen des Würfels.

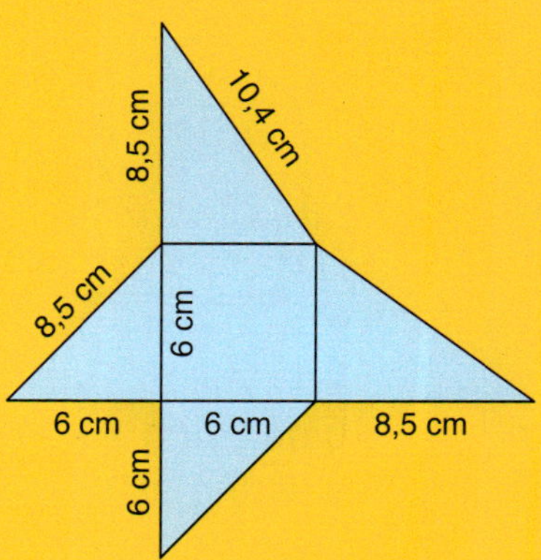

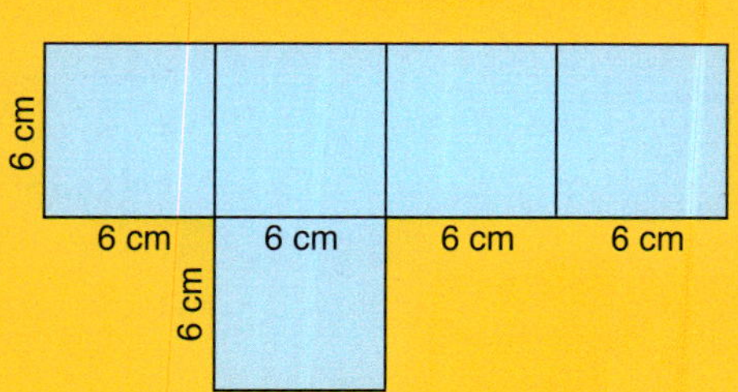

Volumen der Pyramide

1 Die Pyramide und der Quader haben die gleiche Grundfläche und die gleiche Höhe. Mario hat die Pyramide mit Sand gefüllt. Damit kann er den Quader zu einem Drittel füllen. Das Volumen des Quaders beträgt 600 cm³.
Wie groß ist das Volumen der Pyramide?

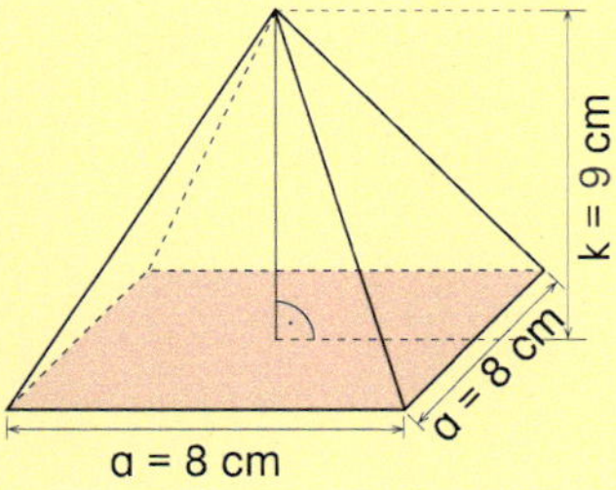

Volumen der Pyramide

V = Grundfläche mal Körperhöhe geteilt durch 3

$V = \frac{G \cdot k}{3}$	$G = a^2$
$V = \frac{64 \cdot 9}{3}$	$G = 8 \cdot 8$
$V = 192\ cm^3$	$G = 64\ cm^2$

2 Berechne das Volumen der Pyramide.

a) $G = 64\ cm^2$, $k = 10{,}5\ cm$
b) $G = 400\ cm^2$, $k = 25{,}5\ cm$
c) $G = 38{,}44\ cm^2$, $k = 18\ cm$
d) $G = 110{,}25\ cm^2$, $k = 12{,}5\ cm$

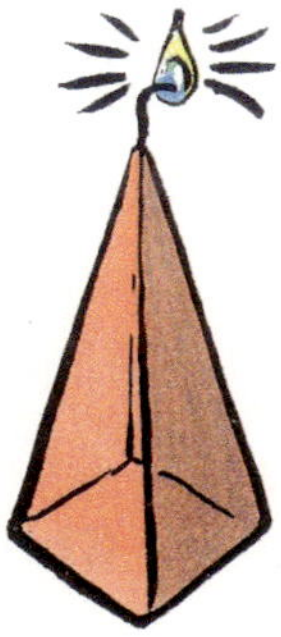

3 Berechne die Grundfläche der Pyramide, dann ihr Volumen.

a)

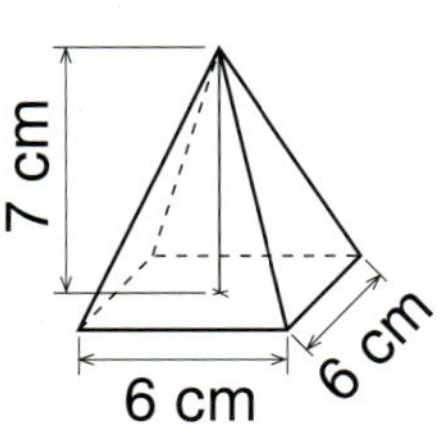

b)

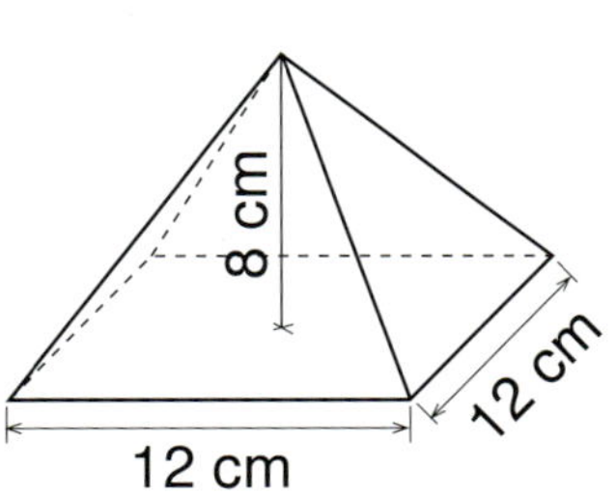

c)

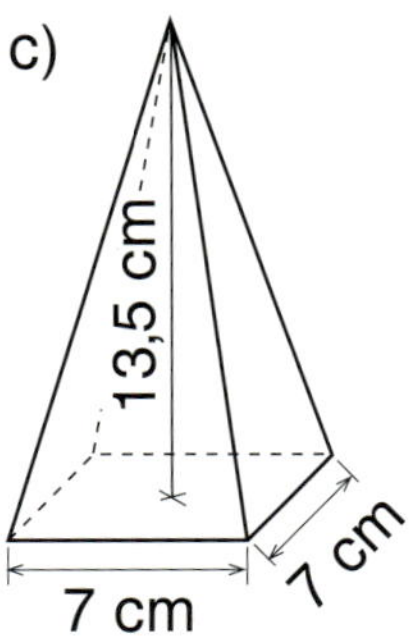

d)

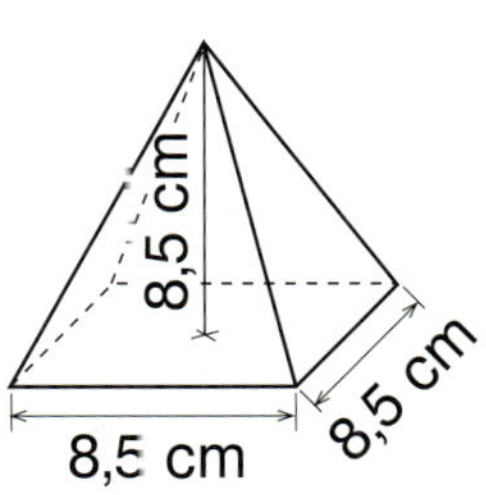

Oberfläche des Kegels

1 Schneide einen Kegel aus Papier längs einer Mantellinie auf und breite den Mantel aus.
Du erhältst einen Kreisausschnitt.

a) Zeige die Mantellinie s am Kegel und am Kreisausschnitt.

b) Zeige den Bogen des Kreisausschnitts und den Grundkreis des Kegels. Beide sind gleich lang. Begründe.

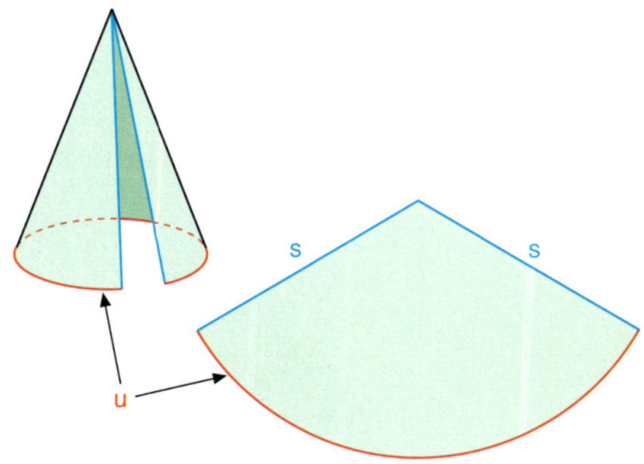

2 Zeichne den Kreisausschnitt zweimal auf festes Papier.

a) Forme einen der beiden Kreisausschnitte zu einem Kegelmantel. Klebe die Mantellinien zusammen. Der Radius des Grundkreises ist 4 cm. Prüfe.

b) Zerlege den anderen Kreisausschnitt wie im Bild in 8 gleich große Teile. Ordne die Teile zu einer Rechteckform. Halbiere dazu ein Teilstück.

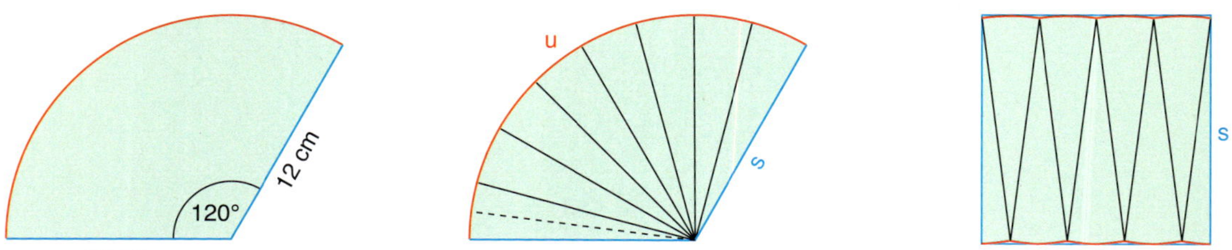

3 Das blaue Rechteck in Aufgabe 2 hilft bei der Berechnung der Mantelfläche des Kegels.

a) Eine Seite des blauen Rechtecks ist halb so lang wie der Umfang des Grundkreises, die andere ist so lang wie die Mantellinie des Kegels. Erkläre.

b) Berechne die Mantelfläche für r = 4 cm und s = 12 cm.

$M = \frac{u}{2} \cdot s \quad u = 2 \cdot \pi \cdot r$

$M = \frac{2 \cdot \pi \cdot r}{2} \cdot s$

$M = \pi \cdot r \cdot s$

! **Oberfläche des Kegels = Grundfläche + Mantelfläche**
$O = G + M$ **$O = \pi \cdot r^2 + \pi \cdot r \cdot s$**

4 a)

r = 2 cm
s = 12 cm

Wie viel cm² Papier wurden benötigt?

b)

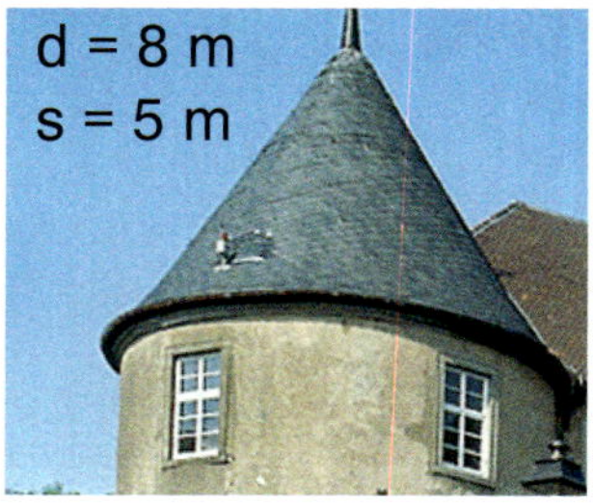

Wie viel m² groß ist die Dachfläche?

c) r = 8 cm
s = 20 cm

Wie viel cm² Papier wurden verwendet?

1 Der Kegel und der Zylinder haben die gleiche Grundfläche und die gleiche Höhe. Olga hat den Kegel mit Sand gefüllt. Damit kann sie den Zylinder zu einem Drittel füllen. Das Volumen des Zylinders beträgt 750 cm^3.
Wie groß ist das Volumen des Kegels?

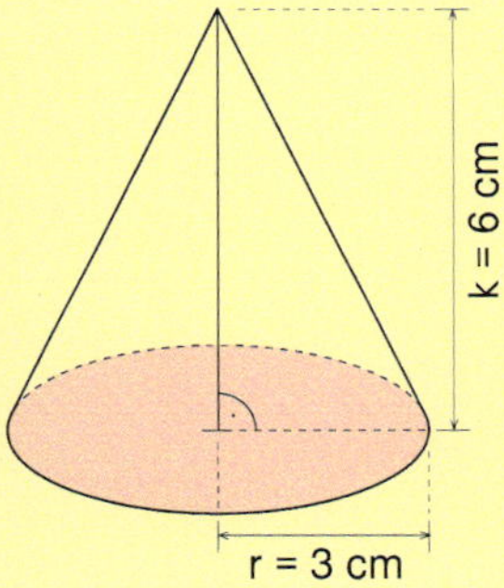

Volumen des Kegels

V = Grundfläche mal Körperhöhe geteilt durch 3

$V = \frac{G \cdot k}{3}$ $\qquad G = \pi \cdot r^2$

$G = \pi \cdot 3 \cdot 3$

$V = \frac{28{,}26 \cdot 6}{3}$ $\qquad G = 28{,}26\ cm^2$

$V = 56{,}52\ cm^3$

2 Berechne das Volumen des Kegels.

a) $G = 13\ cm^2$, $k = 6\ cm$
b) $G = 530\ cm^2$, $k = 45{,}5\ cm$
c) $G = 12{,}56\ cm^2$, $k = 8\ cm$
d) $G = 7{,}1\ cm^2$, $k = 4{,}5\ cm$

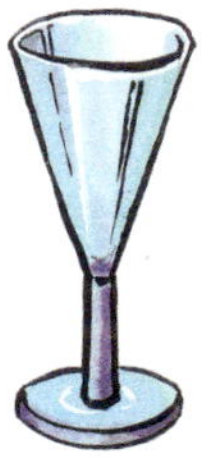

3 Berechne die Grundfläche des Kegels, dann sein Volumen.

a) 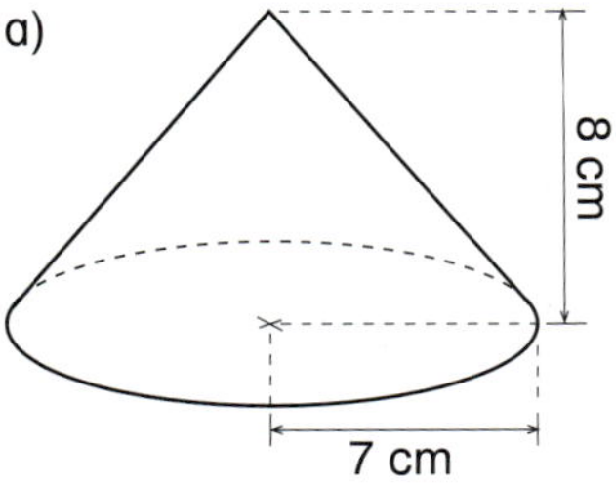

b) 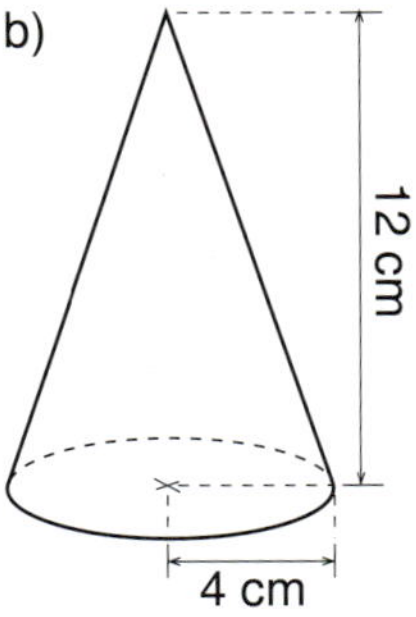

c) 

d) 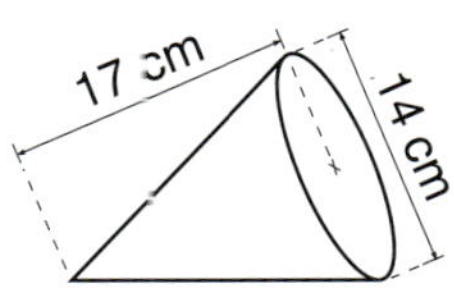

Oberfläche der Kugel

1 a) Bedecke eine Halbkugel dicht mit einer Kordel. Wickle dazu die Kordel spiralförmig um die Halbkugel.
Dann wickle die Kordel so, dass der Grundkreis bedeckt ist.
Vergleiche, wie viel Kordel du jeweils brauchst.

b) Kemal stellt fest: „Die Kordel, die die Halbkugel bedeckt, ist doppelt so lang wie die Kordel für den Grundkreis."
Wievielmal so groß wie die Fläche des Grundkreises ist die halbe Kugeloberfläche?
Wievielmal so groß ist die Kugeloberfläche?

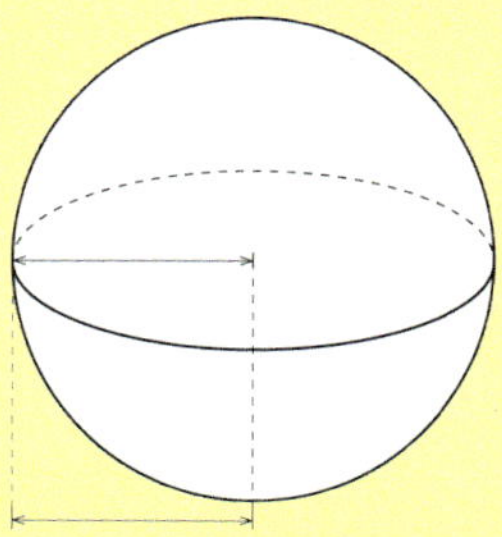

Oberfläche der Kugel

$O = 4 \cdot \pi \cdot r^2$

$O = 4 \cdot 3{,}14 \cdot 6 \cdot 6$

$O = 452{,}16\ cm^2$

2 Berechne die Oberfläche der Kugel.

a)

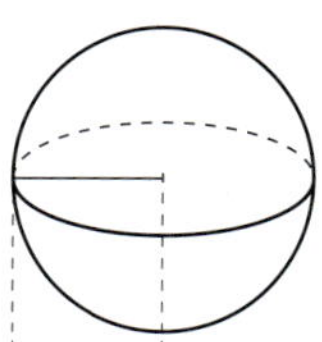

b)

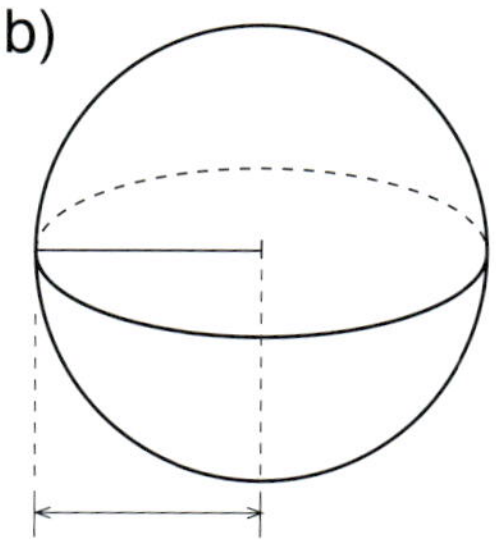

c)

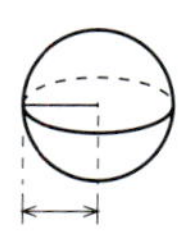

d)

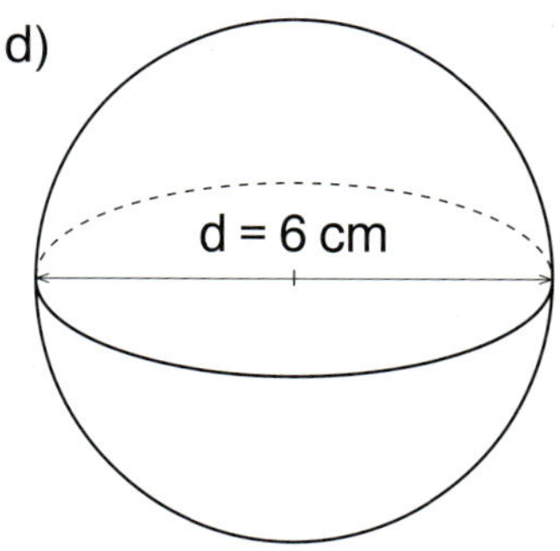

3 Berechne zuerst den Radius des Balls, dann die Oberfläche.

a)

Fußball
d = 22 cm

b)

Handball
d = 19 cm

c)

Basketball
d = 24,5 cm

1 Eliana und Sebastian bestimmen das Volumen einer Kugel durch Umschütten.
Die Höhe des Kegels ist so groß wie der Radius seines Grundkreises.
Die Kugel hat den gleichen Radius.
Genau vier Füllungen des Kegels passen in die Kugel.
Wievielmal so groß wie das Volumen des Kegels ist das Volumen der Kugel?

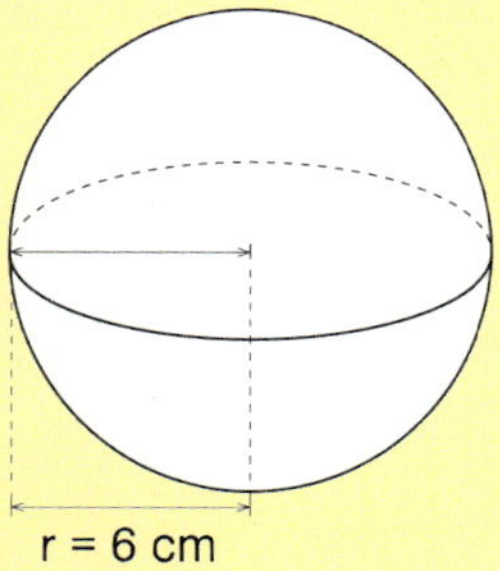

Volumen der Kugel

$V = \frac{4}{3} \cdot \pi \cdot r^3$

$V = \frac{4}{3} \cdot 3{,}14 \cdot 6 \cdot 6 \cdot 6$

$V = 904{,}32\ cm^3$

2 Berechne das Volumen der Kugel.

a) r = 10 cm b) r = 8 cm c) r = 14 cm d) r = 13 cm

3 Berechne das Volumen der Kugel.

a) 

b) 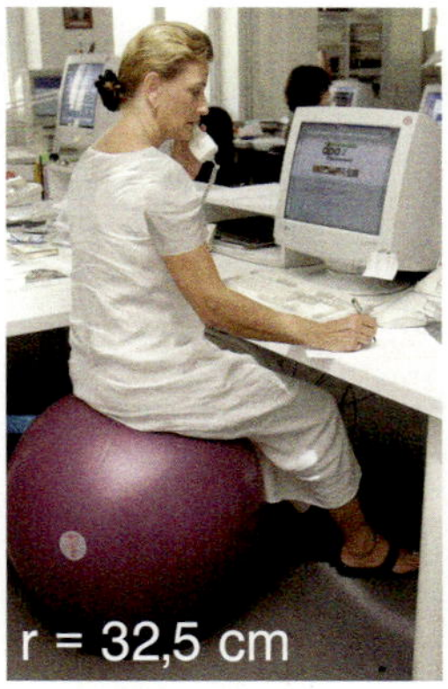

c) 

4 Eine Kugel aus Gold hat den Radius 10 cm.

a) Berechne das Volumen der Kugel.

b) Schätze, ob du die Kugel tragen kannst. Prüfe nach, indem du das Gewicht der Kugel berechnest (1 cm^3 Gold wiegt 19,3 g).

1
a) Zeichne das Netz der Pyramide in dein Heft.
b) Miss die Höhe eines Dreiecks. Dann berechne den Flächeninhalt des Dreiecks.
c) Berechne die Grundfläche der Pyramide.
d) Berechne die Oberfläche der Pyramide.

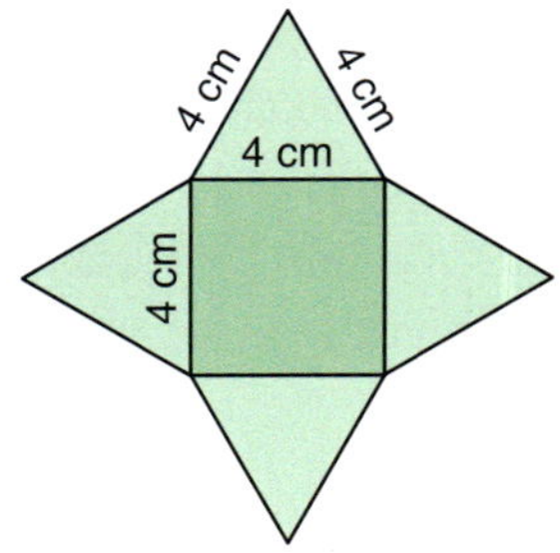

2 Berechne das Volumen der Säule und das Volumen des spitzen Körpers.

a)
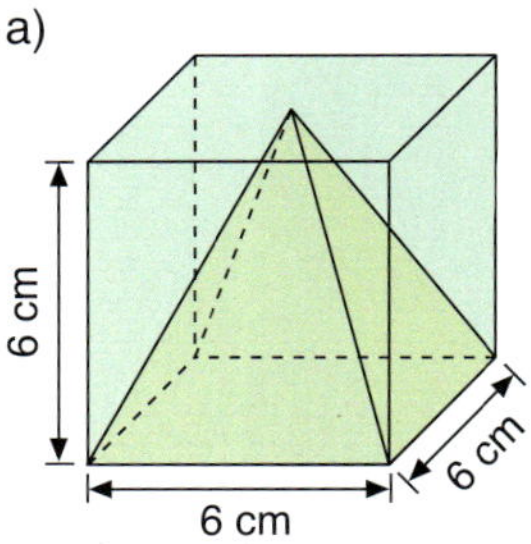

b)
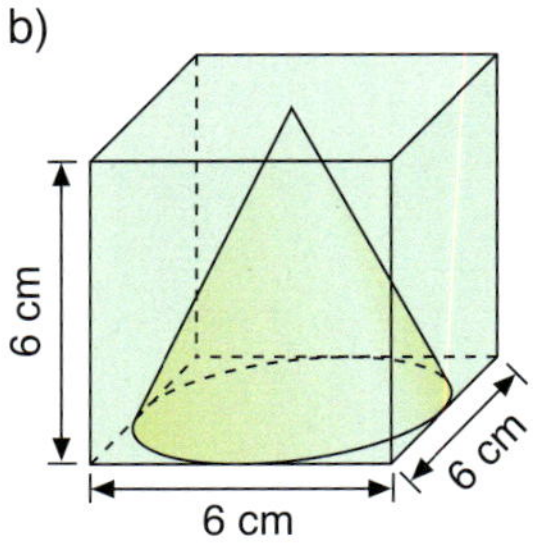

c)
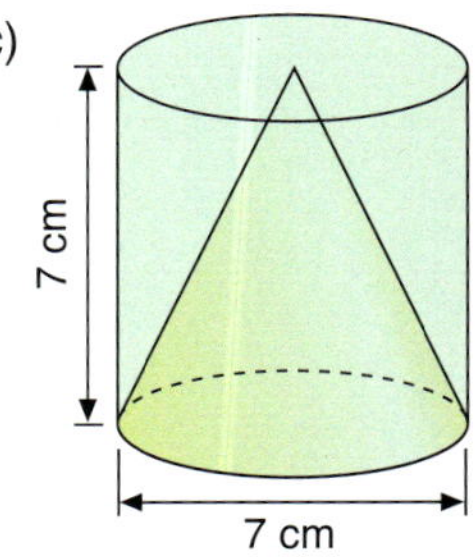

3 Berechne das Volumen des Balls.

	a)	b)	c)	d)	e)
	Golfball	Tischtennisball	Tennisball	Handball	Fußball
Radius r	2 cm	2,3 cm	3,2 cm	9,5 cm	11,1 cm

4
a)

d = 8 m; k = 3 m

Wie viel Kubikmeter Sand sind es?

b)

d = 4 m; s = 3 m

Wie groß ist die Dachfläche des Turms?

c)

d = 7 m

Wie viel m^2 groß ist die Nylonhülle?

5 Eine hohle Glaskugel hat den Durchmesser 24 cm.
a) Wie groß ist der Radius der Kugel?
b) Wie viel Kubikzentimeter Luft fasst die Glaskugel?

6 Die Kugel passt genau in den Würfel.
a) Berechne die Oberfläche des Würfels und die Oberfläche der Kugel. Vergleiche.
b) Berechne das Volumen des Würfels und das Volumen der Kugel. Vergleiche.

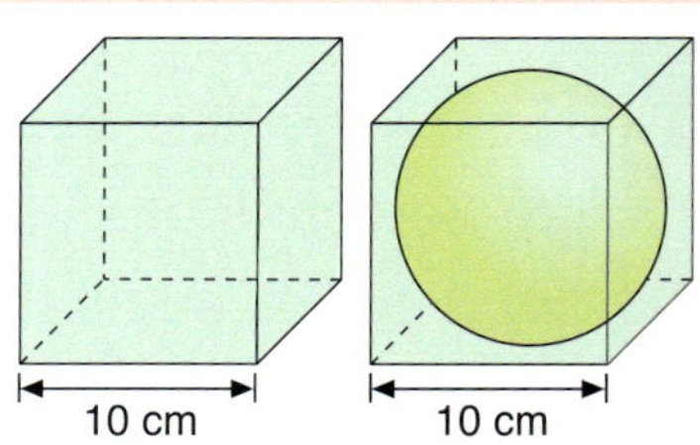

1 Erkläre, wie für den zusammengesetzten Körper das Volumen berechnet wird. Wie groß ist es?

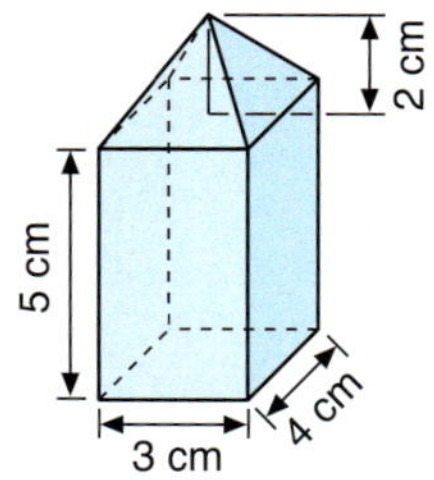

Quader: $V_Q = a \cdot b \cdot c$

$V_Q = 3 \cdot 4 \cdot 5$

Pyramide: $V_p = \frac{G \cdot k}{3}$

$V_p = \frac{3 \cdot 4 \cdot 2}{3}$

$V = V_Q + V_p$

2 Berechne das Volumen des zusammengesetzten Körpers.

a)
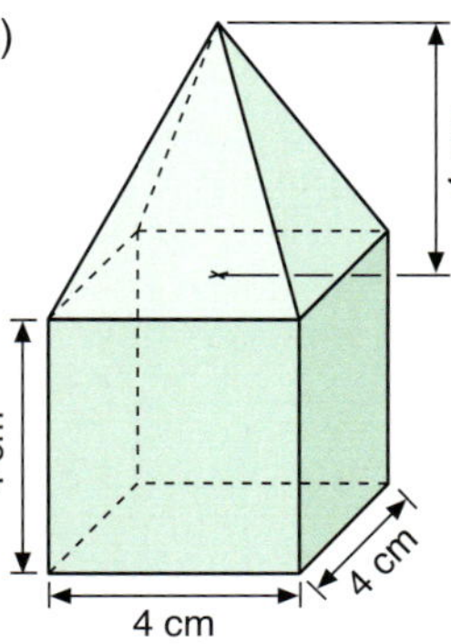

b)
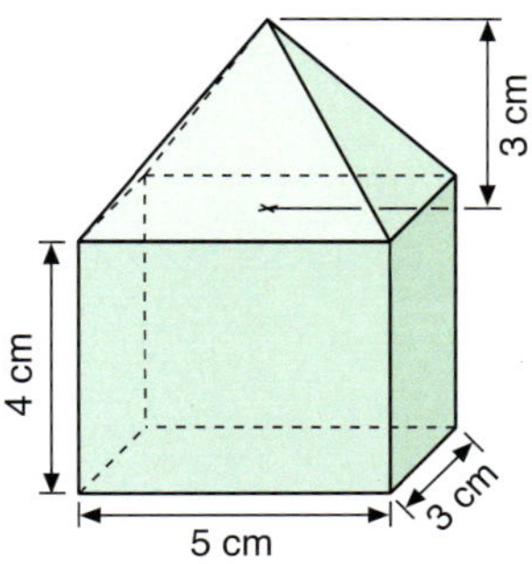

c)
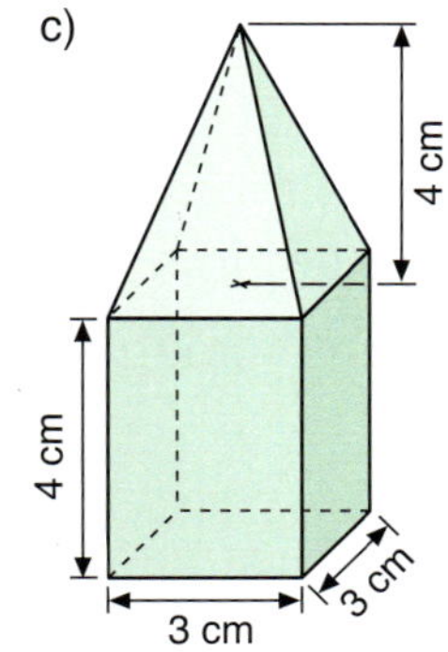

d)
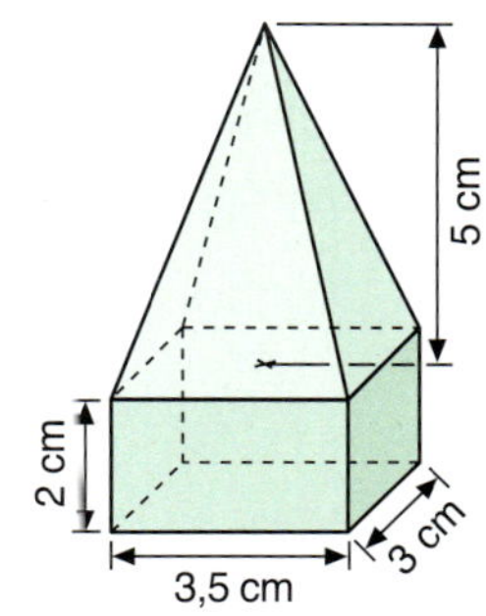

3 Berechne das Volumen des Körpers. Beachte die Einheiten.

a)
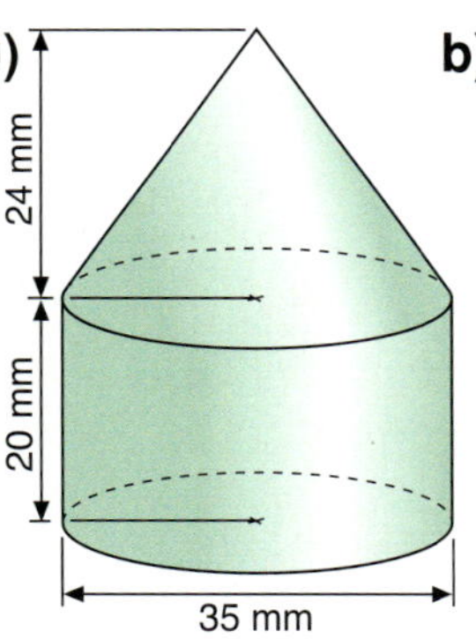

b)
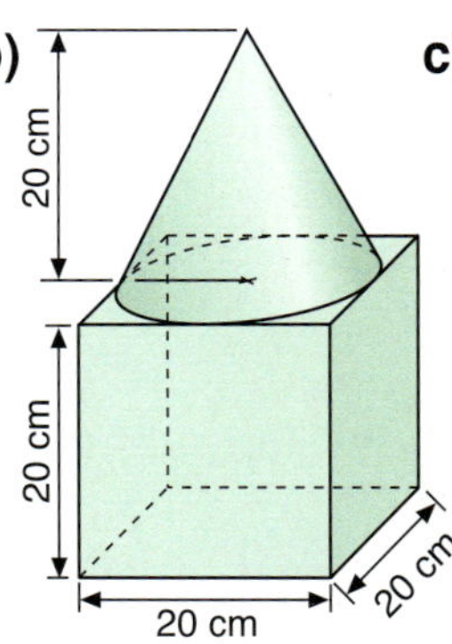

c)
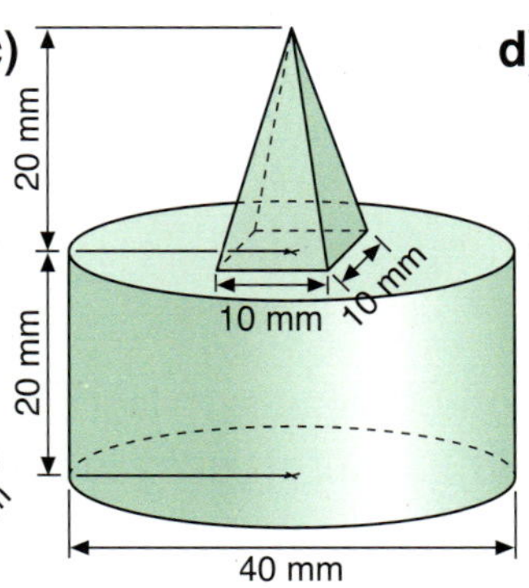

d)
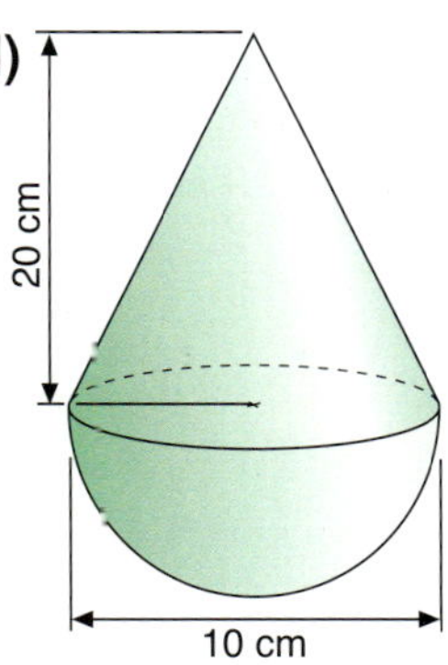

4 Die Pfosten aus Marmor sind aus einer Säule und einer Halbkugel zusammengesetzt.

a) Berechne das Volumen eines Pfostens.

b) Berechne das Gewicht eines Pfostens. 1 cm^3 Marmor wiegt 2,7 g.

c) Die Pfosten werden regelmäßig poliert. Wie groß ist für jeden Pfosten die Fläche, die poliert wird?

1 Berechne das Volumen.

a)

$G = 9\ cm^2$
$k = 3\ cm$

b)

$G = 400\ cm^2$
$k = 27\ cm$

c)

$G = 27\ cm^2$
$k = 7\ cm$

d)

$G = 4\ cm^2$
$k = 3\ cm$

2 Die Pyramide und der Quader haben die gleiche Grundfläche.

a) Berechne das Volumen des Quaders.

b) Berechne das Volumen der Pyramide.

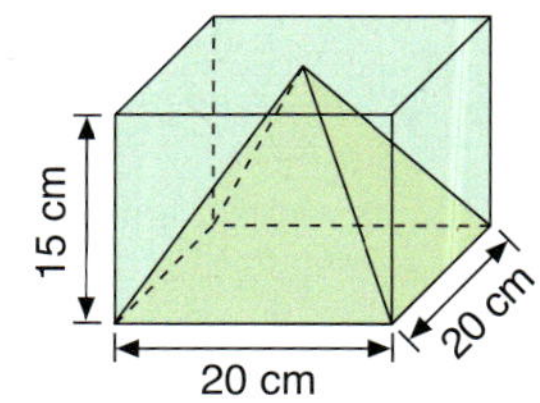

3 Berechne das Volumen des Körpers.

a)
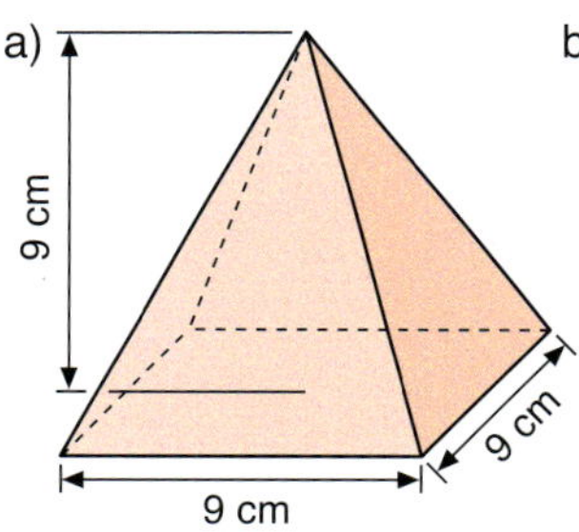

b)
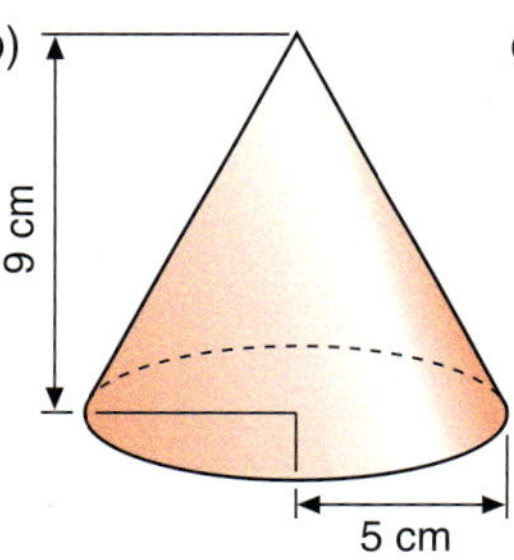

c)
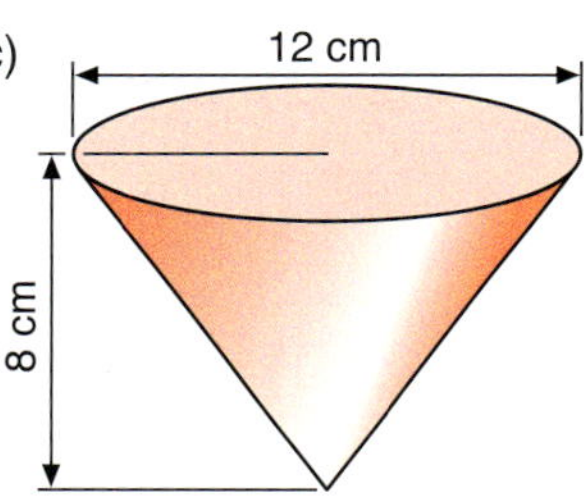

d)
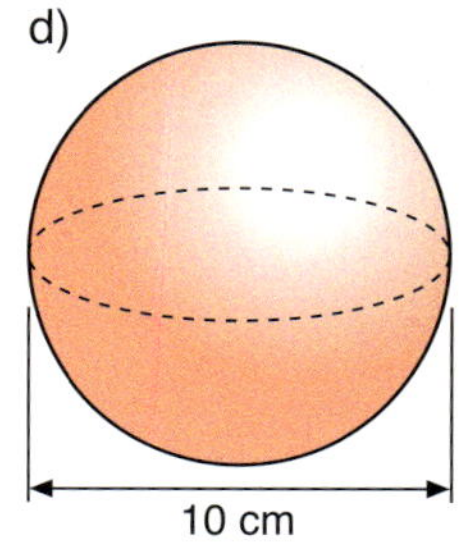

4 Ein 1,50 m hoher Kegel aus Salz hat den Grundkreisradius 1,40 m. Wie viel m^3 Salz wurden aufgeschüttet?

5 Eine Kugel aus Marmor hat den Durchmesser 9 cm. Berechne das Volumen und die Oberfläche der Kugel.

6 Berechne die Oberfläche des Körpers.

a)
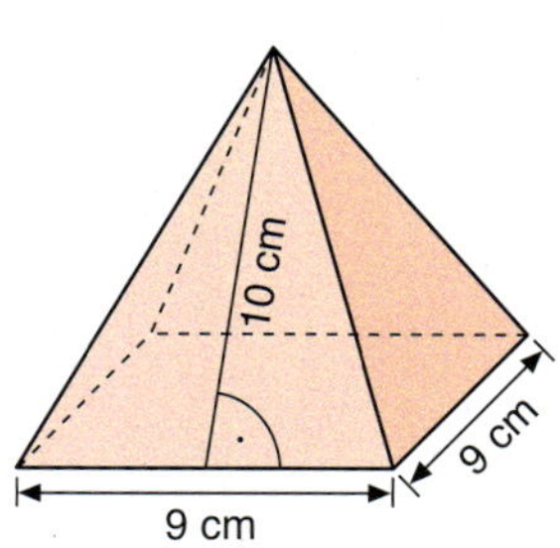

b)
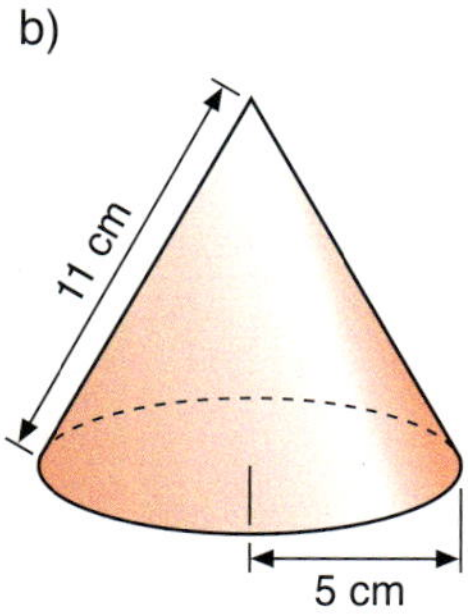

c)
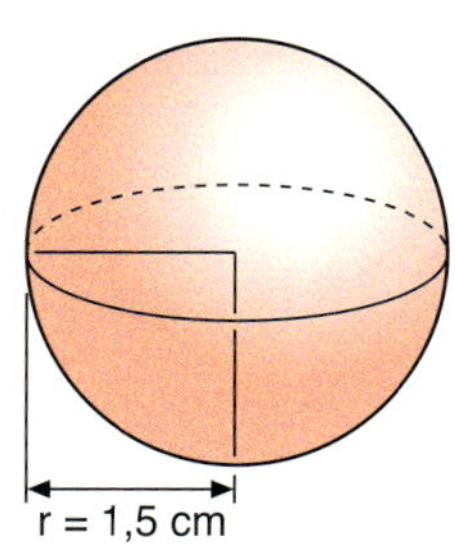

d)
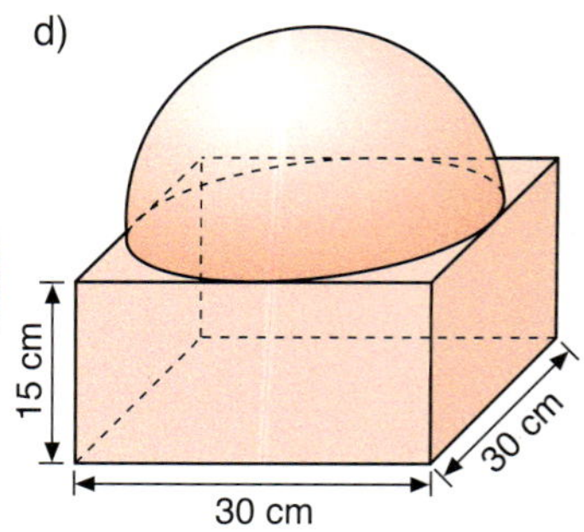

Wohnen – Leben – Arbeiten

Auf eigenen Füßen stehen

1 Nach seiner Ausbildung möchte Markus in eine eigene Wohnung ziehen. Welche Ausgaben kommen damit auf Markus zu?
Übertrage die Liste in dein Heft.
Trage weitere Ausgaben ein.

Ausgaben
Miete
Lebensmittel
Versicherungen

2 Schätzt, wie hoch die Ausgaben in einem Monat sind. Tragt die Schätzwerte in die Liste aus Aufgabe 1 ein. Vergleicht eure Angaben.

3 Welche Kosten sind für ein Leben auf eigenen Füßen unbedingt notwendig, welche haltet ihr für Luxus?

Strom	Versicherung	Fitnessstudio	Lebensmittel
Kleidung	Mobilfunkvertrag	Benzin für Pkw	Rate für Spielekonsole

4 Wie viel Geld bleibt vom Verdienst übrig?

a) Friseurin 1 020 €

Bei der Planung ihrer Ausgaben bedenkt Gianna, dass sie jeden Monat ein Viertel ihres Verdienstes für Lebensmittel ausgibt.

b) Gärtner 1 209 €

Mustafa gibt seinen Eltern ein Drittel seines Verdienstes für Essen und Wohnen. Sein Auto kostet 175 € im Monat.

c) Maler 1 180 €

Steffen gibt die Hälfte seines Verdienstes für die Miete aus. Für Lebensmittel rechnet er mit 250 € im Monat.

d) Hauswirtschafterin 1 040 €

Sabrina gibt ein Fünftel ihres Verdienstes für Kleidung und Kosmetik aus. Für Versicherungen rechnet sie mit 100 € pro Monat.

1 Lea möchte in eine eigene kleine Wohnung ziehen. Sie sucht im Anzeigenteil.

2 ½ Zi.-DG-Whg. in Schwenkdorf, ca. 70 m^2, 6-FH, Balkon, Garage (50 €) oder Stellpl. (35 €), ruhige Lage, keine HT, KM 520 € + NK + 3 MM KT, Tel.

2-Zi.DG-Whg. in Austadt, ca. 44 m^2, EBK, TL-Bad, Keller, Stellplatz, Gartennutzung, keine Haustiere. KM 275 € + NK 80 € + KT. Tel.

Grühnbach, sonn. 2-Zi.Whg. ca. 68 m^2, EBK, Balkon, Laminat, HM, 5. Stock m. Aufzug, TG-Stellpl. Keller, 5-Min. z. Bahn, KM 450 €, 2 MM Kaution. Tel.

Lilienstadt, 2-Zi. ELW, 54 m^2 mit Terrasse (20 m^2), EBK, Stellpl., nur NR, keine HT. Zuschriften unter LS 11010152 an diese Zeitung

3 ½-Zi.-Whg., Lilienstadt, 70 m^2, KM 470 € + EBK + NK + KT, 2 Erw. Pers., k. HT, an NR. Tel.

3 ½-Zi.Whg. Schwenkdorf, 90 m^2, Laminat, Kunststofffenster, zentrumsnah, KM 600 € + 50 € Garage + NK + 2 MM KT. Tel.

a) Notiert die Abkürzungen in den Anzeigen. Klärt ihre Bedeutung.

b) Welche Wohnung würdet ihr wählen? Nennt Gründe dafür.

2 Lea entscheidet sich für die 2-Zimmer-Dachgeschosswohnung in Austadt.

a) Wie viel Euro zahlt Lea insgesamt für Miete und Nebenkosten im Monat?

b) Vergleiche mit der Miete für die 2-Zimmer-Wohnung in Grühnbach. Nenne Gründe für die unterschiedliche Höhe der Miete.

3 Wer wohnt am günstigsten? Miete und Kosten sind monatlich zu bezahlen.

Klara	**Tufan**	**Sarah und Tim**
2-Zimmer-Wohnung	1 ¼-Zimmer-Wohnung	3-Zimmer-Wohnung
Kaltmiete 290 €	Kaltmiete 255 €	Warmmiete 710 €
Nebenkosten 65 €	Nebenkosten 80 €	Strom 30 €

4 Heike und Selina möchten zusammen eine Wohnung mieten. Jede hat im Monat 270 € für Miete und Nebenkosten zur Verfügung. Sie finden eine 4-Zimmer-Wohnung für 600 € Miete und 60 € Nebenkosten.

a) Können Heike und Selina sich die Wohnung zu zweit leisten?

b) Wenn Fatma mit in die Wohnung einzieht, erhöhen sich die Nebenkosten um 30 €.
Wie viel Euro müsste jede der drei im Monat für Miete und Nebenkosten aufbringen?

Nebenkosten

1 Zu den Mietkosten für eine Wohnung kommen weitere Kosten hinzu, zum Beispiel für Strom und Heizung.
In der Zeitung findet Jessica einen Bericht über Strompreise.

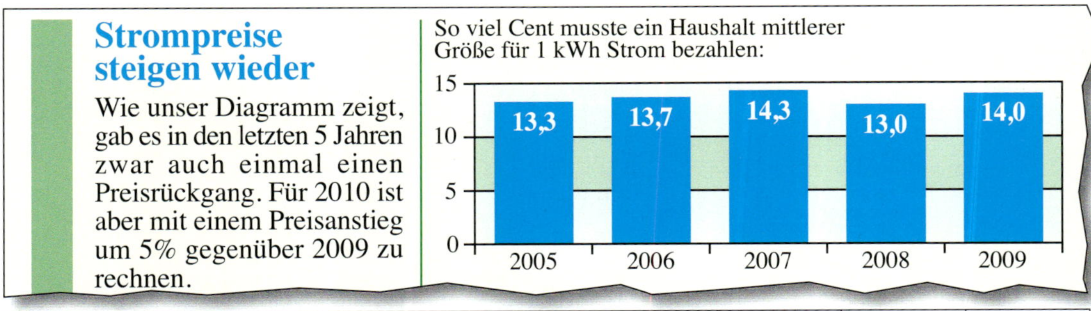

Jahr	2005	2006	2007	2008	2009	2010
Cent pro kWh						
Preis in € für 3000 kWh						

a) Strom wird nach dem Verbrauch in Kilowattstunden (kWh) abgerechnet. Übertrage die Tabelle in dein Heft. Trage die Preise aus der Zeitung ein.

b) In der Zeitung steht, dass der Preis pro kWh im Jahr 2010 um 5% höher sein wird als 2009.
Wie viel Cent kostet 1 kWh im Jahr 2010? Runde auf eine Stelle nach dem Komma. Trage den Wert in deine Tabelle ein.

c) Der durchschnittliche Verbrauch eines Haushalts beträgt im Jahr 3000 kWh. Trage in deine Tabelle die Preise dafür in den Jahren 2005 bis 2010 ein.

2 Auch die anderen Energiepreise ändern sich oft. Felipe wundert sich über Berichte in verschiedenen Zeitungen.

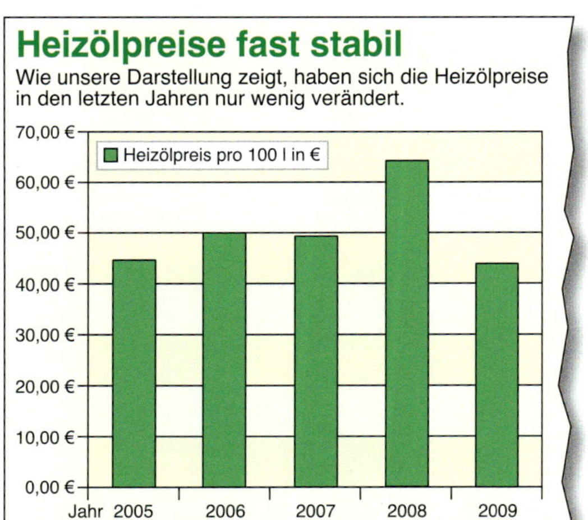

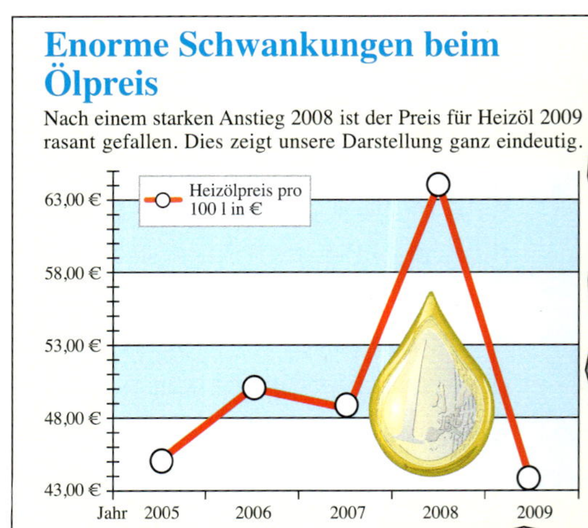

a) Welches der beiden Diagramme gibt die Entwicklung der Heizölpreise realistisch wieder?

b) Das andere Diagramm und der zugehörige Text in der Zeitung erwecken den Eindruck, dass der Heizölpreis 2009 regelrecht abgestürzt ist.
Wodurch wird dieser Eindruck erweckt?

1 Mit dem geeigneten Tarif für Strom kann man Geld sparen. Auf einem Informationsblatt findet Leonie zwei Angebote und ein Schaubild.

Normaltarif N
Monatlicher
Grundpreis 10 €
Kosten pro kWh
0,20 €

Singletarif K
Kein Grundpreis

Kosten pro kWh
0,30 €

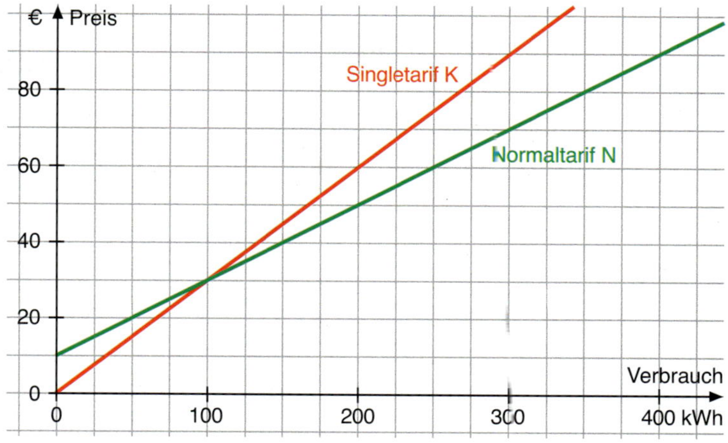

a) Übertrage die Tabelle in dein Heft. Lies die Preise für beide Tarife im Schaubild ab und trage sie ein.

Verbrauch	100 kWh	150 kWh	200 kWh	300 kWh
Normaltarif N				
Singletarif K				

b) Leonie rechnet mit einem Stromverbrauch von 80 kWh im Monat. Berechne die monatlichen Kosten im Singletarif K.

c) Wie hoch sind für 80 kWh die monatlichen Kosten im Normaltarif N?

d) Familie Dudek rechnet mit einem monatlichen Verbrauch von 300 kWh. Welchen Tarif empfiehlst du? Wie viel Euro im Jahr spart Familie Dudek, wenn sie deiner Empfehlung folgt?

2 Auch für die Lieferung von Erdgas gibt es verschiedene Tarife.

Tarif 1
Grundpreis
pro Jahr 112,85 €
5,3 Cent pro kWh

Tarif 2
Kein jährlicher
Grundpreis
9,4 Cent pro kWh

Tarif 3 ohne Grundpreis
Die ersten 4000 kWh
8,5 Cent pro kWh, jede
weitere kWh 4,2 Cent

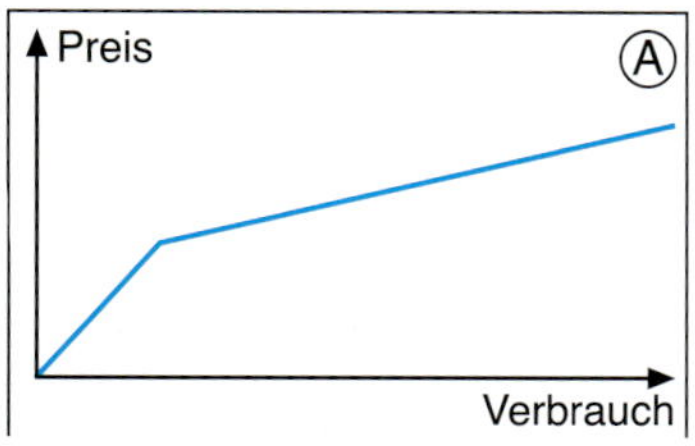

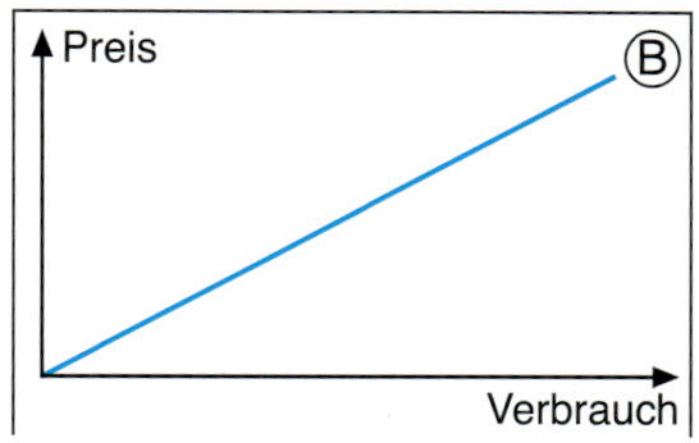

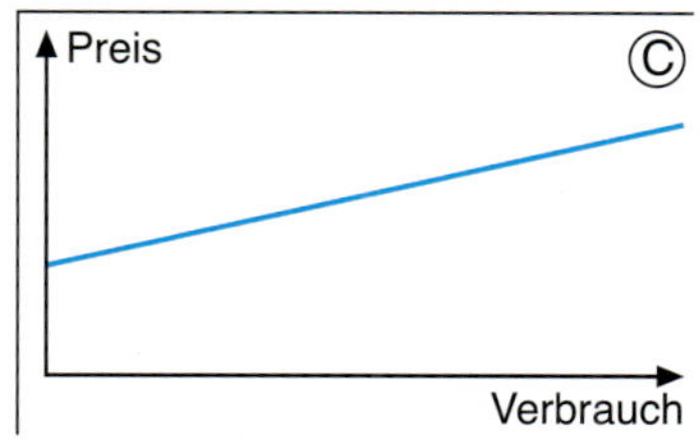

a) Welches Schaubild gehört zu welchem Tarif? Ordne zu.

b) Welchen Tarif empfiehlst du einem Freund, der alleine wohnt und im Jahr nur wenig Gas verbraucht?

1

In den beiden Diagrammen siehst du die Ergebnisse der Befragung von 25 Jugendlichen nach Freizeitbeschäftigungen und nach den Ausgaben dafür.

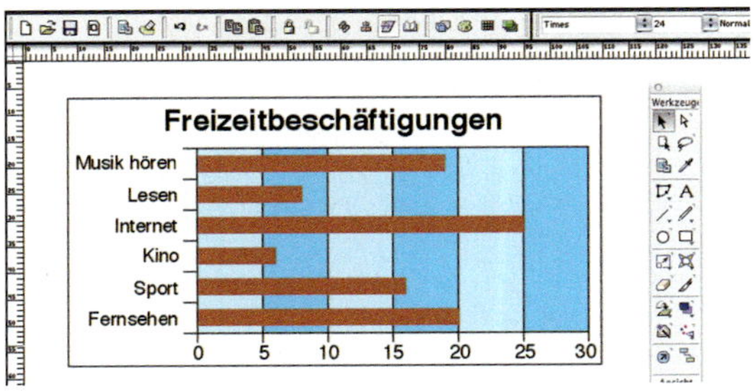

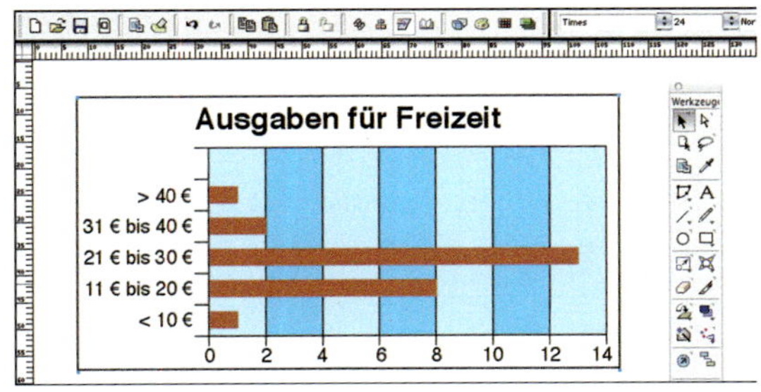

a) Welche Beschäftigung wurde am häufigsten genannt, welche am wenigsten?

b) Wie viele der befragten Jugendlichen geben für Freizeitbeschäftigungen im Monat 21 € bis 30 € aus, wie viele geben höchstens 20 € aus?

2

Sportverein	Internetsurfen	Kino
60 € im Jahr	19,99 € im Monat	Zweimal im Monat 7 €

Wie viel Euro muss Timo im Monat insgesamt für die Freizeit einplanen?

3

Selim sieht gerne Filme und möchte sich bei einem Online-DVD-Verleih anmelden. Er vergleicht zwei Angebote.

a) Welcher Anbieter ist günstiger, wenn Selim 4 Filme im Monat ausleiht?

b) Selim plant, jeden Monat 8 Filme zu leihen. Welchen Anbieter sollte er wählen? Wie viel Euro müsste er bei dem anderen Anbieter mehr bezahlen?

4

Der Eintritt in die Schwimmhalle kostet 4,50 €.

a) Wie viel Euro zahlt man für 10 Besuche in der Schwimmhalle?

b) Als Mitglied im Schwimmverein zahlt Andrea nur 3 € Eintritt. Allerdings muss sie 30 € Jahresbeitrag bezahlen. Andrea besucht die Schwimmhalle zweimal im Monat.
Lohnt sich für sie die Mitgliedschaft im Schwimmverein?

5

Chiara möchte gerne zweimal pro Woche Sport treiben. Sie vergleicht die Preise. Welches Angebot ist für Chiara günstiger?

Sportverein Hamsfeld
Jahresbeitrag 48 €
Sportabo (2 Kurse pro Woche)
18 € pro Monat

Fitnesstudio Aktivio
Monatlicher Beitrag 45 €
Einschließlich aller Kurse

Bruttolohn und Nettolohn

1

Bruttolohn	2215,00 €	
Abzüge		
Lohnsteuer	327,08 €	Steuern
Solidaritätszuschlag	17,89 €	
Kirchensteuer	26,16 €	
Krankenversicherung	181,70 €	Sozialversicherungen
Pflegeversicherung	22,43 €	
Rentenversicherung	228,85 €	
Arbeitslosenversicherung	32,20 €	
Nettolohn	■ €	

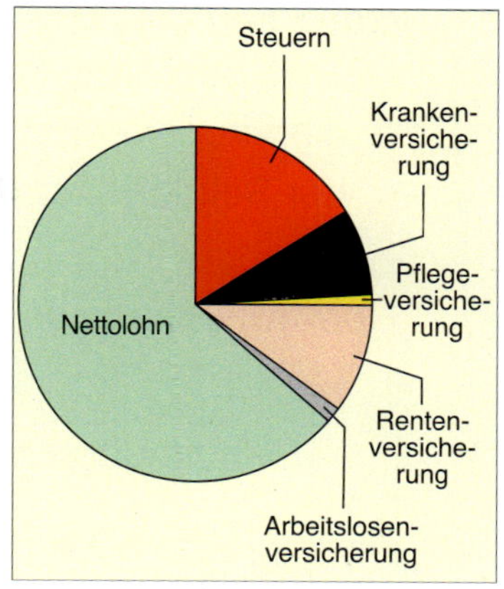

Christian hat seine Ausbildung als Maler beendet. Nun freut er sich über seinen Verdienst. Von seinem Bruttolohn gibt es allerdings einige Abzüge.

a) Wie hoch sind die monatlichen Abzüge von Christians Bruttolohn?

b) Wie viel Euro bleiben Christian als Nettolohn?

c) Wie viel Prozent seines Bruttolohns werden Christian abgezogen?

2 Die Höhe des Prozentsatzes für die Steuer ist abhängig von Familienstand und Einkommen.
Der Prozentsatz für die Sozialversicherungen ist immer derselbe. Wir rechnen mit 21 %.
Berechne den Nettolohn wie im Beispiel.

Bruttolohn	2500,00 €
Abzüge	
18 % Steuern	450,00 €
Sozialvers.	525,00 €
Nettolohn	■ €

a)

Frau Pfeifer
Brutto 2500 €
18 % Steuern

b)

Herr Koch
Brutto 1900 €
12 % Steuern

c)

Frau Rudolfo
Brutto 2200 €
14 % Steuern

d)

Herr Kehrer
Brutto 1300 €
Steuern 6 %

3 Den Beitrag für die gesetzliche Krankenversicherung eines Arbeitnehmers teilen sich der Arbeitnehmer und der Arbeitgeber. Der Arbeitnehmer zahlt 7,9 % seines Bruttolohns ein, der Arbeitgeber zahlt 7 % des Bruttolohns.
Berechne den Beitrag des Arbeitnehmers für die Krankenversicherung bei dem Bruttolohn:

a) 1200 € b) 1030 € c) 2215 € d) 2710 € e) 1825 €

4 Herrn Maier zahlt 20 % des Bruttolohns an Steuern. Das sind 550 €.
Wie hoch ist der Bruttolohn von Herrn Maier?

5 Frau Gür hat einen Bruttolohn von 1800 €.
Davon werden 306 € Steuern abgezogen.
Wie viel Prozent ihres Bruttolohns zahlt Frau Gür an Steuern?

Gehaltsberechnung mit dem Computer

Ganz genau lässt sich ein Gehalt mit dem Computer berechnen.
Für die Berechnung der Steuern musst du noch wissen:

– die Kirchensteuer beträgt 8% der Lohnsteuer.
– der Solidaritätszuschlag beträgt 5,5% der Lohnsteuer.

1 Übertrage die folgende Tabelle auf deinen Computer.

	A	B	C	D	E
1	Gehaltsabrechnung				
2				Prozentsatz	
3	Brutto				1 800,00 €
4		Steuern	Lohnsteuer	13,07 %	
5					
6			Kirchensteuer	8 %	
7			Solidaritätszuschlag	5,50 %	

2 Zur Berechnung der Lohnsteuer trägst du in Zelle E4 ein: =E3*D4
Die Berechnung wird durchgeführt, wenn du die Eingabetaste drückst.

	A	B	C	D	E
1	Gehaltsabrechnung				
2				Prozentsatz	
3	Brutto				1 800,00 €
4		Steuern	Lohnsteuer	13,07 %	235,26 €
5					
6			Kirchensteuer	8 %	
7			Solidaritätszuschlag	5,50 %	

3 Da die Kirchensteuer 8% der Lohnsteuer beträgt, gibst du in Zelle E6 ein: =E4*D6
Drücke die Eingabetaste. Deine Tabelle sieht jetzt so aus:

	A	B	C	D	E
1	Gehaltsabrechnung				
2				Prozentsatz	
3	Brutto				1 800,00 €
4		Steuern	Lohnsteuer	13,07 %	235,26 €
5					
6			Kirchensteuer	8 %	18,82 €
7			Solidaritätszuschlag	5,50 %	

4 Den Solidaritätszuschlag kannst du so berechnen, wie du in Aufgabe 3 die Kirchensteuer berechnet hast.
Welchen Befehl gibst du in Zelle E7 ein?

1 Ergänze die Tabelle um die fehlenden Angaben.

	A	B	C	D	E
1	Gehaltsabrechnung				
2				Prozentsatz	
3	Brutto				1 800,00 €
4		Steuern	Lohnsteuer	13,07 %	235,26 €
5					
6			Kirchensteuer	8 %	18,82 €
7			Solidaritätszuschlag	5,50 %	12,94 €
8					
9		Sozialversicherungen	Krankenversicherung	7,10 %	
10			Pflegeversicherung	0,85 %	
11			Rentenversicherung	9,55 %	
12			Arbeitslosenversicherung	3,25 %	
13	Netto				

2 Die Sozialversicherungsbeiträge des Arbeitnehmers werden aus dem Bruttolohn berechnet.

a) Gib für die Krankenversicherung in Zelle E9 den Befehl =E3*D9 ein.

b) Gib ebenso die Befehle zur Berechnung der anderen Versicherungen ein.

3 Berechne den Nettolohn, indem du die Steuern und Sozialversicherungsbeiträge vom Bruttolohn abziehst. Welchen Befehl gibst du in Zelle E13 ein? Nachdem du die Eingabetaste gedrückt hast, sollte der untere Teil deiner Tabelle so aussehen:

	A	B	C	D	E
9		Sozialversicherungen	Krankenversicherung	7,10 %	127,80 €
10			Pflegeversicherung	0,85 %	15,30 €
11			Rentenversicherung	9,55 %	171,90 €
12			Arbeitslosenversicherung	3,25 %	58,50 €
13	Netto				1 159,48 €

4 Frau Benner hat einen Bruttolohn von 2 200 €. Ihr Lohnsteuersatz beträgt 16,12 %. Die restlichen Prozentsätze bleiben unverändert. Berechne den Nettolohn von Frau Benner mit dem Computer.

5 Herr Baumgärtner erhält einen Bruttolohn von 2200 €. Sein Lohnsteuersatz beträgt 18,3 %.

a) Trage die Werte in die Tabelle ein. Berechne den Nettolohn.

b) Wie verändert sich der Nettolohn von Herrn Baumgärtner, wenn er von Bayern nach Niedersachsen umzieht und dort für die Kirchensteuer ein Prozentsatz von 9 % erhoben wird?

Kaufen auf Raten

1

SPARANGEBOT

Barpreis nur **470 €**

Nur ein kleiner Aufschlag für bequeme Ratenzahlung

Anzahl der Monatsraten	Höhe der Monatsraten
6	89,95 €
12	45,95 €
18	31,95 €

Lia kauft ein Fernsehgerät. Sie überlegt, ob sie in Raten zahlt.

a) Wie hoch ist der Gesamtpreis bei Zahlung in 6 Monatsraten?

b) Berechne auch die Gesamtpreise bei Zahlung in 12 und in 18 Monatsraten.

c) Wie viel Euro über dem Barpreis liegt der Gesamtpreis bei 18 Monatsraten?

2 Inga und Martin ziehen zusammen in eine Wohnung. In einem Katalog finden sie ein Angebot für eine Küche.

a) Berechne den Gesamtpreis bei Zahlung in 12 Monatsraten. Vergleiche mit dem Barpreis.

b) Vergleiche auch den Gesamtpreis bei Zahlung in 24 Monatsraten mit dem Barpreis.

Sonderangebot:
2 875 €
oder
12 Raten von **269 €**
oder
24 Raten von **138 €**

3 Berechne den Aufschlag und die Höhe einer Monatsrate.

MP3-Player 98 €	Laptop 496 €	Spielekonsole 230 €
5 Monatsraten	12 Monatsraten	18 Monatsraten
Aufschlag 5 %	Aufschlag 12 %	Aufschlag 18 %

4 Die Fahrt zu Lucas Lehrstelle dauert mit dem Bus mehr als eine Stunde. Mit einem Motorrad wären es nur 15 Minuten. Er möchte die Maschine in Raten bezahlen.

a) Berechne den Aufschlag auf den Kaufpreis bei Zahlung in 24 Monatsraten. Wie hoch ist eine Rate?

b) Berechne die Höhe einer Monatsrate bei Zahlung in 36 Monatsraten.

c) Was spricht für einen Kauf auf Raten? Was spricht dagegen?

1 a) Wie viel Euro Zinsen fallen in einem Jahr an?

b) Wie hoch sind Bearbeitungsgebühr und Zinsen insgesamt?

c) Igor meint: „Für Bearbeitungsgebühr und Zinsen zahlt man 19 % des Kreditbetrags.“
Stimmt das?

2 Sarah und Mike können in ihrer neuen Wohnung für 2400 € die Küche des Vormieters übernehmen. Sie müssen dazu für ein Jahr einen Kredit aufnehmen.

a) Welchen Betrag müssen Sarah und Mike bei der Fontabank zurückzahlen?

b) Wie hoch ist die Summe aller Raten bei der K&D-Bank?

c) Welchen Kredit würdest du wählen? Begründe deine Antwort.

3 Jenny leiht sich bei der Bank 800 € für eine Autoreparatur. Die Bank verlangt 9 % Zinsen. Nach 10 Monaten kann Jenny den Kredit zurückzahlen.
Berechne zuerst die Zinsen für ein Jahr, dann die Zinsen für 10 Monate.

4 Robert überzieht sein Konto für 4 Monate um 300 €. Die Bank berechnet dafür 12 % Jahreszinsen.
Wie viel Euro Zinsen zahlt Robert?

5 Familie Maurer kauft neue Möbel.

a) Wie hoch ist der Preisnachlass (8 %) bei Barzahlung in Euro?

b) Wie viel Euro müssen bei Barzahlung bezahlt werden?

c) Um bar bezahlen zu können, leihen Frau und Herr Maurer den Betrag zum Jahreszinssatz 12 % bei der Bank. Nach 6 Monaten können sie den Kredit mit Zinsen zurückzahlen. Wie viel Euro Zinsen fallen an?

d) Lohnt sich die Aufnahme des Kredits? Begründe deine Antwort.

Gorans Haushaltsplan

1 Goran erstellt einen Haushaltsplan. In eine Tabelle trägt er seine monatlichen Einnahmen und Ausgaben ein. Übertrage die Tabelle so in dein Heft, dass du sie verlängern kannst. Trage die Einnahmen und Ausgaben ein, die auf diesen Seiten genannt werden. Bei manchen Angaben musst du vor dem Eintragen die Höhe pro Monat berechnen.

Beschreibung	Einnahmen	Ausgaben
Arbeitslohn netto		
Miete und Nebenkosten		
Strom, Gas, Wasser		

2 Goran verdient im Monat 1 600 € brutto. Davon werden ihm 12 % Steuern und 21 % Sozialversicherungsbeiträge abgezogen. Berechne Gorans Nettolohn.

3 Für Miete und Nebenkosten zahlt Goran monatlich 325 €. Für Strom, Gas und Wasser werden ihm vierteljährlich 165 € berechnet. Trage die monatlichen Kosten ein.

4 Goran hilft seinen Großeltern regelmäßig bei der Wohnungspflege. Dafür bekommt er von ihnen 15 € pro Woche. Ergänze die Tabelle und trage den monatlichen Betrag ein.

5 An Versicherungen bezahlt Goran
- Haftpflichtversicherung, 60 € im Jahr
- Hausratversicherung, 90 € im Jahr
- Unfallversicherung, 16 € im Monat

Trage in die Tabelle ein, wie viel Euro Goran pro Monat für Versicherungen einplanen muss.

6 Goran geht regelmäßig ins Fitness-Studio. Der Beitrag kostet 37,50 € im Monat. Außerdem gibt er für Kickboxen wöchentlich 5 € aus. Trage in die Tabelle ein, wie viel Euro Goran im Monat für Sport bezahlt.

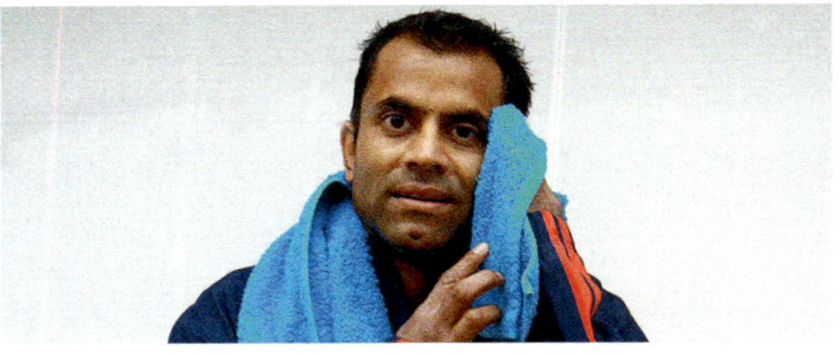

1 Setze Gorans Haushaltsplan fort. Berechne, falls nötig, jeweils die monatlichen Kosten und trage sie in die Tabelle ein.

a) Für Telefon und Internet hat Goran einen Flatrate-Tarif, der 29,50 € im Monat kostet.

b) Der Handy-Vertrag kostet im Monat 10 €. Zusätzlich rechnet Goran mit dem gleichen Betrag für Gesprächs- und SMS-Kosten.

c) Die Rundfunk- und Fernsehgebühren betragen vierteljährlich 53,94 €.

2 Bei einer Bausparkasse hat Goran einen Bausparvertrag abgeschlossen, auf den er monatlich 40 € einzahlt. Außerdem spart er jeden Monat 100 €. Trage in die Tabelle ein.

3 a) Berechne die Summe von Gorans Einnahmen und die Summe seiner Ausgaben.

b) Wie viel Euro bleiben jeden Monat übrig, wenn Goran von seinen Einnahmen die Ausgaben abzieht?

c) Gibt es weitere regelmäßige Ausgaben, die Goran nicht bedacht hat?

4 Goran würde gerne ein Auto kaufen. Ein Händler bietet einen Gebrauchtwagen an, der Goran gefällt. Bei Ratenzahlung mit einer Laufzeit von 5 Jahren erhöht sich der Preis um 12 %. Die Anzahlung von 2000 € wird sofort fällig. Der Restpreis ist dann in gleich hohen Monatsraten abzubezahlen.

a) Wie hoch ist der Preis für das Auto bei Ratenzahlung?

b) Wie hoch ist eine Monatsrate?

c) Gibt es weitere Kosten für das Auto, die Goran einplanen sollte? Würdest du Goran empfehlen, das Auto zu kaufen? Begründe deine Antwort.

Wiederholen und Üben

1 Steffi, Elif und Laura wohnen zusammen in einer Wohngemeinschaft. Für ihre Wohnung zahlen sie 615 € Miete. Dazu kommen noch die monatlichen Vorauszahlungen von 90 € für Heizkosten und 36 € für Strom. Wie viel Euro muss jede von ihnen im Monat bezahlen?

2 Berechne zuerst die Abzüge für Steuern und Sozialversicherungen. Berechne dann den Nettolohn.

a) **Frau El Rebaki**
Bruttolohn
2900 €
40 % Abzüge

b) **Herr Schulte**
Bruttolohn
2200 €
Abzüge 35 %

c) **Jenny**
Bruttolohn
1280 €
Abzüge 27 %

d) **Herr Jazek**
Bruttolohn
1700 €
Abzüge 31 %

3 Ein Kaufhaus bietet beim Kauf von Haushaltsgeräten Ratenzahlung an. Dafür wird ein Aufschlag auf den Kaufpreis verlangt.

a) Berechne den Aufschlag auf den Kaufpreis.

b) Berechne den Gesamtpreis bei Ratenzahlung.

c) Wie hoch ist die monatliche Rate?

Waschmaschine
660 €
12 Raten
7 % Aufschlag

Elektroherd
420 €
6 Raten
4 % Aufschlag

Kühlschrank
388 €
10 Raten
5 % Aufschlag

Wäschetrockner
648 €
18 Raten
9 % Aufschlag

4 Ein Autohaus bietet seinen Kunden Kredite zur Finanzierung des Kaufpreises an. Dabei wird je nach Laufzeit des Kredits ein Aufschlag verlangt. Berechne die Höhe der monatlichen Rate.

	a)	b)	c)	d)	e)
Kreditsumme	5000 €	5000 €	10000 €	10000 €	15000 €
Laufzeit	24 Monate	36 Monate	24 Monate	36 Monate	48 Monate
Aufschlag	4 %	6 %	4 %	6 %	8 %

5 Natascha überzieht ihr Konto für 3 Monate um 400 €. Die Bank berechnet dafür 12 % Jahreszinsen. Wie viel Euro Zinsen zahlt Natascha?

6 Jan und Lisa haben beide feste Kosten für ihre Freizeitaktivitäten eingeplant. Berechne jeweils die Kosten pro Monat. Vergleiche.

Jan
Fitness-Studio 25 € pro Monat
Jeden Monat 2 Kinobesuche, je 7 €
Bücherei-Ausweis 30 € im Jahr

Lisa
Sportverein 120 € im Jahr
Filmclub 15 € pro Monat
Jeden Monat 4 Zeitschriften, je 2,95 €

Alles Paletti – Training für Tests

1 Wie heißt die Zahl in der Mitte?

a)
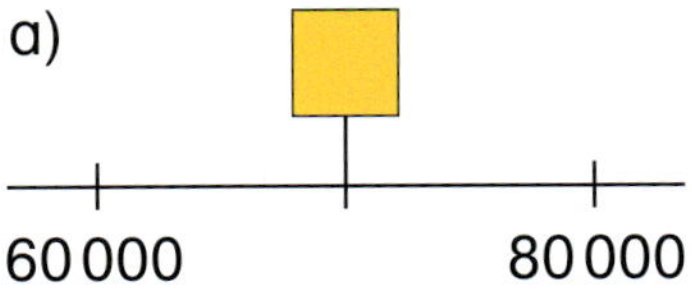

b)
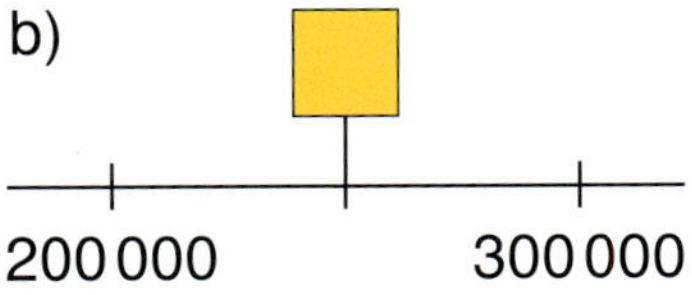

c)
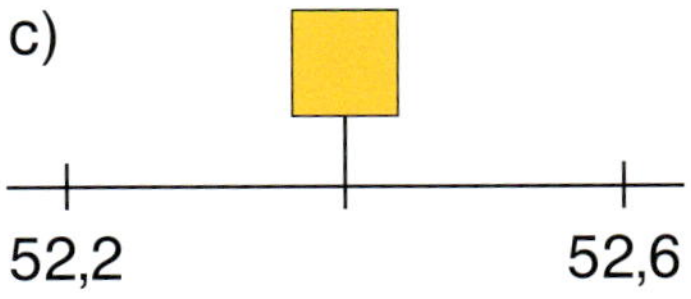

2 Ergänze die fehlenden Zahlen.

a) 25 000 30 000 ■ ■ ■ ■ 55 000
120 000 110 000 ■ ■ ■ ■ 60 000

b) 4,1 4,4 4,7 ■ ■ ■ ■ 6,2
−8,5 −7,5 −6,5 ■ ■ ■ ■ −1,5

3

a) 2 590 + 500
15 500 + 400
71 000 + 20 000

b) 2 590 − 200
5 000 − 900
63 000 − 6 000

c) 6 · 2 000
60 · 4
50 · 300

d) 800 : 80
420 : 2
4 000 : 5

4

a) 9 850 + ■ = 10 000
35 000 − ■ = 29 000
■ + 8 000 = 30 000
■ − 11 000 = 22 000

b) 7 · ■ = 4 900
20 · ■ = 10 000
■ · 700 = 2 100
■ · 30 = 21 000

c) 1 200 : ■ = 60
400 : ■ = 5
■ : 2 = 400
■ : 50 = 20

5 Wie heißen die fehlenden Zahlen?

a)

b)

c)

6 Setze +, −, · oder : so ein, dass die Aufgaben stimmen.

a) 4 ■ 5 = 6 ■ 14
100 ■ 2 = 10 ■ 5
72 ■ 8 = 20 ■ 4

b) 3 ■ 5 ■ 5 = 20
50 ■ 10 ■ 40 = 20
800 ■ 2 ■ 50 = 350

c) 210 ■ 7 ■ 30 = 900
4 000 ■ 20 ■ 250 = 450
3 000 ■ 6 ■ 30 = 600

7 Im Kopf oder schriftlich?

a) 23 456 + 50 000
44 444 + 929 292
5 100,01 + 2 900,99
13,07 + 3 080,02

b) 43 290 − 20 290
800 000 − 999
723,51 − 166,02
75 100,8 − 31 100

c) 1 476 · 5
12 000 · 1,5
502 · 37
9 871, 23 · 44

d) 213 800 : 100
584,25 : 5
2 233,44 : 11
60 507 : 2

8 Lena hat 7,50 €. Sie bezahlt den Eintritt in das Schwimmbad und hat dann noch 6,30 €. Im letzten Monat war sie mehrmals dort und hat insgesamt 6 € bezahlt.

a) Wie teuer ist der Eintritt in das Schwimmbad?

b) Wie oft war Lena im letzten Monat im Schwimmbad?

1 Welcher Bruchteil ist farbig dargestellt?

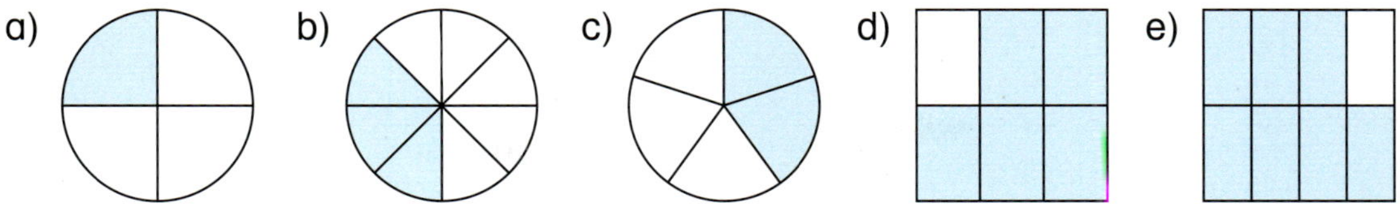

2 Ordne die Brüche nach der Größe. Beginne mit dem kleinsten Bruch.

a) $\frac{1}{5}$ $\frac{1}{2}$ $\frac{3}{4}$ $\frac{1}{4}$ b) $2\frac{1}{2}$ $\frac{5}{8}$ $1\frac{1}{4}$ $\frac{11}{3}$ c) $1\frac{1}{3}$ $\frac{3}{4}$ $\frac{5}{8}$ $\frac{5}{3}$

3 a) Schreibe als Dezimalzahl: $\frac{1}{2}$ $\frac{3}{4}$ $\frac{7}{10}$ $\frac{1}{5}$ $\frac{3}{100}$

b) Schreibe als Bruch: 0,25 0,3 0,5 0,01 0,75

4 Finde zuerst durch Überschlagen die Aufgabe mit dem größten Ergebnis. Rechne nur diese Aufgabe genau.

a)	b)	c)
11 150 − 3 333,3	16,5 + 299 + 506,1	57 − 5,7 + 7,5
805,6 · 500	5 433,4 − 472,92	10,3 · 2 − 2
403 150 : 100	20,9 · 9,99	(27,9 : 3) · 7
10 998 + 21 989	275,5 : 5	9,8 · 2 + 9

5 Herr Kreft verdient in 8 Stunden 104 €. Wie viel Euro verdient Herr Kreft in einer Woche mit 40 Stunden Arbeitszeit?

6 Zwei Bagger brauchen zum Ausheben einer Baugrube 6 Stunden.

a) Wie lange dauert diese Arbeit, wenn nur ein Bagger zur Verfügung steht?

b) In welcher Zeit könnten 4 Bagger die Grube ausheben?

7 Zum Aufräumen einer Baustelle braucht Herr Bicker $4\frac{1}{2}$ Stunden.
Wie viel Zeit benötigen drei Personen für diese Arbeit?

8 Löse die Gleichung. Rechne auch die Probe.

a)	b)	c)	d)
5x = 40	45 = 9y	2x + 6 = 16	5a + 3 + 4a = 21
3x = 36	90 = 3a	7 + 6y = 25	7x − 3 + 2x = 42
6x = 18	160 = 40z	10b − 5 = 35	9y + 31 − 5y = 63
7x = 63	270 = 30x	12a + 3 = 51	8b − 8 + 5b = 18

9 Welche Gleichung passt zum Text?
Ich denke mir eine Zahl, multipliziere sie mit 8, addiere 7 und erhalte dann 55.

8x + 7 = 55 7x + 8 = 55

1 Übertrage die Tabelle in dein Heft und vervollständige sie.

12 € 5 Cent	1 € 3 Cent			30 € 10 Cent	
12,05 €		127,08 €			
1 205 Cent			2 299 Cent		1 001 Cent

2 Wie viel fehlt an 1 km?

a) 750 m
520 m
70 m

b) 435 m
209 m
914 m

c) 362 m
77 m
654 m

d) 410 m + 205 m
321 m + 68 m
608 m + 197 m

3 Kleiner, größer oder gleich? Setze ein: <, > oder =

a) 400 Cent ■ 3,97 €
1 250 Cent ■ 125 €
5 Cent ■ 0,50 €
2 319 Cent ■ 23,91 €

b) 4 500 m ■ 5 km
900 m ■ 9 km
20 km ■ 2 000 m
1,3 km ■ 1 300 m

c) 2,5 cm ■ 25 mm
140 cm ■ 14 m
100 m ■ 1 000 cm
575 mm ■ 5,75 m

4 Welche Strecken sind länger als 3 cm? Schätze zuerst. Prüfe durch Messen.

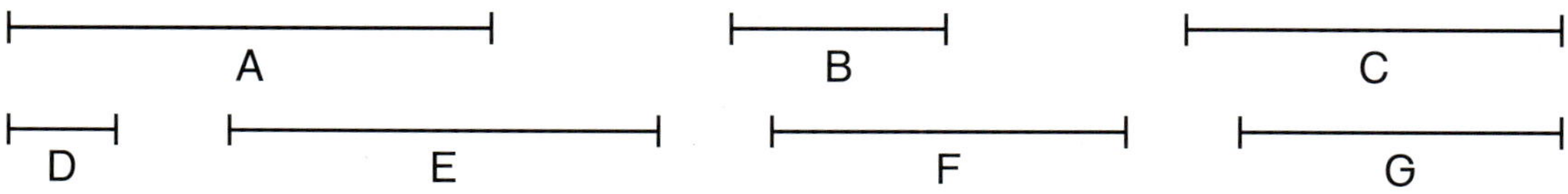

5 Wie schwer ist eine Kugel?

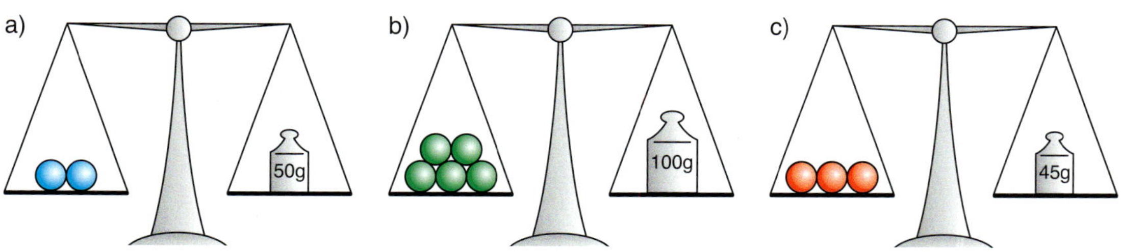

6 Welche Fehler wurden gemacht? Berichtige.

a) 200 kg = 2 000 g
3,5 t = 35 000 kg
80 000 g = 8 kg
6 600 kg = 66 t

b) 4 m = 4 000 cm
100 mm = 1 cm
500 cm = 0,5 km
1 000 km = 10 000 m

c) 10 h = 100 min
2 h = 6 000 s
20 min = 120 s
30 min = 0,3 h

7 Übertrage die Tabelle in dein Heft und ergänze die fehlenden Angaben.

Abfahrt	7.45 Uhr	17.45 Uhr	13.50 Uhr		6.58 Uhr	
Fahrzeit	20 min		1 h 10 min	40 min		55 min
Ankunft		18.02 Uhr		16.30 Uhr	10.07 Uhr	0.03 Uhr

1 Wie viele Münzen braucht man mindestens?

a) 1,51 € b) 0,43 € c) 3,90 € d) 2,77 € e) 1,48 € f) 3,76 €

2 An einem Fleischstand wird folgende Bestellung bearbeitet:

$1\frac{1}{2}$ kg Schinkengulasch
150 g Sommerwurst
0,5 kg Gehacktes

Preistafel		
100 g	Schinkengulasch	0,49 €
100 g	Gehacktes	0,44 €
100 g	Sommerwurst	1,28 €

Berechne den Gesamtpreis.

3 Übertrage den Text in dein Heft. Verwende sinnvolle Einheiten.

Julian ist *1 670 mm* groß und *64 000 Gramm* schwer. Er arbeitet im Praktikum täglich *360 Minuten*. Seine Mittagspause dauert genau *1 800 Sekunden*. Danach kauft Julian immer die Tageszeitung für *110 Cent*. Die Kosten dafür teilt er sich mit seinem *730 Tage* älteren Bruder.

4 Immer zwei Angaben sind gleich. Notiere sie in deinem Heft.

a)	b)	c)	d)	e)
500 kg	$\frac{3}{4}$ m	0,1 h	$\frac{7}{10}$ €	$2\frac{1}{2}$ cm
50 000 g	0,75 m	$\frac{1}{10}$ min	700 Cent	0,025 m
$\frac{1}{2}$ t	340 cm	6 s	0,70 €	2,5 mm

5 Schätze die Länge des Schiffes. Begründe deine Antwort.

6 Miss die Längen im Bild. Berechne die Größe der Tiere in der Wirklichkeit.

a) Maßstab 1 : 50

b) Maßstab 20 : 1

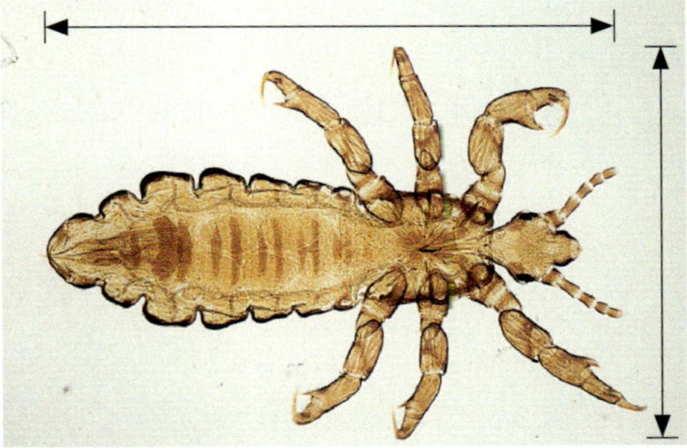

1 Welche Figur hat den größten Flächeninhalt? Begründe.

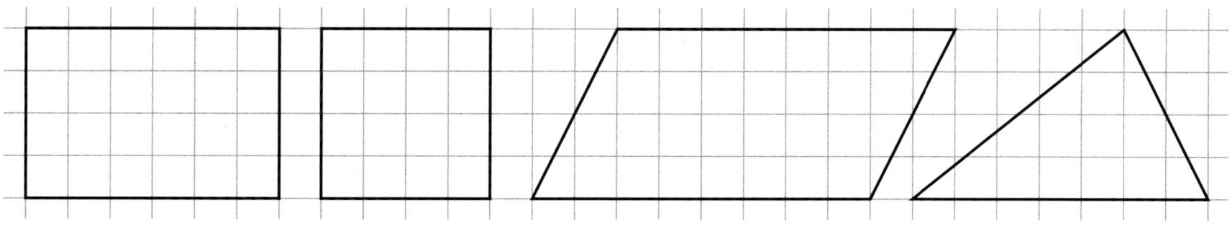

2 Berechne Umfang und Flächeninhalt des Rechtecks.

a)	b)	c)	d)	e)
a = 4 cm	a = 2,3 cm	a = 25 mm	a = 20 mm	a = 8 mm
b = 2,5 cm	b = 3,5 cm		b = 12 mm	b = 1,5 cm

3 Zeichne das Dreieck. Berechne Umfang und Flächeninhalt.
Entnimm die nötigen Maße deiner Zeichnung.

a)	b)	c)	d)	e)
a = 6 cm	c = 4,6 cm	a = 5 cm	b = 5,4 cm	a = 40 mm
b = 4 cm	α = 70°	β = 85°	α = 45°	c = 55 mm
c = 5 cm	β = 65°	γ = 69°	γ = 71°	β = 60°

4 Welche dieser Buchstaben haben eine Spiegelachse?
Schreibe diese Buchstaben in dein Heft und kennzeichne die Spiegelachsen.

A C E G H L M N O S T

5 Das Netz des Quaders ist unvollständig.
Übertrage es im Maßstab 2 : 1 in dein Heft und ergänze die fehlende Fläche.

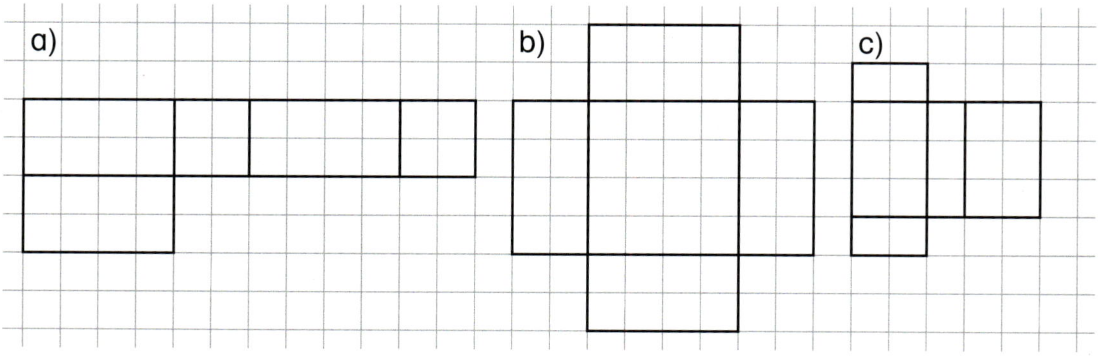

6 Zeichne das Schrägbild des Quaders. Berechne die Oberfläche und das Volumen.

a)	b)	c)	d)	e)
a = 5 cm	a = 4 cm	a = 5 cm	a = 5,4 cm	a = 45 mm
b = 4 cm	b = 6 cm	b = 5 cm	b = 4,8 cm	b = 60 mm
c = 6 cm	c = 8 cm	c = 5 cm	c = 5,2 cm	c = 50 mm

7 Zeichne einen Kreis mit d = 5 cm. Berechne den Umfang und den Flächeninhalt.

1 Wie viele Flächen hat der Körper?

a)
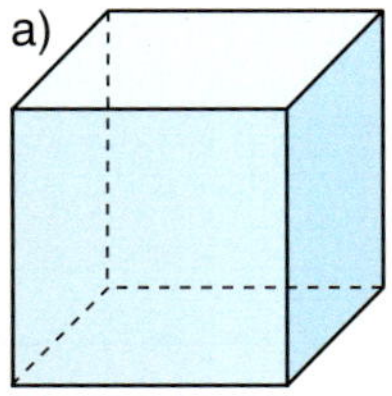

b)
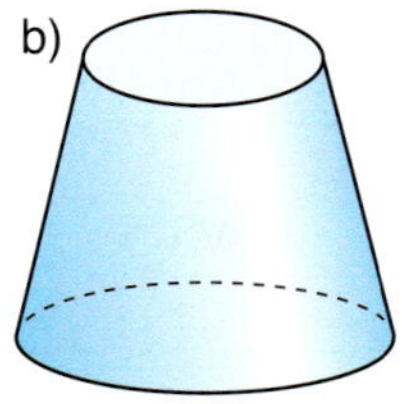

c)
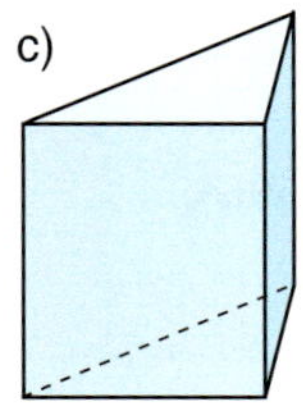

d)
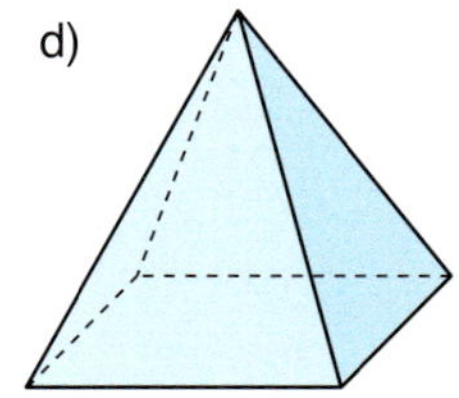

2 Wie viel m^2 Teppichboden können in dem Raum verlegt werden?

a)
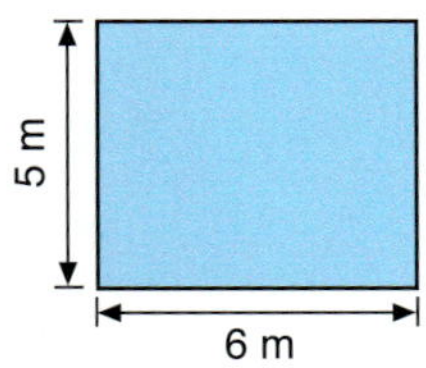

b)
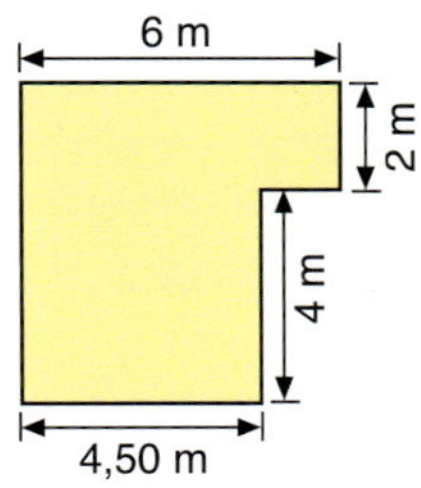

c)
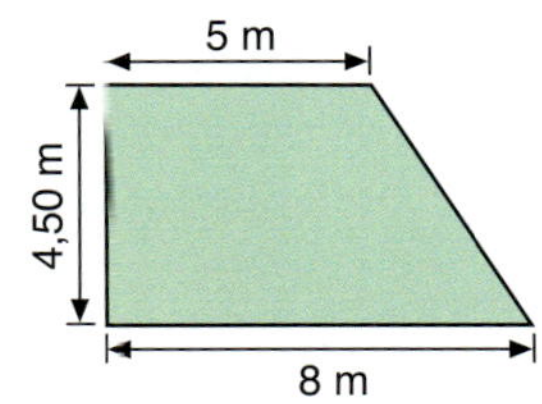

3 Bestimme die Höhe des Baumes.

a)
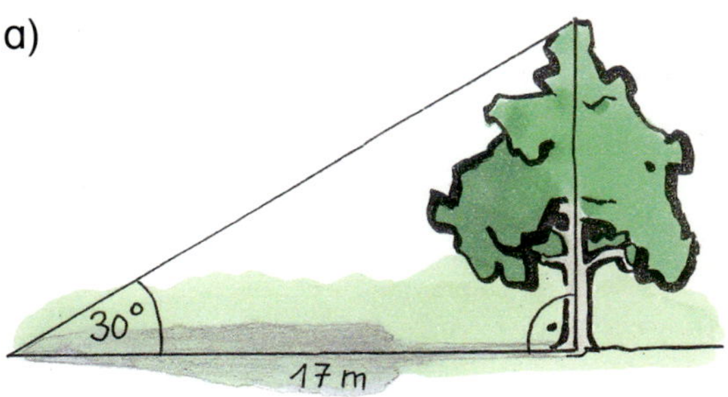

b)
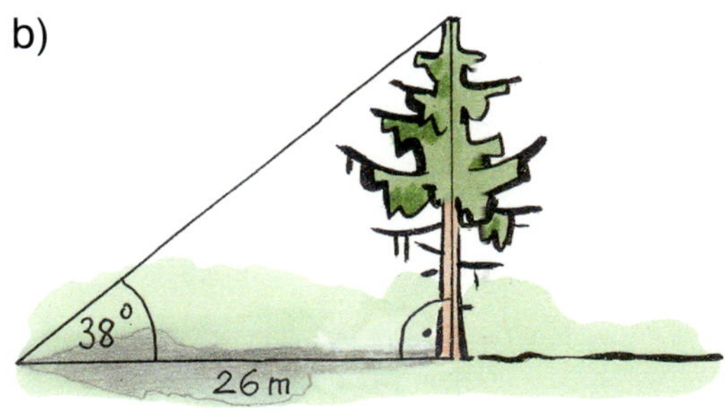

4 Welche Angabe für den Flächeninhalt ist richtig?

a)
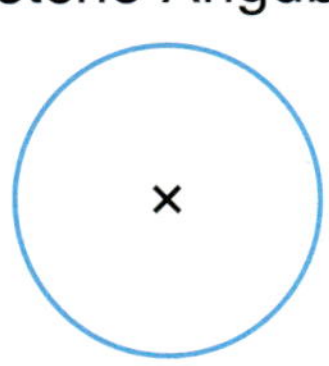

$A = 3{,}14\ cm^2$
$A = 31{,}4\ cm^2$
$A = 12{,}56\ cm^2$

b)
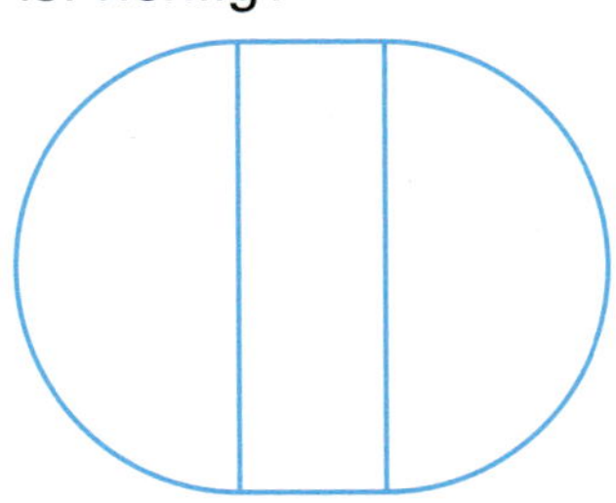

$A = 26{,}28\ cm^2$
$A = 10{,}065\ cm^2$
$A = 2{,}628\ cm^2$

5 a) Bestimme für jeden Körper das Volumen. Was fällt dir auf?
b) Sind die Oberflächen der Körper gleich groß? Prüfe nach.
c) Welche Form ist die günstigste für eine Getränkepackung? Begründe.

(1)
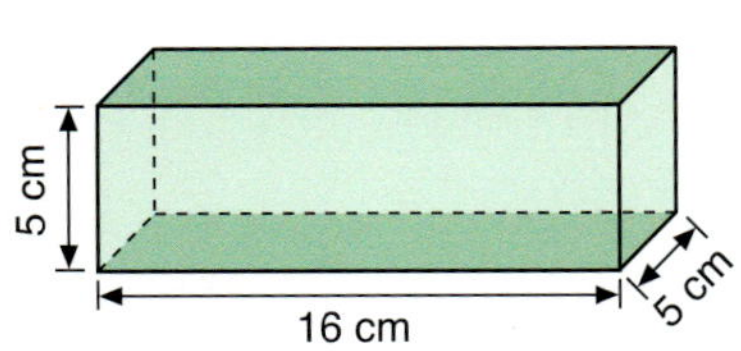

(2)
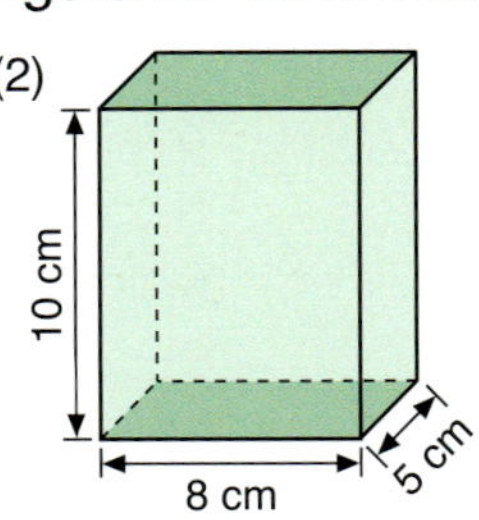

(3)
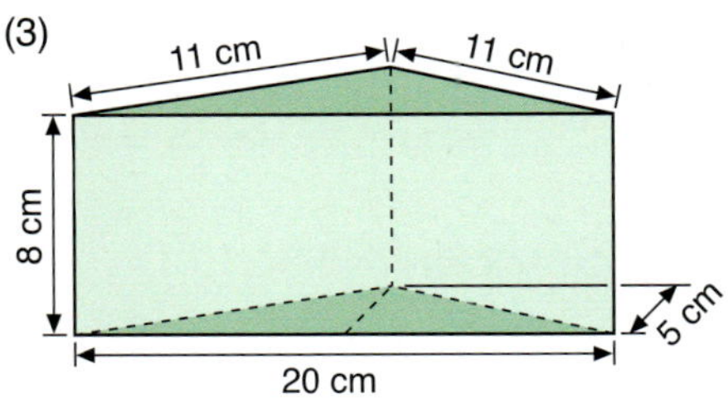

1 Hier sind 3 von 4 aufeinander folgenden Quadraten.
Zeichne sie in dein Heft und ergänze das vierte Quadrat. Erkläre.

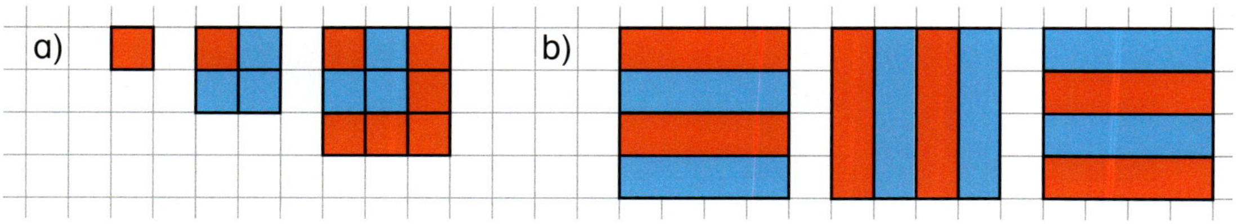

2 Setze das Muster bis zum Ende einer Heftzeile fort.

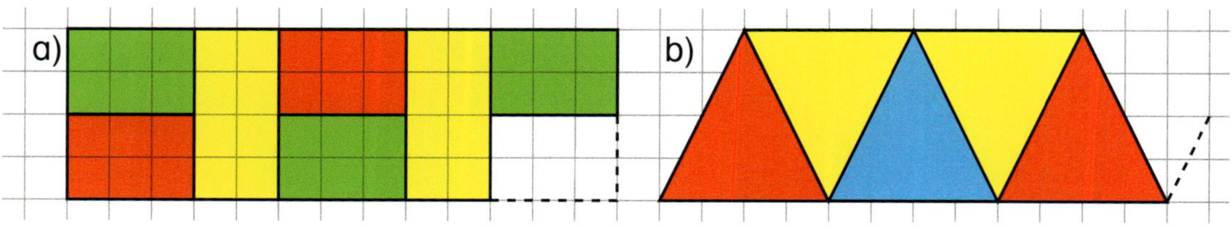

3 Setze die Reihe fort. Welche Figur passt?

4 Wie heißen die nächsten beiden Zahlen? Erkläre.

a) 1 2 4 8 16

b) 1 2 4 7 11

c) 55 000 50 000 44 000 37 000

d) −1,75 −3,5 −5,25 −7

5 Übertrage die Tabelle in dein Heft und ergänze die fehlenden Angaben.

a)

%	€
100	80
50	40
25	■
12,5	■

b)

%	m
10	500
15	750
■	1 000
25	■

c)

%	kg
2	5
4	■
8	■
■	40

6 Eine der Zahlen passt nicht zu den anderen. Welche Zahl ist es?

a) 268 371 404 682

b) 17 54 99 72

c) 120 400 270 300

d) 301 578 207 709

7 Setze die Reihe fort.

a) $\frac{1}{5}$ $\frac{2}{5}$ $\frac{3}{5}$ $\frac{4}{5}$ 1 $1\frac{1}{5}$ ■ ■ ■

b) 0,2 0,6 1,8 5,4 ■ ■ ■

1 Übertrage die Tabelle für die Preise in dein Heft und ergänze sie.

a)

Gartenstühle						
Stück	1	5		11	20	25
€	59		590			

b)

Farbe					
Liter	50	40			10
€			113,70	75,80	37,90

2 Mit einem Liter Spezialfarbe kann eine Fläche von 4 m^2 gestrichen werden. Kemal soll eine 28 m^2 große Fläche streichen. Wie viel Liter Farbe werden dafür benötigt?

3 Lisa soll 250 Pflanzen umtopfen. Die Pflanzen wurden in 10 gleich großen Kisten angeliefert. Lisa hat schon die Pflanzen aus 4 Kisten umgetopft. Wie viele Pflanzen muss sie noch umtopfen?

4 Frau Kolbeck kauft auf dem Wochenmarkt 5 kg Kartoffeln für 3,95 €. Davon gibt sie 2 kg ihrer Nachbarin. Berechne den Preis für 2 kg Kartoffeln.

5 Einen 200 m^2 großen Hof können 4 Handwerker in 12 Stunden pflastern.

a) Wie viele Stunden benötigen 8 Handwerker für diese Tätigkeit?

b) In welcher Zeit könnten 6 Handwerker diese Arbeit ausführen?

c) Wie lange brauchen 4 Handwerker zum Pflastern einer Fläche von 100 m^2?

6 Ayse hat beim Kauf einer neuen Jacke 38 € gespart. Das entspricht einem Preisnachlass von 25 %.

a) Wie viel Euro hat die Jacke ursprünglich gekostet?

b) Wie viel Euro musste Ayse für die neue Jacke bezahlen?

7 Wasser läuft gleichmäßig in die Gläser. Ordne jedem Glas das Schaubild zu, das den Füllvorgang am besten beschreibt.

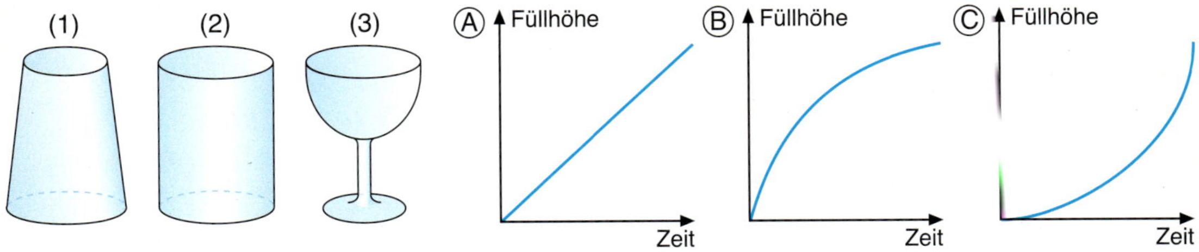

8 Übertrage die Tabelle für die Arbeitsdauer in dein Heft und ergänze sie.

a)

Lastwagen						
Anzahl	1	2			5	6
Stunden	60	30				10

b)

Maschinen					
Anzahl	20	10	5	2	1
Tage	2		8		

1 Das Diagramm zeigt Zuschauerzahlen bei den Spielen eines Eishockey-Clubs.

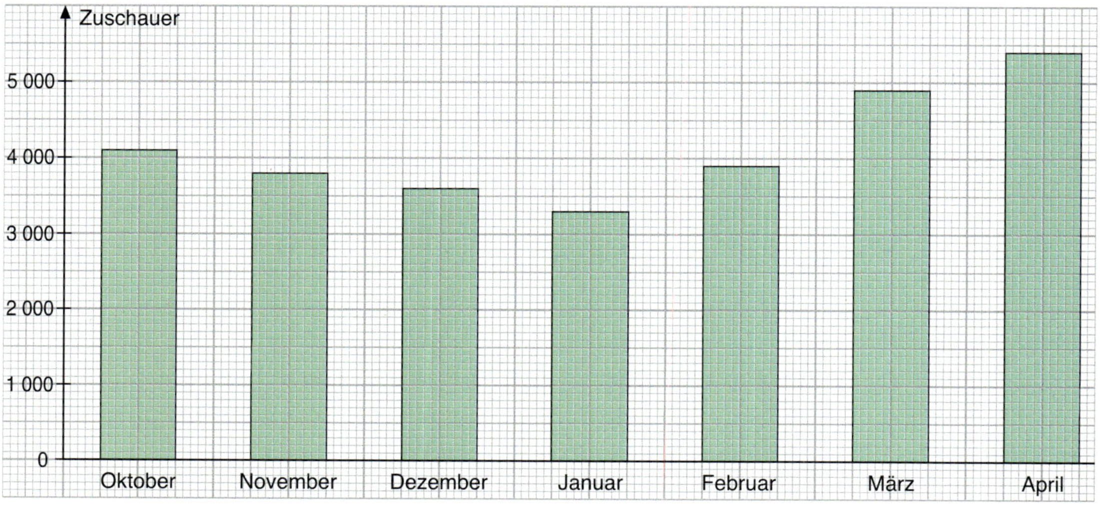

a) Übertrage die Zuschauerzahlen aus dem Diagramm in eine Tabelle.

b) Berechne die Gesamtzahl der Zuschauer in den 7 Monaten und die durchschnittliche Zuschauerzahl pro Monat.

c) Hast du eine Erklärung für den Anstieg der Zuschauerzahl ab März?

2 Runde die Zahl der verkauften Karten auf Tausender.

Monat	Oktober	November	Dezember	Januar	Februar	März	April
Schülerkarten	9281	8359	7495	5904	8510	11301	10474

3 Von 120 Schülern haben bereits $\frac{3}{4}$ ein Praktikum im Handwerk durchgeführt. Wie viele Schüler sammelten Praxiserfahrungen in einem Handwerksberuf?

4 Bei einer Umfrage wurden 450 Schülerinnen des 9. Jahrgangs nach ihrem Berufswunsch befragt. 20 % der Schülerinnen würden gerne als Verkäuferin arbeiten. Wie viele Schülerinnen nannten diesen Berufswunsch?

5 Von 1 100 befragten Schülerinnen und Schülern der Abschlussklasse in einer Großstadt möchten 59 % eine weiterführende Schule besuchen. Wie viele Schülerinnen und Schüler wollen weiter zur Schule gehen?

6 Ein Sportverein hat 620 aktive Mitglieder. Welchen Abteilungen die Sportler angehören, kannst du dem Kreisdiagramm entnehmen.

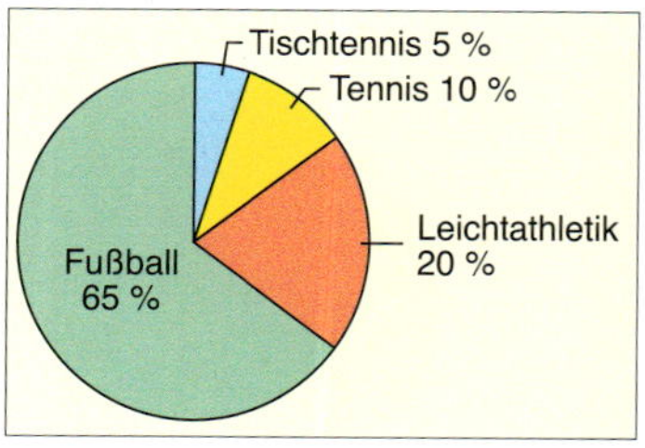

a) Berechne die Zahl der Sportler für jede Abteilung.

b) Erstelle ein Streifendiagramm für die Verteilung der Sportler.

1 Ein Kiosk hat an den Wochenenden für jeweils 3 Stunden am Vormittag und am Abend geöffnet. Der Kioskbesitzer führt Strichlisten zur Kundenzahl. Wie viele Kunden abends kamen, hat er schon in die Tabelle eingetragen.

Kundenzahlen

	Freitag	Samstag	Sonntag
vormittags			
abends	62	26	69
insgesamt			

a) Übertrage die Tabelle in dein Heft. Entnimm der Strichliste, wie viele Kunden der Kiosk jeweils vormittags hatte. Trage in die Tabelle ein.

b) Trage in die Tabelle ein, wie viele Kunden es jeweils insgesamt waren.

c) Wie viele Kunden kamen durchschnittlich am Vormittag zum Kiosk?

2 Von den Besuchern eines Museums sind $\frac{3}{8}$ Kinder und 50 % Erwachsene, die übrigen Gäste sind Jugendliche.

a) Berechne den Anteil der Jugendlichen. Gib den Anteil mit einem Bruch an.

b) Stelle die Verteilung der Besucher in einem Kreisdiagramm dar.

3

Niederschläge und Temperaturen in Moskau		
Mai	58 mm	13 °C
Juni	76 mm	17 °C
Juli	92 mm	18 °C
August	74 mm	16 °C
September	65 mm	11 °C

Niederschläge und Temperaturen in New York		
Mai	96 mm	17 °C
Juni	91 mm	22 °C
Juli	102 mm	25 °C
August	95 mm	24 °C
September	86 mm	20 °C

a) Stelle die Niederschlagsmengen in einem Säulendiagramm dar.

b) Berechne die Durchschnittstemperatur für die Monate Mai bis September.

4 Insgesamt gibt es 300 Lose, darunter 10 Hauptpreise und 100 weitere Preise.

a) Ist es wahrscheinlicher, eine Niete zu ziehen oder einen Preis zu gewinnen?

b) Wie viele Lose musst du kaufen, um sicher einen Hauptpreis zu erhalten?

5 Rot gewinnt! Welches Glücksrad wählst du?

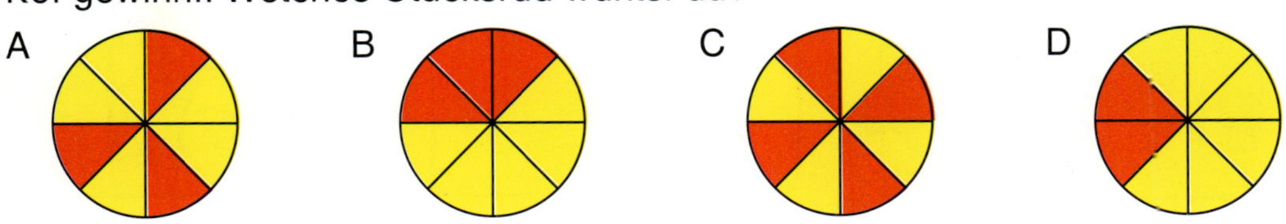

Aufgaben aus Abschlussprüfungen

1 Ergänze zum folgenden Zehntausender.

15 000 8 000 71 000 49 500 18 500 22 500 2 222

2 Berechne den Flächeninhalt.

a)
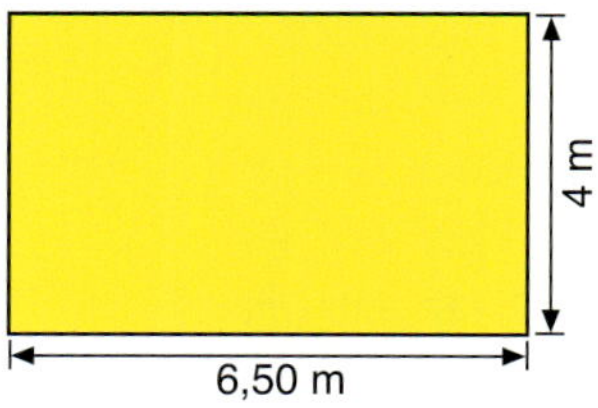

b)
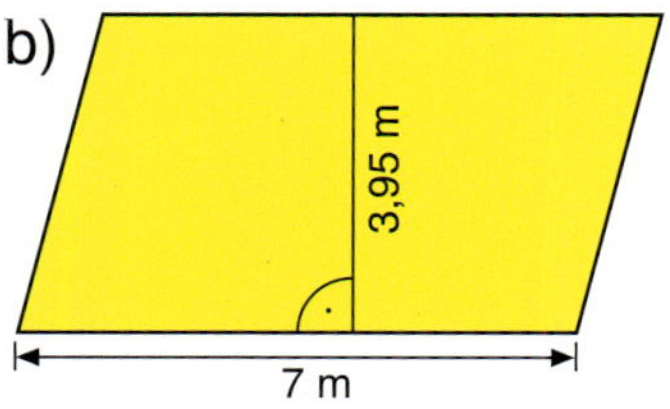

c)
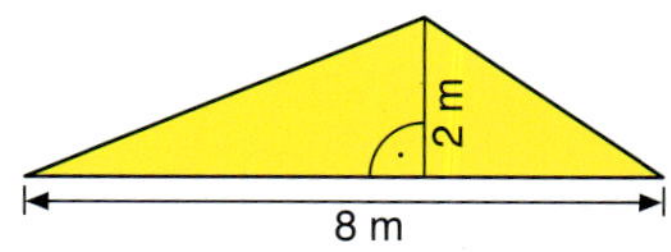

3 Bei einem 75 m langen Zaun sollen die Pfähle im Abstand von 5 m stehen.
Wie viele Pfähle werden benötigt? Fertige eine Skizze an.

4 Berechne die Bruchteile.

a) $\frac{1}{4}$ von 60 b) $\frac{2}{5}$ von 100 c) $\frac{5}{8}$ von 64 d) $\frac{3}{4}$ von 2 400 e) $\frac{9}{10}$ von 250

5 Wie viele Würfel sind es?

a)
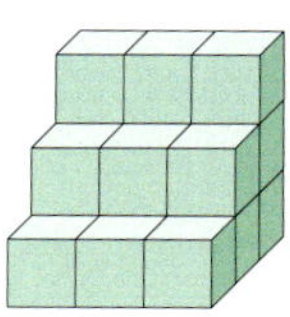

b)

c)
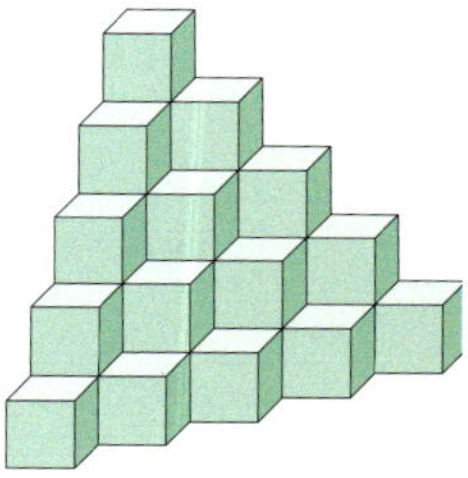

6 Um 8.05 Uhr fährt Herr Hallmann mit dem Bus zum Bahnhof. Sein Zug fährt 16 Minuten später los und erreicht nach $3\frac{1}{2}$ Stunden Fahrzeit den Hauptbahnhof in Magdeburg.
Um wie viel Uhr kommt Herr Hallmann in Magdeburg an?

7 Runde die Zahlen auf Zehntausender.

19 710 33 209 42 912 26 356 84 297 5 801 55 005

8 Bei einem Sonderverkauf gibt es alle Sportartikel um 20 % günstiger.
Berechne zuerst den Preisnachlass, dann den neuen Preis.

1 Zeichne einen Zahlenstrahl in dein Heft. Trage die Zahlen ein.

40 000 120 000 70 000 100 000 20 000 50 000 85 000

2 Setze die Reihe fort.

a) $\frac{1}{3}$ $\frac{2}{3}$ 1 $1\frac{1}{3}$ ■ ■ ■ ■

b) −2,4 −2,1 −1,7 −1,2 ■ ■ ■ ■

3 Herr Thiele nimmt einen Kredit über 3 500 € auf. Der Zinssatz ist 13 %. Nach einem Jahr zahlt Herr Thiele den Kredit samt Zinsen zurück. Wie viel Euro bezahlt er nach einem Jahr?

4 Ein Modellauto ist 21 cm lang und 8,5 cm breit. Das Original ist 20fach größer. Welche Maße hat das Auto in Wirklichkeit?

5 Welches Volumen hat der Körper?

a)

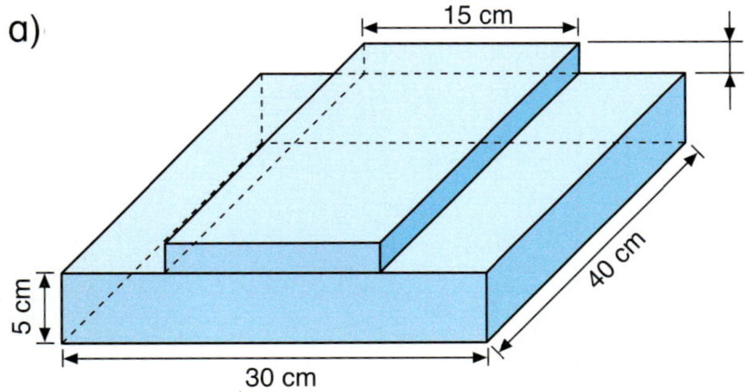

b)

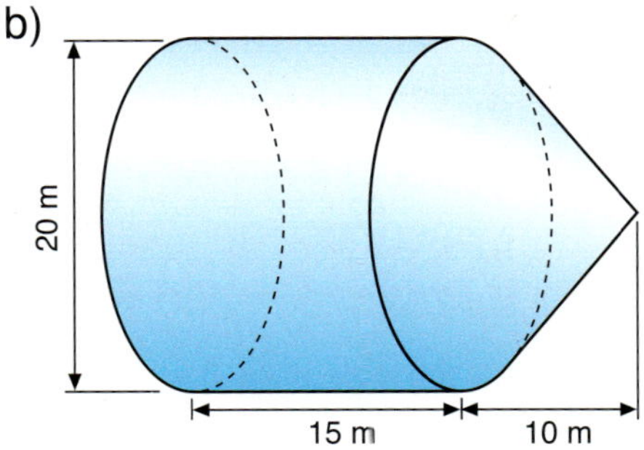

6 Bestimme die unbekannte Zahl.

a) 25 − x = 9 b) 4 000 = y + 500 c) 630 = 9x d) 4a + 7 = 39

7 Berechne die fehlenden Zahlen.

a) 20 % von 400 m = ■ m
8 % von 250 m = ■ m
12 % von 500 m = ■ m

b) 10 % von ■ kg = 45 kg
75 % von ■ kg = 27 kg
3 % von ■ kg = 15 kg

c) ■ % von 140 € = 70 €
■ % von 900 € = 18 €
■ % von 400 € = 20 €

8 Das Grundstück von Familie Richert ist 40 m lang und 30 m breit. Wie groß ist ungefähr die Fläche des Teiches?

Aufgaben aus Eignungstests

Schreibe die Ergebnisse ins Heft.
Kannst du alle Aufgaben in der vorgegebenen Zeit lösen?

Reihen fortsetzen — Zeit: 5 min

a) 1 3 5 7 ■ ■ ■ ■
b) 2 5 7 10 12 ■ ■ ■
c) 99 88 77 66 ■ ■ ■
d) 20 30 25 35 30 ■ ■
e) 101 111 122 134 ■ ■
f) 256 128 64 ■ ■ ■

Symbol für Ziffer — Zeit: 9 min

a) □ + □ + □ = ○□
○□ − □ = ○△
b) ▭ + ▭ = ◇
▭ · ▭ = ◇
c) ⬭ + ⬡ = ▱
▱ : ⬭ = ⬭

Kopfrechnen — Zeit: 10 min

a) 1 590 + 10 200 = ■
b) 12,5 + 10 + 1,1 = ■
c) 66 000 – 25 000 = ■
d) 480,3 – 180,2 = ■
e) 3 000 · 200 = ■
f) 100 · 4 446,66 = ■
g) 800 000 : 80 = ■
h) 707 070 : 1 000 = ■
i) 14 900 + ■ = 20 000
j) 37 500 – ■ = 31 000
k) ■ + 83 000 = 100 000
l) ■ – 23,6 = 50
m) 10,5 · ■ = 21
n) 6543 : ■ = 6,543

Flächen zählen — Zeit: 3 min

a)
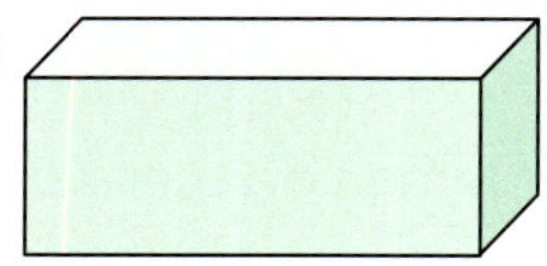
b)
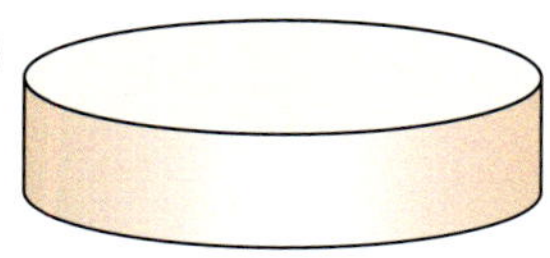
c)
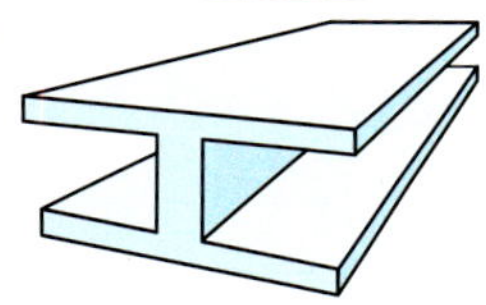
d)
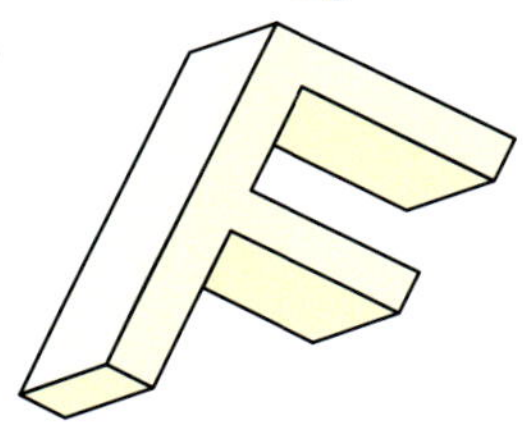

Bruchrechnen — Zeit: 3 min

a) $\frac{1}{4}$ + ■ = 1
b) $\frac{5}{8}$ + ■ = 1
c) $\frac{1}{2} + \frac{1}{4}$ + ■ = 1
d) $\frac{1}{12} + \frac{1}{3}$ + ■ = 1
e) $\frac{3}{4}$ von 100 cm = ■
f) $\frac{1}{10}$ von 1 kg = ■

Überschlagen — Zeit: 2 min

a) 6 798,5 + 3 467,2 + 70,1
900,58 | 10 335,8 | 93 358
b) 2 · 1,5 + 3 930 – 600
3 300,5 | 7 263 | 3 333 | 11 190
c) 48 % von 6 078,50 €
28 000,58 € | 3 101,50 € | 2 917,68 €

Zeichen und Grundrechenarten

Zeichen	Bedeutung	Beispiel	Zeichen	Bedeutung	Beispiel
=	gleich	4 + 3 = 7	<	kleiner als	2 < 5
≈	rund	219 ≈ 200	>	größer als	6 > 3

Addieren	5 + 4 = 9	Subtrahieren	8 – 2 = 6
Multiplizieren	3 · 5 = 15	Dividieren	12 : 2 = 6

Rechenregeln

6 + 24 = 24 + 6 8 · 9 = 9 · 8	Beim Addieren und Multiplizieren darf man die Zahlen vertauschen.
3 + 4 · 5 = 3 + 20 8 – 6 : 2 = 8 – 3	Punktrechnung (· und :) vor Strichrechnung (+ und –)
(3 + 4) · 5 = 7 · 5 (8 – 6) : 2 = 2 : 2	Soll die Strichrechnung zuerst berechnet werden, muss sie in Klammern stehen.

Multiplizieren mit 10, 100, 1 000 – Dividieren durch 10, 100, 1 000

Das Komma wird verschoben.

4,25 · 10 = 42,5	6,527 · 100 = 652,7	6,346 · 1 000 = 6 346
34,8 : 10 = 3,48	251,6 : 100 = 2,516	4 265,1 : 1 000 = 4,2651

Rundungsregel

Abrunden bei 0, 1, 2, 3, 4	Aufrunden bei 5, 6, 7, 8, 9	
Runden auf Tausender:	4 **2**36 ≈ 4 000	6 **7**82 ≈ 7 000
Runden auf Hunderter:	4 2**3**6 ≈ 4 200	6 7**8**2 ≈ 6 800
Runden auf Einer:	4,**2**3 ≈ 4	6,**7**8 ≈ 7
Runden auf Zehntel:	4,2**3** ≈ 4,2	6,7**8** ≈ 6,800

Längen	1 cm = 10 mm	1 m = 100 cm	1 km = 1 000 m
	2 cm 7 mm = 2,7 cm	1 m 8 cm = 1,08 m	1 km 275 m = 1,275 km
	27 mm = 2,7 cm	108 cm = 1,08 m	1 275 m = 1,275 km
Raum- und Hohlmaße		1 l = 1 000 cm^3	1 m^3 = 1 000 l
		2,3 l = 2 300 cm^3	1,2 m^3 = 1 200 l
Gewichte	1 kg = 1 000 g	1 kg 372 g = 1,372 kg	1 372 g = 1,372 kg
	1 t 485 kg = 1,485 t	1 485 kg = 1,485 t	1 t = 1 000 kg
Zeit	1 min = 60 s	1 h = 60 min	1 Tag = 24 h

Brüche – Dezimalzahlen – Prozentsätze

$\frac{1}{2} = \frac{50}{100} = 0{,}5$ $\frac{1}{4} = \frac{25}{100} = 0{,}25$ $\frac{3}{4} = \frac{75}{100} = 0{,}75$ $\frac{1}{10} = \frac{10}{100} = 0{,}1$ $\frac{1}{100} = 0{,}01$

$\frac{1}{2} = 50\,\%$ $\frac{1}{4} = 25\,\%$ $\frac{3}{4} = 75\,\%$ $\frac{1}{10} = 10\,\%$ $\frac{1}{100} = 1\,\%$

Brüche

Erweitern: $\frac{2}{5} = \frac{2 \cdot 3}{5 \cdot 3} = \frac{6}{15}$

Kürzen: $\frac{8}{12} = \frac{8 : 4}{12 : 4} = \frac{2}{3}$

Addieren: $\frac{2}{15} + \frac{1}{5} = \frac{2 + 3}{15} = \frac{5}{15} = \frac{1}{3}$

Subtrahieren: $\frac{4}{15} - \frac{1}{5} = \frac{4 - 3}{15} = \frac{1}{15}$

Multiplizieren: $2 \cdot \frac{3}{7} = \frac{2 \cdot 3}{7} = \frac{6}{7}$

Dividieren: $\frac{6}{7} : 3 = \frac{6 : 3}{7} = \frac{2}{7}$

Positive und negative Zahlen

negative Zahlen | positive Zahlen

−4 −3 −2 −1 0 1 2 3 4

Negative Zahlen haben das Vorzeichen −.
Positive Zahlen haben das Vorzeichen +.

Vergleichen: $-5 < -3$ $-1 < 0$ $2 < 3$ $-4 < 4$

Addieren und Subtrahieren: $5 - 4 = 1$ $4 - 5 = -1$ $-4 - 5 = -9$ $-4 + 5 = 1$

Prozentrechnung

Grundwert G	Prozentsatz p %	Prozentwert P	Formel
300 €	20 %	60 €	$P = G \cdot \frac{p}{100}$
Das Ganze		Teil des Ganzen	

Prozentwert berechnen
20 % von 340 kg = ■ kg

	%	kg	
: 100 ↓	100	340	↓ : 100
· 20 ↓	1	3,4	↓ · 20
	20	68	

Prozentwert 68 kg

Grundwert berechnen
30 % von ■ € = 270 €

	%	€	
: 30 ↓	30	270	↓ : 30
· 100 ↓	1	9	↓ · 100
	100	900	

Grundwert 900 €

Prozentsatz berechnen
■ % von 20 m = 17 m

	m	%	
: 20 ↓	20	100	↓ : 20
· 17 ↓	1	5	↓ · 17
	17	85	

Prozentsatz 85 %

Zinsrechnung

Für 800 € bekommt man bei einem Zinssatz von 2 % in einem Jahr 16 € Zinsen.

Kapital	Zinssatz	Zinsen
800 €	2 %	16 €

	%	€	
: 100 ↓	100	800	↓ : 100
· 2 ↓	1	8	↓ · 2
	2	16	

Proportionale Zuordnung

Zum Doppelten einer Größe gehört das Doppelte der anderen Größe.
Zur Hälfte einer Größe gehört die Hälfte der anderen Größe.

Kauf von Wandfarbe

	l	€	
: 3 ↓	3	11,70	↓ : 3
· 5 ↓	1	3,90	↓ · 5
	5	19,50	

Umgekehrt proportionale Zuordnung

Zum Doppelten einer Größe gehört die Hälfte der anderen Größe.
Zur Hälfte einer Größe gehört das Doppelte der anderen Größe.

Arbeitsdauer

	Lkw	Stunden	
: 4 ↓	4	18	↓ · 4
· 9 ↓	1	72	↓ : 9
	9	8	

Bezeichnungen in der Geometrie

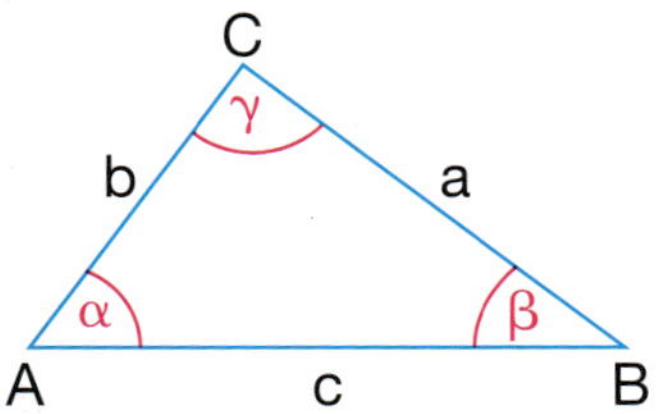

α alfa β beta γ gamma

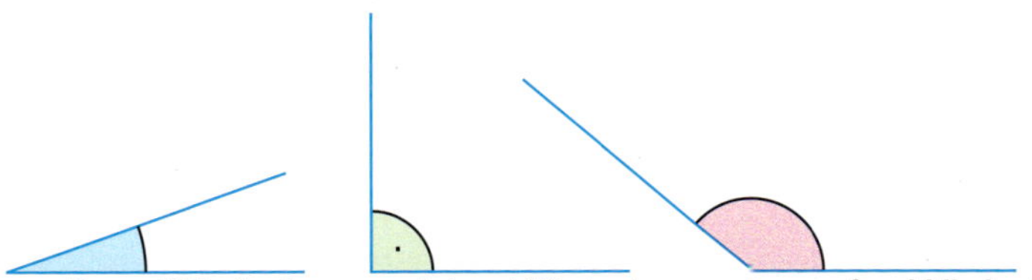

spitzer Winkel rechter Winkel stumpfer Winkel

Maßstab

Der Maßstab beschreibt das Verhältnis von Zeichnung und Wirklichkeit.

1 : 10 1 cm in der Zeichnung entspricht 10 cm in der Wirklichkeit.

10 : 1 10 cm in der Zeichnung entsprechen 1 cm in der Wirklichkeit.

Berechnungen an Flächen

Quadrat

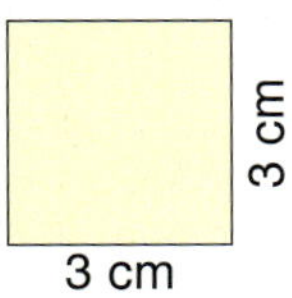

$A = a \cdot a$ | $u = 4 \cdot a$
$A = 3 \cdot 3$ | $u = 4 \cdot 3$
$A = 9\ cm^2$ | $u = 12\ cm$

Rechteck

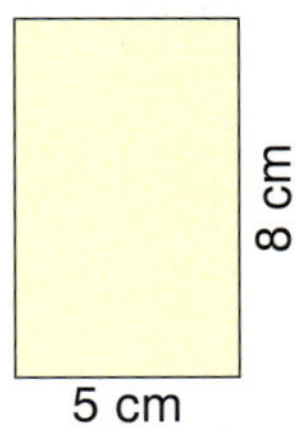

$A = a \cdot b$ | $u = 2 \cdot a + 2 \cdot b$
$A = 8 \cdot 5$ | $u = 2 \cdot 8 + 2 \cdot 5$
$A = 40\ cm^2$ | $u = 26\ cm$

Parallelogramm

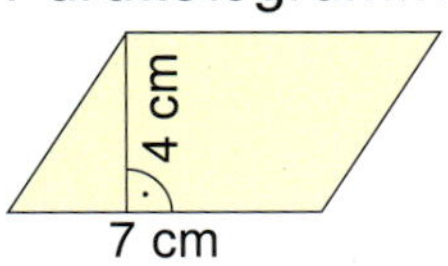

$A = g \cdot h$
$A = 7 \cdot 4$
$A = 28\ cm^2$

Dreieck

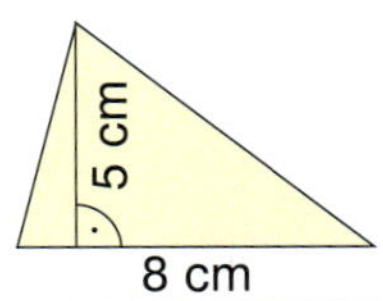

$A = \frac{g \cdot h}{2}$

$A = \frac{8 \cdot 5}{2}$

$A = 20\ cm^2$

Kreis

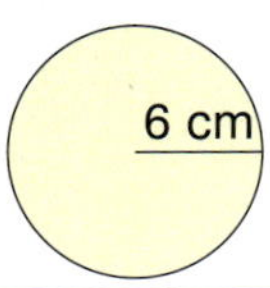

$\pi = 3{,}14$

$A = \pi \cdot r^2$
$A = 3{,}14 \cdot 6 \cdot 6$
$A = 113{,}04\ cm^2$

$u = 2 \cdot \pi \cdot r$
$u = 2 \cdot 3{,}14 \cdot 6$
$u = 37{,}68\ cm$

Berechnungen an Körpern

Quader

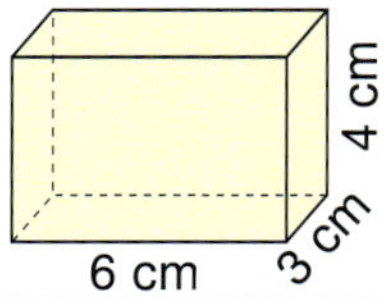

$V = a \cdot b \cdot c$
$V = 6 \cdot 3 \cdot 4$
$V = 72\ cm^3$

$O = 2 \cdot \text{Grundfläche} + 2 \cdot \text{Vorderfläche} + 2 \cdot \text{Seitenfläche}$
$O = 2 \cdot 18 + 2 \cdot 24 + 2 \cdot 12$
$O = 108\ cm^2$

Dreieckssäule

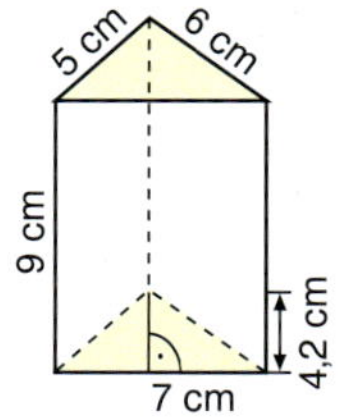

$V = G \cdot k$
$V = \frac{7 \cdot 4{,}2}{2} \cdot 9$
$V = 132{,}3\ cm^3$

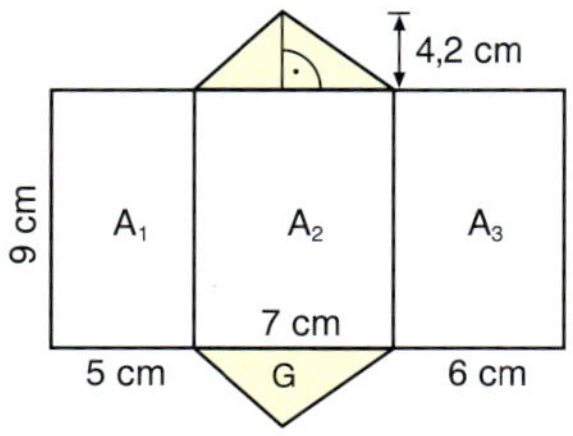

$O = 2 \cdot G + A_1 + A_2 + A_3$
$O = 2 \cdot \frac{7 \cdot 4{,}2}{2} + 5 \cdot 9 + 7 \cdot 9 + 6 \cdot 9$
$O = 191{,}4\ cm^2$

Zylinder

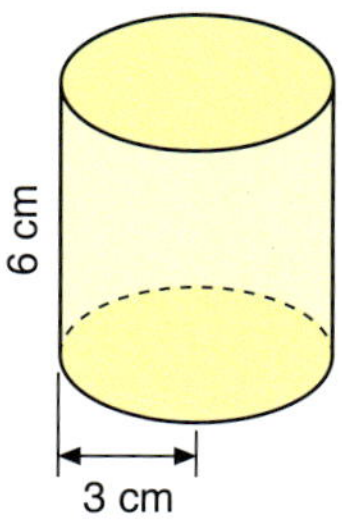

$V = G \cdot k$
$V = 3{,}14 \cdot 3 \cdot 3 \cdot 6$
$V = 169{,}56\ cm^3$

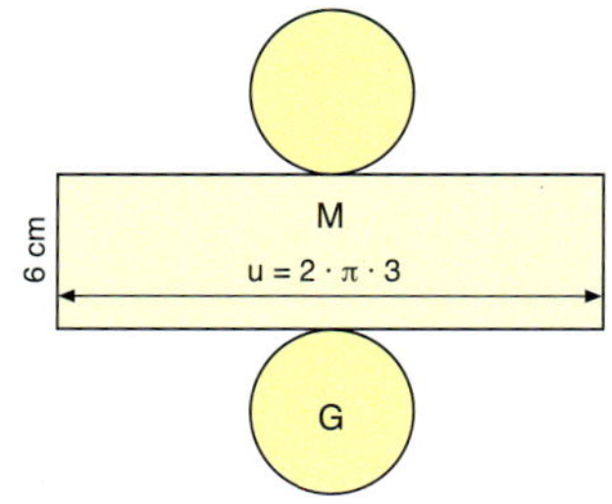

$O = 2 \cdot G + M$
$O = 2 \cdot 3{,}14 \cdot 3 \cdot 3 + 2 \cdot 3{,}14 \cdot 6$
$O = 169{,}56\ cm^2$

Pyramide

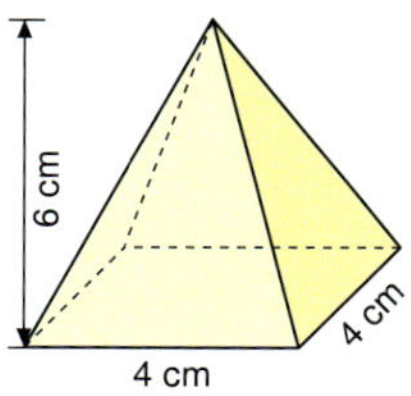

$V = \frac{G \cdot k}{3}$
$V = \frac{4 \cdot 4 \cdot 6}{3}$
$V = 32\ cm^3$

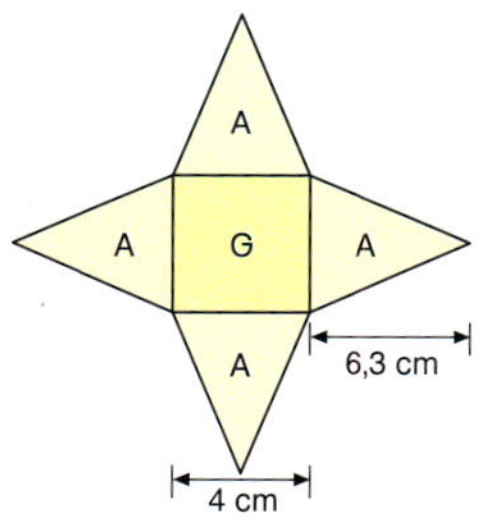

$O = G + 4 \cdot A$
$O = 4 \cdot 4 + 4 \cdot \frac{4 \cdot 6{,}3}{2}$
$O = 66{,}4\ cm^2$

Kegel

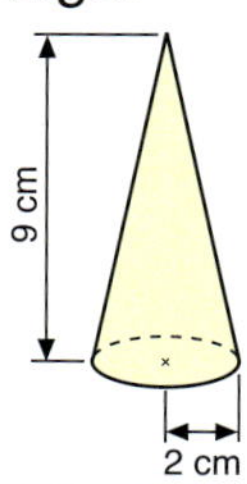

$V = \frac{G \cdot k}{3}$
$V = \frac{3{,}14 \cdot 2 \cdot 2 \cdot 9}{3}$
$V = 37{,}68\ cm^3$

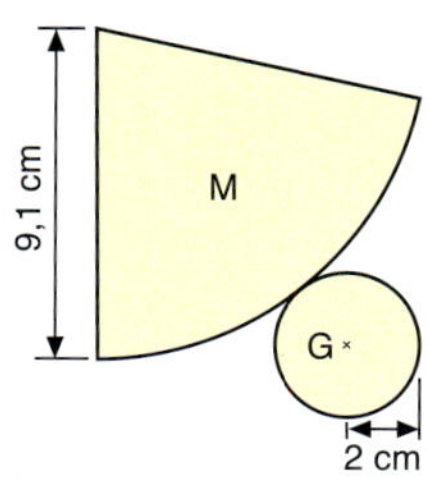

$O = G + M \qquad M = \pi \cdot r \cdot s$
$O = 3{,}14 \cdot 2 \cdot 2 + 3{,}14 \cdot 2 \cdot 9{,}1$
$O = 69{,}71\ cm^2$

Kugel

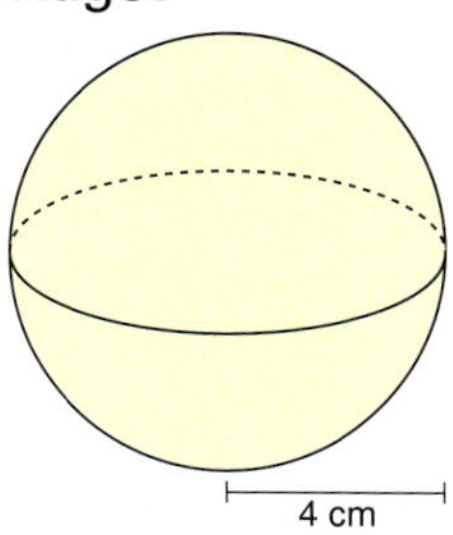

$V = \frac{4}{3} \cdot \pi \cdot r^3$
$V = \frac{4}{3} \cdot 3{,}14 \cdot 4 \cdot 4 \cdot 4$
$V = 267{,}95\ cm^3$

$O = 4 \cdot \pi \cdot r^2$
$O = 4 \cdot 3{,}14 \cdot 4 \cdot 4$
$O = 200{,}96\ cm^2$